计算机专业职业教育实训系列教材

音视频处理

主　编　丁　慧
参　编　邵春花　冯之洁　刘雨寒

机械工业出版社

本书针对Audition和Premiere两个软件对声音和视频的处理进行了全面的讲解。全书共分为8个单元，包括简单编辑技术、单轨编辑、多轨混音、混音效果、基础操作、视频转场、字幕和视频特效。

本书内容系统、案例丰富、讲解通俗，可作为各类职业学校数字媒体专业的教材，也可作为音视频处理爱好者和相关制作人员的学习用书。

本书配有电子课件；选用本书作为教材的教师可以从机械工业出版社教育服务网（www.cmpedu.com）免费注册下载或联系编辑（010-88379194）咨询。

图书在版编目（CIP）数据

音视频处理/丁慧主编．—北京：机械工业出版社，2017.11（2021.8重印）

计算机专业职业教育实训系列教材

ISBN 978-7-111-58005-8

Ⅰ．①音… Ⅱ．①丁… Ⅲ．①音乐软件—职业教育—教材 ②视频编辑软件—职业教育—教材 Ⅳ．①J618.9 ②TN94

中国版本图书馆CIP数据核字（2017）第225464号

机械工业出版社（北京市百万庄大街22号 邮政编码100037）

策划编辑：梁 伟　　责任编辑：李绍坤

版式设计：鞠 杨　　责任校对：马立婷

封面设计：鞠 杨　　责任印制：张 博

涿州市般润文化传播有限公司印刷

2021年8月第1版第5次印刷

184mm×260mm・11.75印张・274千字

2 201—2 700册

标准书号：ISBN 978-7-111-58005-8

定价：32.00元

电话服务

客服电话：010-88361066

010-88379833

010-68326294

网络服务

机 工 官 网：www.cmpbook.com

机 工 官 博：weibo.com/cmp1952

金 书 网：www.golden-book.com

机工教育服务网：www.cmpedu.com

前　　言

音视频编辑是在各类影视作品、多媒体作品中不可缺少的环节，更是能够直接影响作品品质的重要因素之一。目前，音视频编缉完全可以在数字环境下进行，减少了很多传统编辑方式的不便，为众多音视频处理爱好者和工作者提供了更为可行的有利条件。本书旨在为学生及音视频处理爱好者提供关于音视频编辑方面的内容，希望能为音视频处理教学贡献绵薄之力。

本书结构比较完整，全书共分为8个单元：单元1主要帮助读者简单了解Audition软件的基本界面和简单控制。单元2～单元4分别从单轨界面和多轨界面、特殊效果的角度介绍了相关音视频编辑技术。单元5主要帮助读者简单了解Premiere软件的基本界面和影片编辑的简单过程。单元6介绍视频转场效果的添加方法以及应用技巧。单元7介绍字幕特技的制作方法以及应用技巧。单元8为视频特效的综合应用。

本书内容通俗易懂，图文并茂，在讲解关于软件的操作技术时，加入了大量插图，有助于读者准确理解和掌握。所讲内容从影视作品和多媒体作品的实际需求出去。

本书由丁慧任主编，邵春花、冯之洁和刘雨寒参加编写。

由于编者水平有限，书中难免有错误或疏漏之处，恳请广大读者批评指正。

编　者

目　　录

单元1　简单编辑技术

利用选取波形、删除波形、裁剪波形、复制波形、剪切波形和粘贴波形等剪辑技术，可以把一个音频素材中的某些声音移动到其他的时间线上，也可以把一个音频素材中的某些声音删除，还可以把两个素材中的声音混合到一起。本单元主要介绍Adobe Audition CS6软件对音频素材的简单剪辑技术。

活动1　剪辑一个影视作品的语音部分

活动内容

1. 从CD中提取音频
2. 选取波形
3. 复制、剪切、粘贴波形
4. 裁剪波形
5. 新建音频文件

操作步骤

步骤01　购买电视剧《平凡岁月》光盘。

步骤02　在Audition CS6中提取光盘中的声音，如图1-1所示。

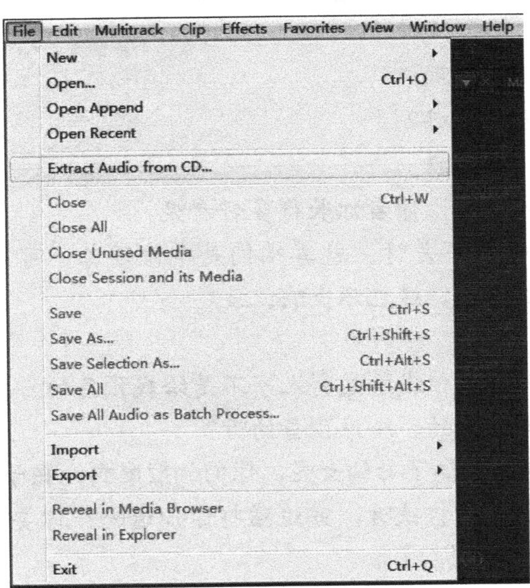

图1-1　提取光盘中的声音

步骤03　监听台词内容，然后选择一段经典台词，选择“Edit”→“Crop”命令，将这段台词裁剪出来，如图1-2所示。

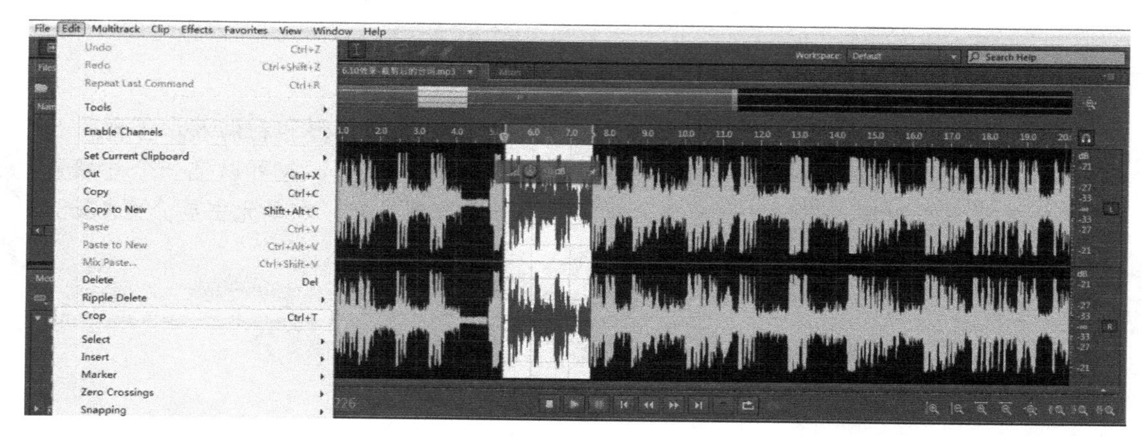

图1-2　裁剪声音

要裁剪的台词内容如下：

（姑奶奶：）怎么个意思？一会儿这张朵朵就要走啦？

（李大宝：）啊，咱这不是假的嘛。

（姑奶奶：）啊哟，你这个小混蛋。我告诉你啊，姑奶奶不会看错人的。这姑娘啊，她不仅漂亮水灵，而且她懂事。她善良，她善解人意。这是咱老李家娶媳妇的重要标准，你懂不懂？你现在就得想方设法地把她娶回来。

（李大宝：）我不都说了吗，咱这事是假的。

（姑奶奶：）你不会假戏真做呀？是吧，弄假成真呢。

（…………场景声…………）

（姑奶奶：）你看，你是不是救过她一回，她又救你一回，这不就是缘分吗？

（大宝妈：）扯平了。

（姑奶奶：）就是。

（李大宝：）人家能看上我吗？

（姑奶奶：）你瞧瞧，你瞧瞧。

（大宝妈：）怎么看不上你，你看你长得多好看呢。

（姑奶奶：）就是，咱也不差呀。就算咱们是个修理工，可是咱们一个月也挣，挣那四十八块五呢，这也不少啊。

（大宝妈：）不少。

（李大宝：）少倒是不少。但我总觉得人家不是给我预备的。

（大宝妈：）不是给你预备的，给谁预备的呀？

（姑奶奶：）就是，董永还娶了七仙女呢，你们俩般配啊，孩子。过了这个村就没这个店了，你要趁热打铁呀，穷追猛打你知道吗？你要错过了这么好的机会，你就后悔莫及了。

步骤04　这段台词中夹杂着一段没有台词的场景声，选择这段波形，按<Delete>键将其删除。

步骤05　再次监听台词内容，准备利用删除、复制、剪切及粘贴等操作将这段独白剪辑为如下内容。

过了这个村就没这个店了，你要趁热打铁呀。你是不是救过她一回，她又救你一回，这不就是缘分吗？咱老李家娶媳妇的重要的标准，这姑娘啊，她不仅漂亮水灵，而且她懂事。她善良，她善解人意。董永还娶了七仙女呢，你们俩般配啊，孩子。

步骤06　在原素材中找到“这姑娘啊，她不仅漂亮水灵，而且她懂事。她善良，她善解人意。这是咱老李家娶媳妇的重要标准”这段波形，然后按<Ctrl+C>（复制）组合键，将其复制到剪贴板中。

步骤07　选择“File”→“New”→“Audio File”命令，在弹出的对话框中设置文件名为“裁剪后的台词”，“Sample Rate”为44 100Hz，“Channels”为“Mono，“Bit Depth”为16位，然后单击“OK”按钮，如图1-3所示。

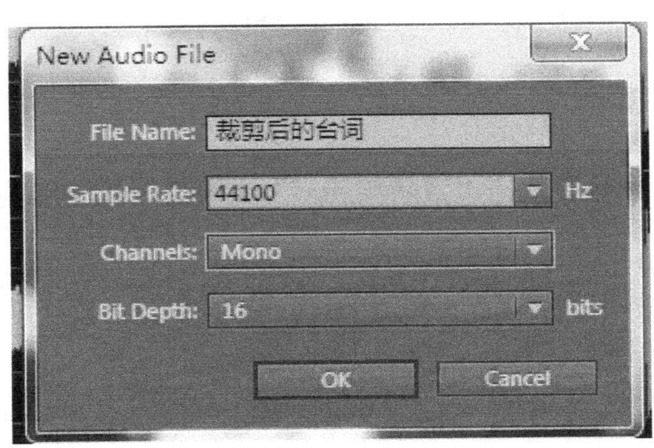

图1-3　新建音频文件

步骤08　在新建文件的波形最左端单击，确定插入点，然后按<Ctrl+V>组合键，将剪贴板中的内容粘贴过来。

步骤09　按照步骤06～步骤08的方法，将其他台词分别粘贴到“裁剪后的台词”文件中。这样，一段顺序重排的新台词就剪辑好了。最后，保存文件。

活动2　制作一段多音乐串烧文件

活动内容

1. 打开音频文件
2. 显示波形
3. 复制、粘贴波形
4. 插入静音
5. 混合式粘贴

操作步骤

步骤01　在计算机中准备几段音乐，在这里下载了“拜新年.mp3”“贺新年.mp3”和“新年汪汪.mp3”3个文件。

步骤02　启动Adobe Audition CS6软件，选择“File”→“Open”命令，在弹出的“打开文件”对话框中选择3个音乐文件，然后单击“打开”按钮，如图1-4所示。

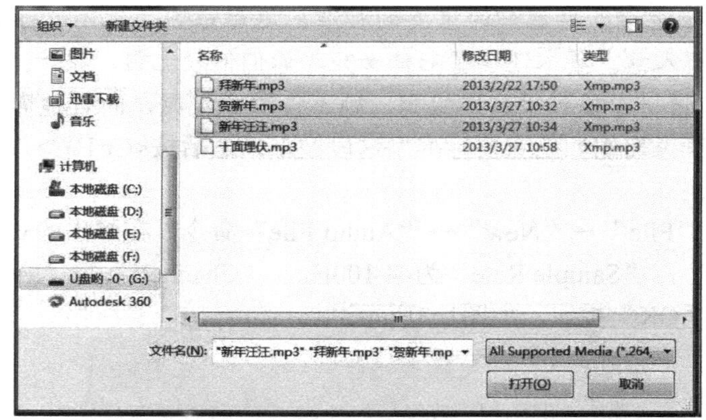

图1-4　打开文件

步骤03　在“文件”面板中双击“贺新年.mp3”文件名，让波形编辑器显示“贺新年.mp3”歌曲的波形。

步骤04　在0～54s之间创建选区，然后单击鼠标右键，在弹出的快捷菜单中选择“Copy”命令，将选择的波形复制到剪贴板中，如图1-5a所示。

步骤05　选择“File”→“New”→“Audio File”命令，在弹出的“New Audio File”对话框中设置文件名为“音乐串烧”，“Sample Rate”为44 100Hz，“Channels”为“Mono”，“Bit Depth”为32位，如图1-5b所示。

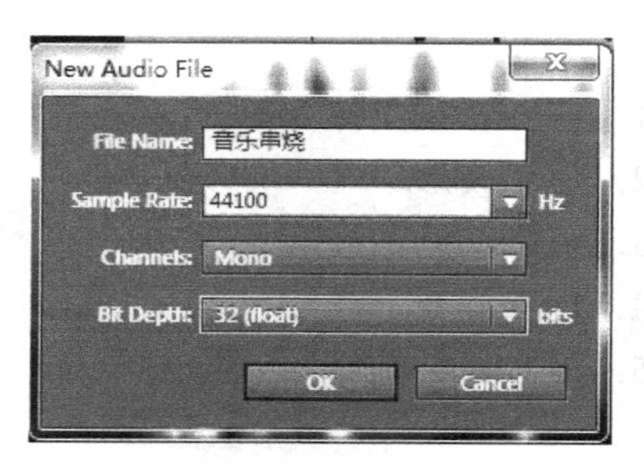

a）　　　　b）

图1-5　复制、新建文件

a）复制波形　b）新建音频文件

音视频处理

步骤06　选择“Edit”→“Mix Paste”命令，在弹出的“Mix Paste”对话框中勾选“Crossfade”复选框，并设置淡化时间为2 000ms，如图1-6所示。

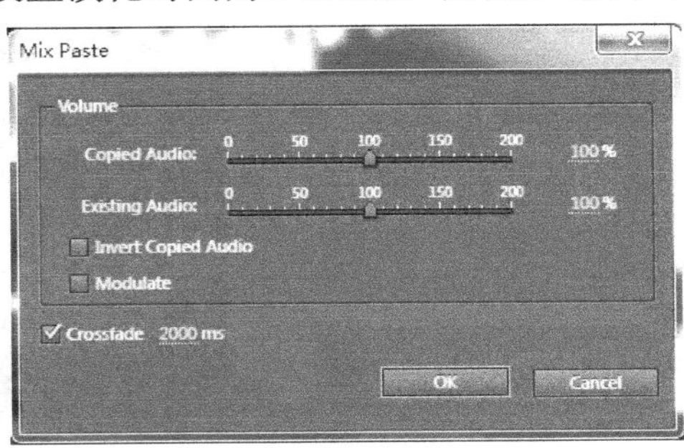

图1-6　淡化时间

步骤07　单击“OK”按钮，这样剪贴板中的内容就被粘贴过来了，波形编辑器中显示其波形内容。由于使用了混合式粘贴中的“Crossfade”功能，用户能够从波形振幅上看到开头的淡入效果和结尾的淡出效果，如图1-7所示。

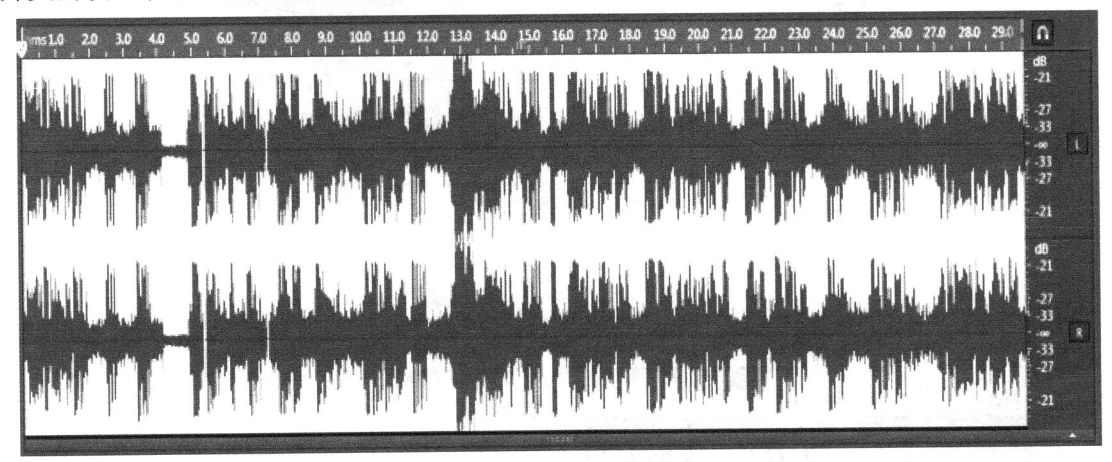

图1-7　淡入淡出效果

步骤08　在“文件”面板中双击“拜新年.mp3”文件名，在波形编辑器中显示该歌曲的波形内容。

步骤09　在0～28.5s之间创建选区，按<Ctrl+C>（复制）组合键，将选区内的波形复制到剪贴板中。

步骤10　在“文件”面板中双击“音乐串烧”文件名，切换至该文件。

步骤11　在波形的结尾处单击，设置插入点，然后选择“Edit”→“Insert”→“Silence”命令，如图1-8所示。

步骤12　在弹出的“Insert Silence”对话框中设置持续时间为28.5s，与剪贴板中的声音长度一致，如图1-9a所示。

步骤13　单击“OK”按钮，此时波形显示器中波形的结尾处多出来一段28.5s时长的选区，如图1-9b所示。

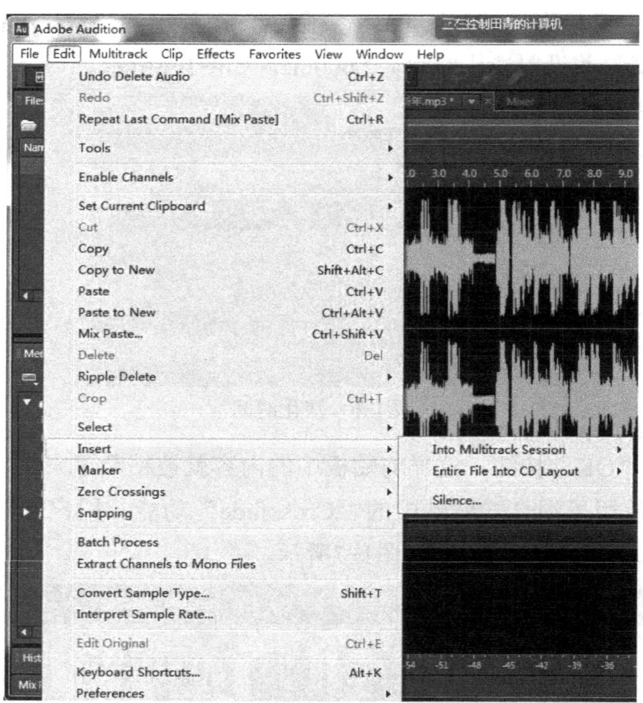

图1-8　插入静音

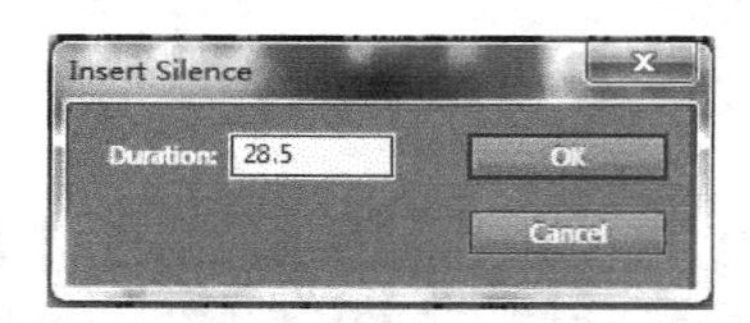

a）

b）

图1-9　插入28.5s时长的选区

a）设置持续为28.5s　b）多出来的28.5s选区

步骤14　单击鼠标右键，在弹出的快捷菜单中选择“Mix Paste”命令，在打开的“Mix Paste”对话框中勾选“Crossfade”复选框，同样设置淡化时间为2 000ms，单击“OK”按钮，这样剪贴板中的声音就成功地粘贴过来了。

步骤15　按照步骤08～步骤13的方法，将“新年汪汪.mp3”歌曲中一段音乐粘贴在“音乐串烧”的结尾处。

步骤16　选择“File”→“Save”命令，在弹出的“Save As”对话框中设置格式为“MP3音频”，单击“OK”按钮。

步骤17　这样，一段自制的、别有韵味的名为“音乐串烧”的MP3文件就完成了。

活动3　完成一个课文的配乐朗读内容

活动内容

1. 录制麦克风声音
2. 跨文件波形复制粘贴
3. 混合式粘贴及设置
4. 裁剪波形

操作步骤

步骤01　把麦克风连接在计算机的麦克风接口上。

步骤02　启动Adobe Audition CS6软件。

步骤03　切换至波形编辑器界面，新建一个“Sample Rate”为44 100Hz“Bit Depth”为32位，“Channels”为Stereo的文件。

步骤04　将录音选项设置为麦克风。

步骤05　在Adudition里单击“Edit”面板中的“Record”按钮，然后对着拾音器朗诵朱自清的《匆匆》一文。

步骤06　将录制好的朗读内容保存成“朱自清匆匆.mp3”文件。

步骤07　寻找一支轻柔的钢琴曲，这里使用的是“纯音乐-安静-钢琴恋曲.mp3”文件。

步骤08　在Audition软件的波形编辑器界面里，将“纯音乐-安静-钢琴恋曲.mp3”文件打开。

步骤09　切换至“朱自清匆匆.mp3”文件，按<Ctrl+A>（全选）组合键将波形全选，然后按<Ctrl+C>（复制）组合键，将全部波形复制到剪贴板。

步骤10　切换至“纯音乐-安静-钢琴恋曲.mp3”文件，在波形的起始点单击，确定插入点。

步骤11　按〈Ctrl+Shift+V〉（混合式粘贴）组合键，弹出“Mix Paste”对话框。使配乐的音量降低一些，把“Existing Audio”的音量设置为10%，然后单击“OK”按钮，如图1-10所示。

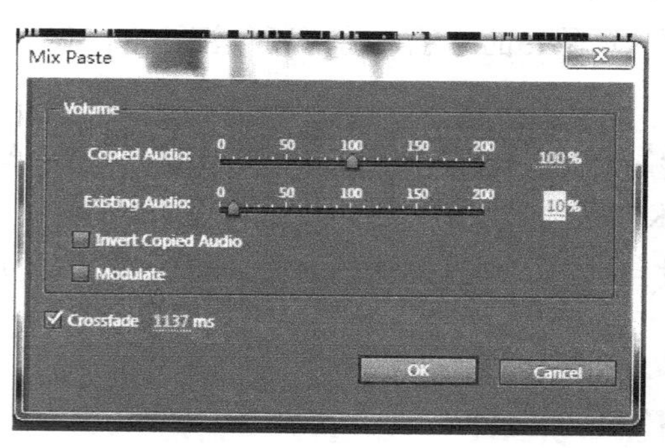

图1-10　降低配乐音量

步骤12　混合粘贴后的波形部分是高亮的。

步骤13　保留这个高亮的选区，然后按〈Ctrl+T〉（裁剪）组合键，将选区外的波形删除。

步骤14　单击“Edit”面板中的“播放”按钮，监听波形内容。这样，一段课文的配乐朗读效果就完成了。

步骤15　选择“File”→“Save As”命令，将文件以名称“配乐朗读匆匆.mp3”保存。

活动4　制作个性手机音乐铃声

活动内容

1. 放大显示波形
2. 复制为新文件

操作步骤

步骤01　寻找一首自己喜欢的歌曲。这里使用的是“带我到山顶.mp3”文件。

步骤02　打开Adobe Audition CS6软件，在波形编辑器界面打开“带我到山顶.mp3”文件。

步骤03　单击“Edit”面板中的“播放”按钮，监听音乐内容。然后，选择一段自己非常喜欢的波形。注意，在选择时，为了提高精准度，可以放大显示波形。

步骤04　单击鼠标右键，在弹出的快捷菜单中选择“Copy To New”命令，如图1-11所示。

步骤05　将这个新文件保存，如图1-12所示。这样，个性手机音乐铃声就制作完毕，只要将该MP3文件存储到手机里就可以使用了。

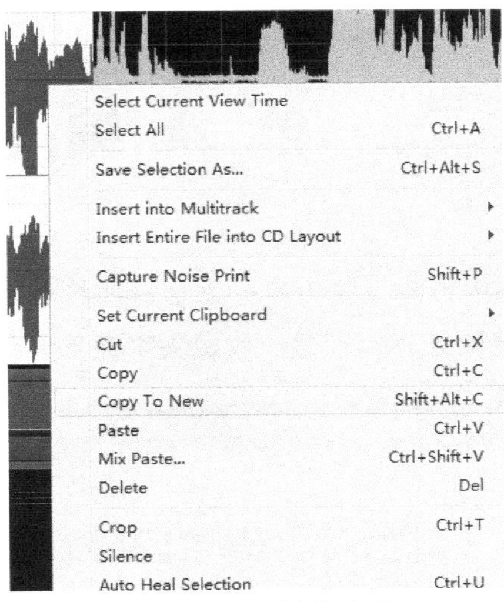

图1-11　复制为新文件

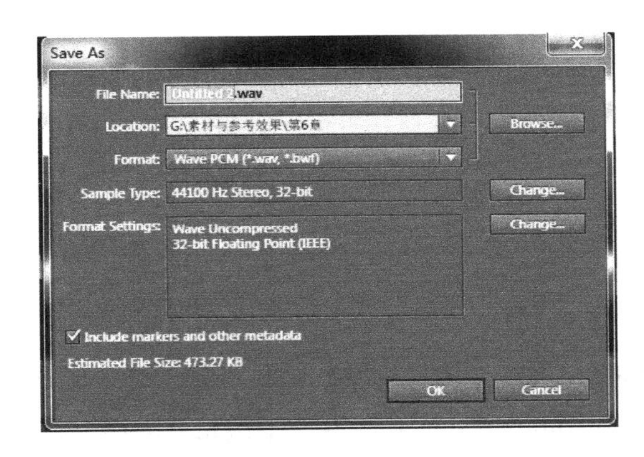

图1-12　保存新文件

单元小结

本单元主要学习了以下内容。

- 在单轨编辑界面中选取波形。
- 在单轨界面中复制、剪切和粘贴波形。
- 删除波形和裁剪波形。
- 设置轨道名称。
- 选取波形和移动音频块。
- 插入素材。
- 删除和锁定音频素材。

单元2　单 轨 编 辑

在Adobe Audition CS6中，除了能为声音添加一些特效之外，还能实现其他的音频编辑，例如，生成静音、消除人声、设置“收藏夹”菜单等技术。本单元主要介绍单轨编辑界面中的其他编辑技术。

活动1　调整对白语句间停顿的时间

活动内容

1．插入静音

2．删除波形

操作步骤

步骤01　准备一段对白语音。

步骤02　启动Adobe Audition CS6软件，在波形编辑器界面中打开对白文件。

步骤03　监听波形内容，找到需要调整停顿时间的波形。如果想增长停顿时间，则先确定插入点，如图2-1所示。

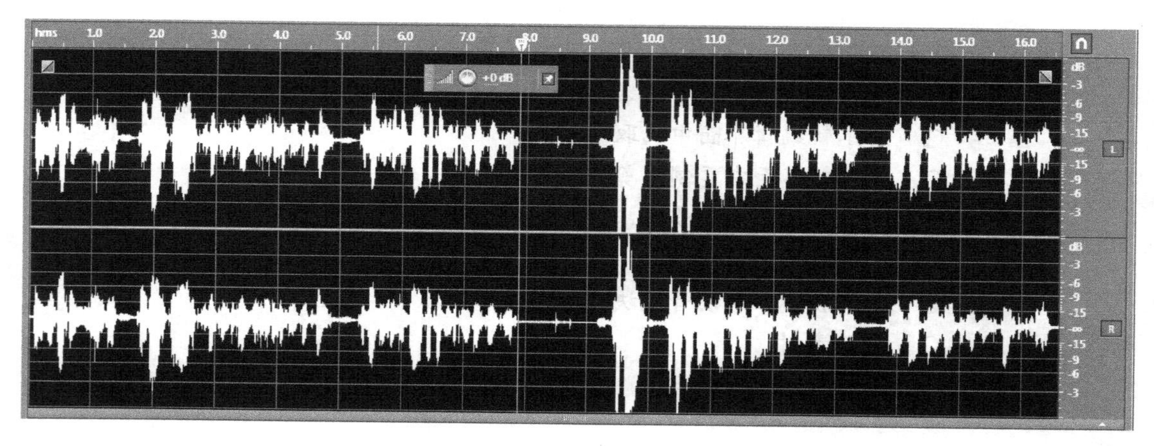

图2-1　确定插入点

步骤04　选择“Edit”→“Insert”→“Silence”命令，如图2-2所示。

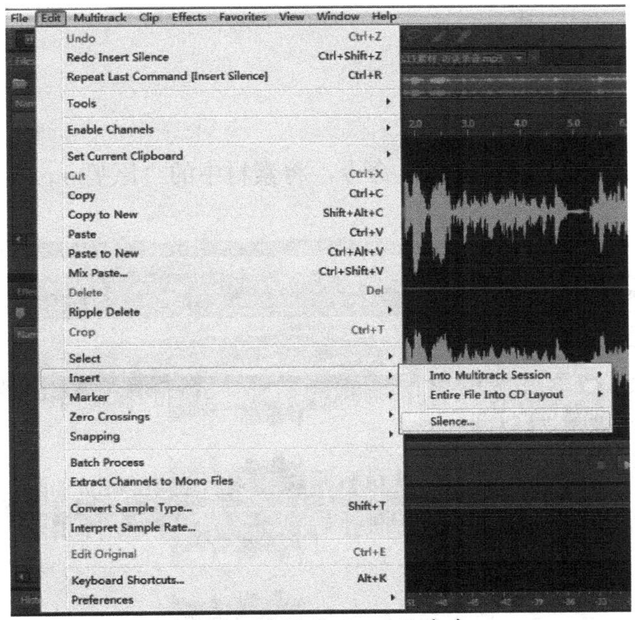

图2-2 选择“Silence”命令

步骤05 弹出“Insert Silence”对话框，设置静音持续时间，然后单击“OK”按钮，如图2-3所示。

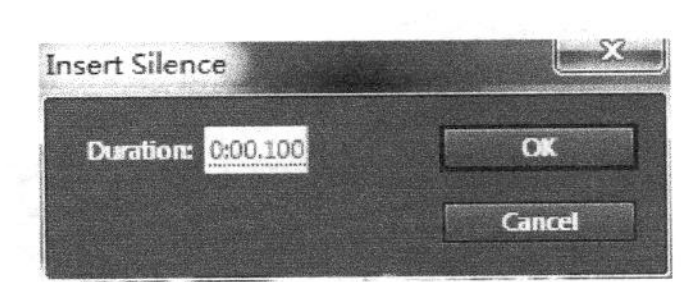

图2-3 “插入静音”对话框

步骤06 成功插入静音部分以高亮选区的形式显示出来，如图2-4所示。

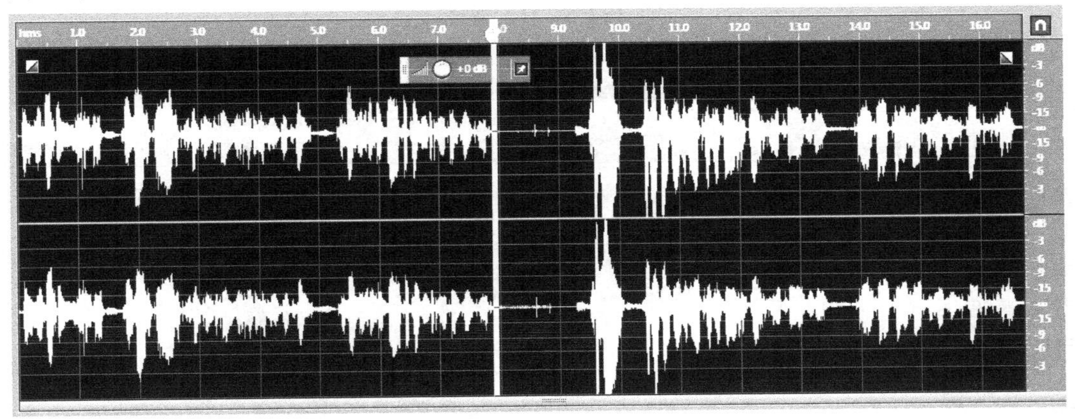

图2-4 插入的静音

步骤07 如果想缩短停顿时间，则就选择一段停顿时的波形，然后按<Delete>键删除即可。

活动2 移除人声制作伴奏带

活动内容

1．中置声道提取

2. 人声移除

操作步骤

步骤01　选择“File”→“Open”命令，将素材中的“原唱.mp3”文件打开，如图2-5所示。

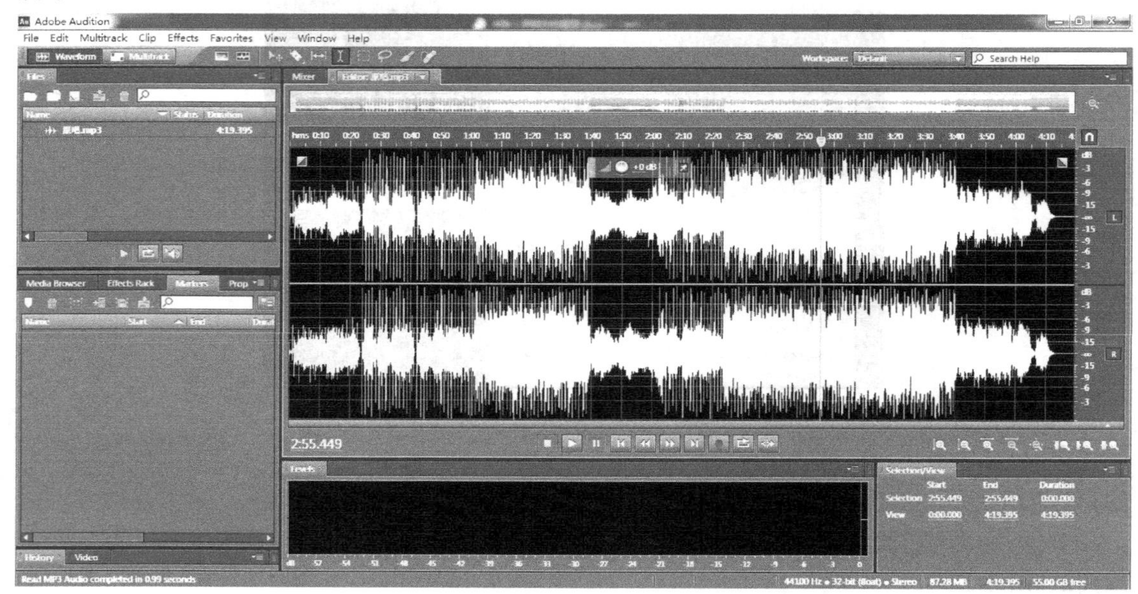

图2-5　打开素材

步骤02　在“原唱.mp3”波形上双击鼠标左键，选中所有音频，如图2-6所示。

图2-6　选中所有音频

步骤03　选择“Effects”→“Imagery”→“Center Channel Extractor”命令如图2-7所

示，弹出“Effect-Center-Channel-Extractor”对话框。

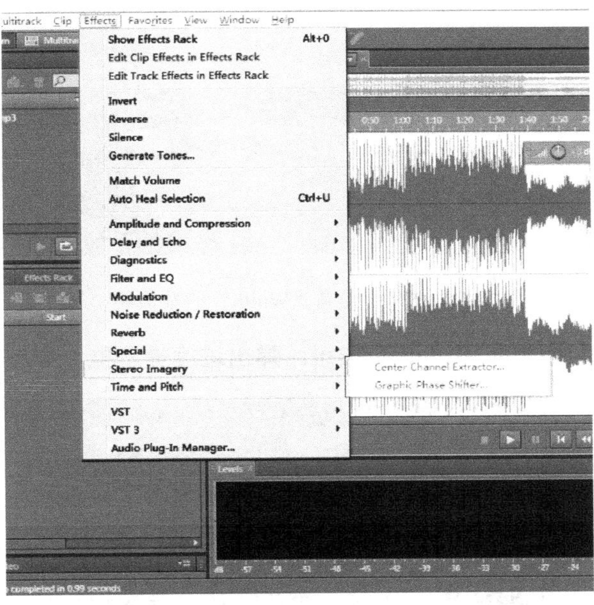

图2-7　提取中置声道

步骤04　在“Presets”下拉列表中选择“Vocal Remove”选项，如图2-8所示。

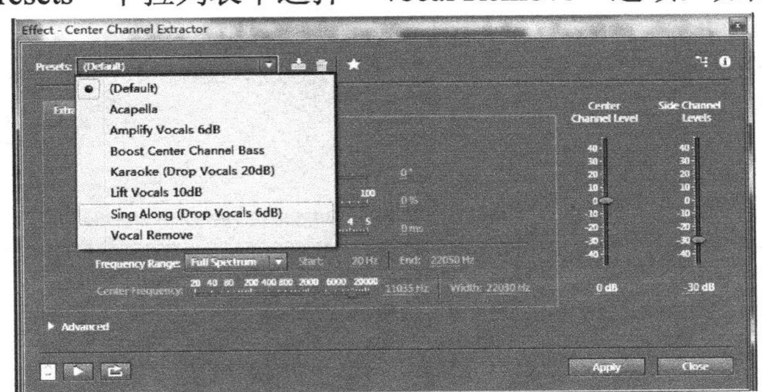

图2-8　移除人声

步骤05　单击“播放”或“停止”按钮，测试移除人声后的音频效果，如图2-9所示。

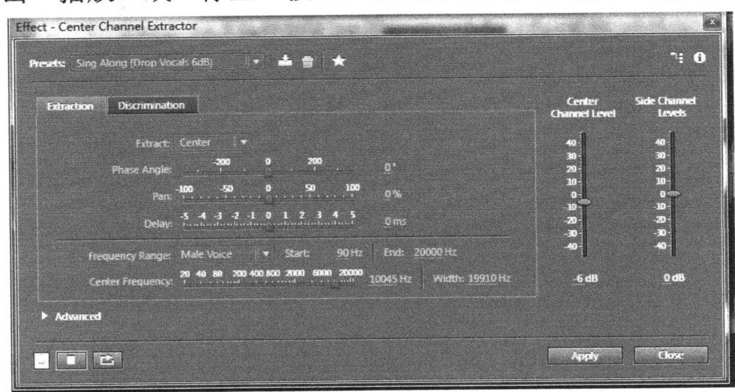

图2-9　测试移除人声后的音频效果

单元2 单轨编辑

步骤06　降低“Center Frequency”的数值，提高“Width”的数值，继续试听，如图2-10所示。

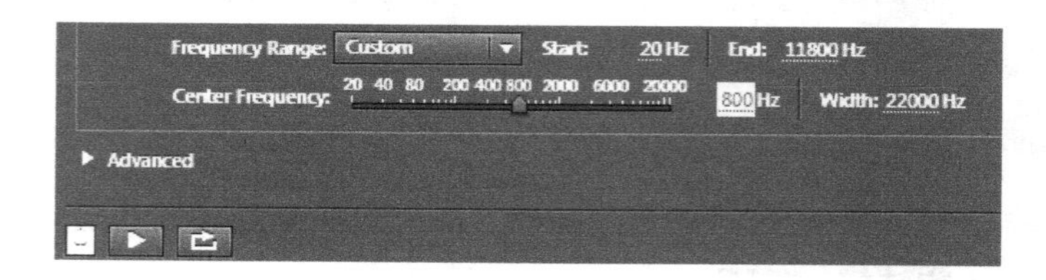

图2-10　提高“Width”的数值

步骤07　单击对话框中的“Apply”按钮，弹出进度提示框，如图2-11所示。

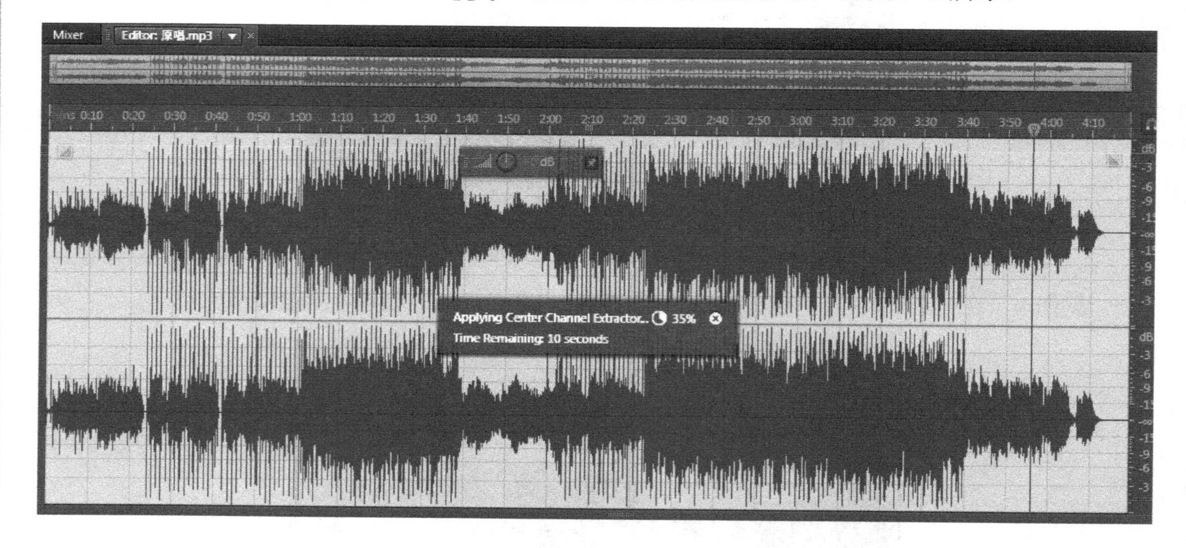

图2-11　进度提示框

步骤08　选择“File”→“Save As”命令，将文件保存为“移除人声制作伴奏带.mp3”，如图2-12所示。

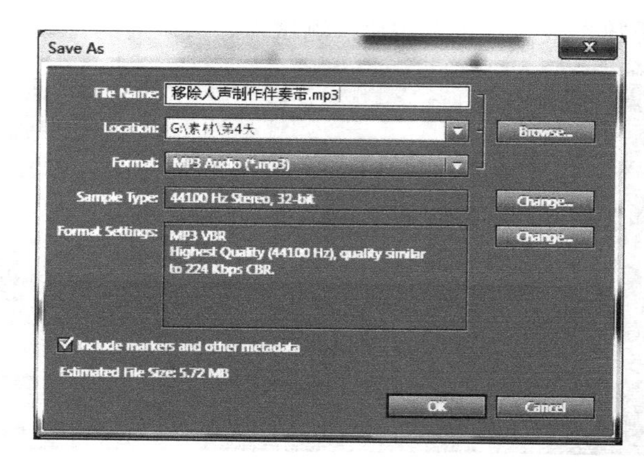

图2-12　保存文件

活动3　改变音频的播放速度

活动内容

1．伸缩与变调
2．伸缩

操作步骤

步骤01　启动Adobe Auditon CS6软件，将素材中的“正常速度.wav”文件打开。

步骤02　选择“Effects”→“Time and Pitch”→“Stretch and Pitch（Process）”命令，如图2-13所示。

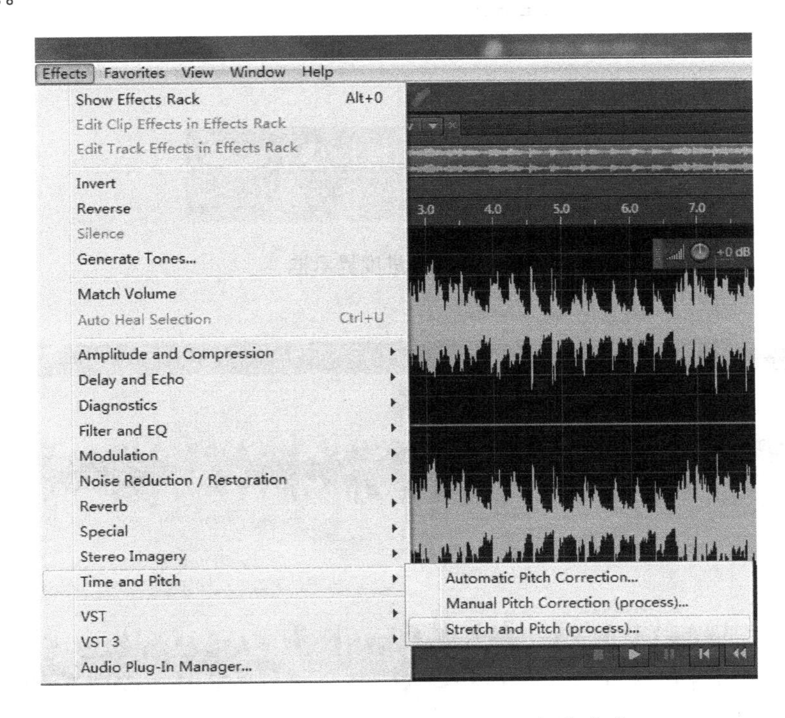

图2-13　“Stretch and Pitch（Process）”命令

步骤03　在“Effect-Stretch and Pitch”对话框中设置“Stretch”为“50%”，如图2-14所示。

步骤04　设置“Pitch Shift”为“0%”，单击“播放”或“停止”按钮，测试音频，如图2-15所示。

步骤05　单击“OK”按钮，弹出进度提示框，如图2-16所示。

步骤06　稍等片刻，即可得到音频的变速效果，观察音频波形的变化，如图2-17所示。

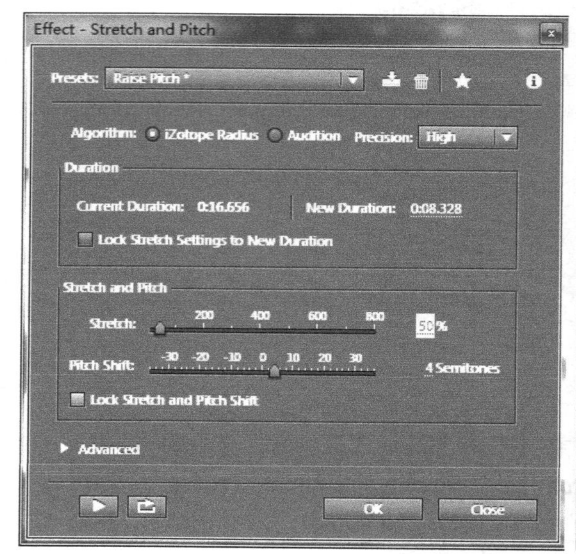

图2-14　设置伸缩值

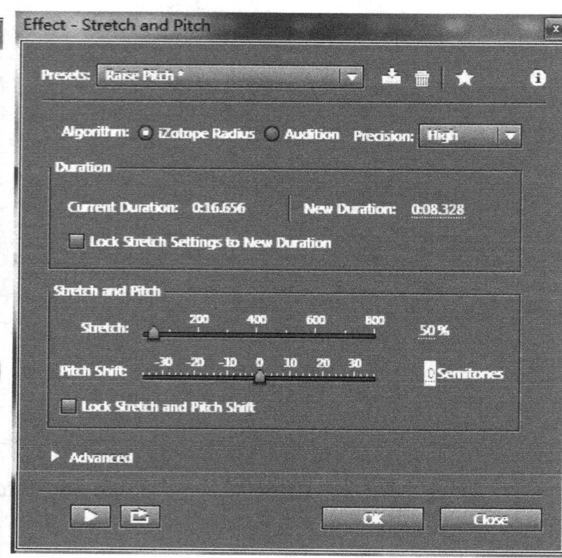

图2-15　测试音频

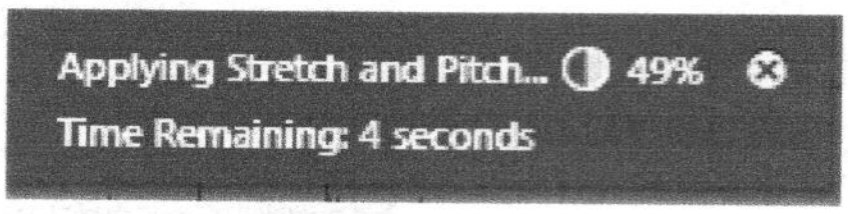

Applying Stretch and Pitch... 49%
Time Remaining: 4 seconds

图2-16　进度提示框

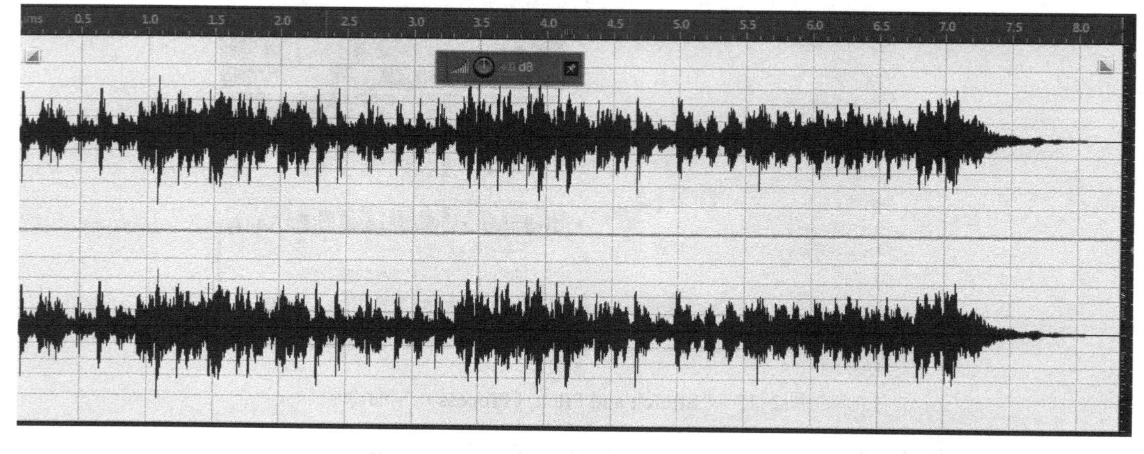

图2-17　波形变化

步骤07　选择“File”→“Save As”命令，如图2-18所示，弹出“Save As”对话框，如图2-19所示，在该对话框中将文件的名称设置为“音频加速.wav”并保存文件。

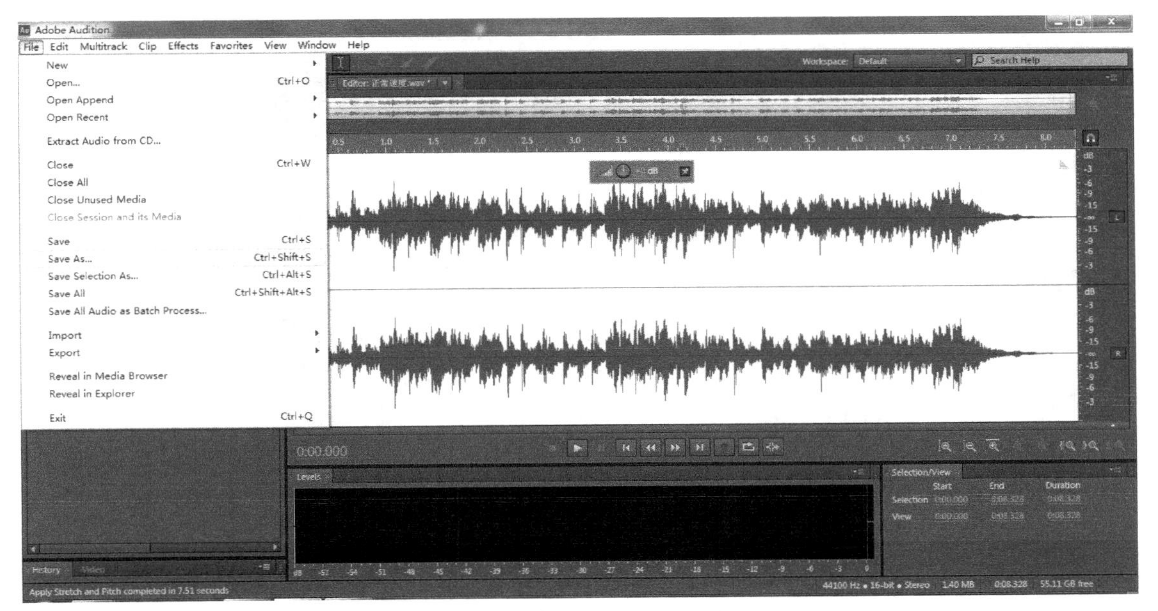

图2-18　选择“另存为”命令

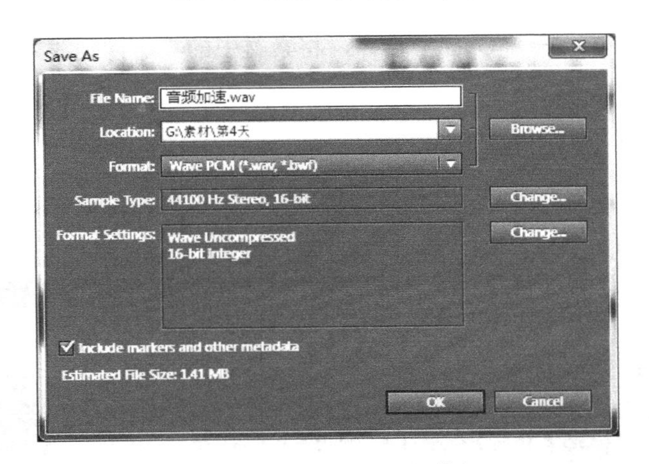

图2-19　“另存为”对话框

活动4　实现音频时间缩短

活动内容

伸缩与变调

操作步骤

步骤01　启动Adobe Audition CS6软件，确定视图在“编辑视图”下，如图2-20所示。

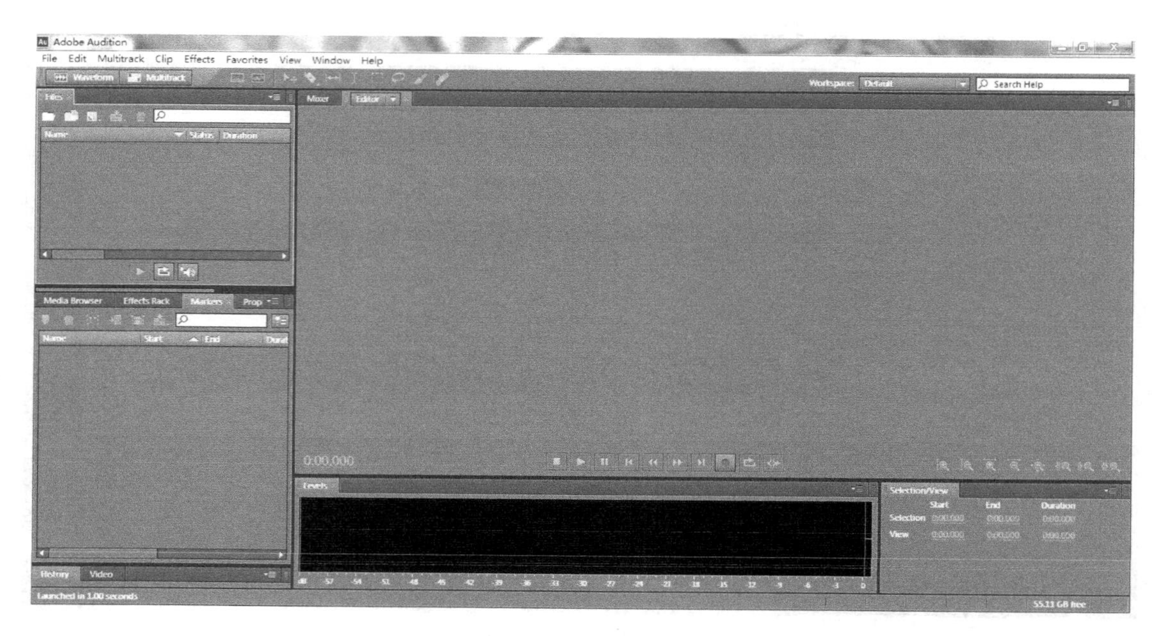

图2-20　编辑视图

步骤02　选择“File”→“Open”命令，将素材中的“财神到我家.mp3”文件打开，如图2-21所示。

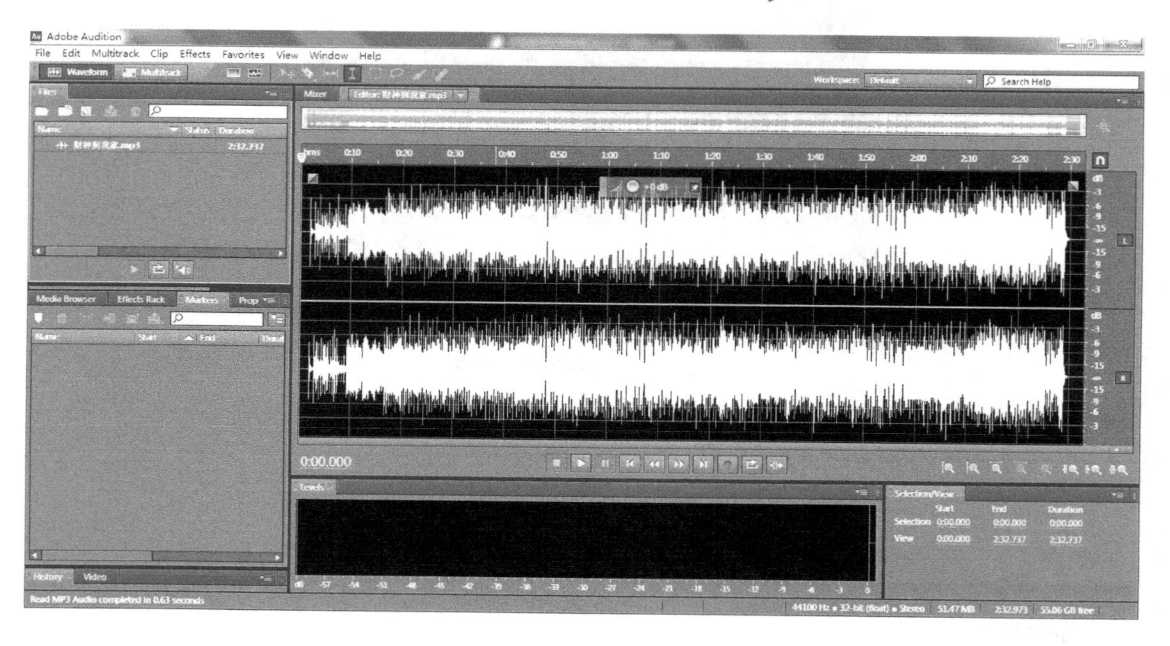

图2-21　打开文件

步骤03　在波形上通过双击鼠标左键，选中全部音频波形，如图2-22所示。

步骤04　选择“Effects”→“Time and Pitch”→“Stretch and Pitch（process）”命令，

如图2-23所示。

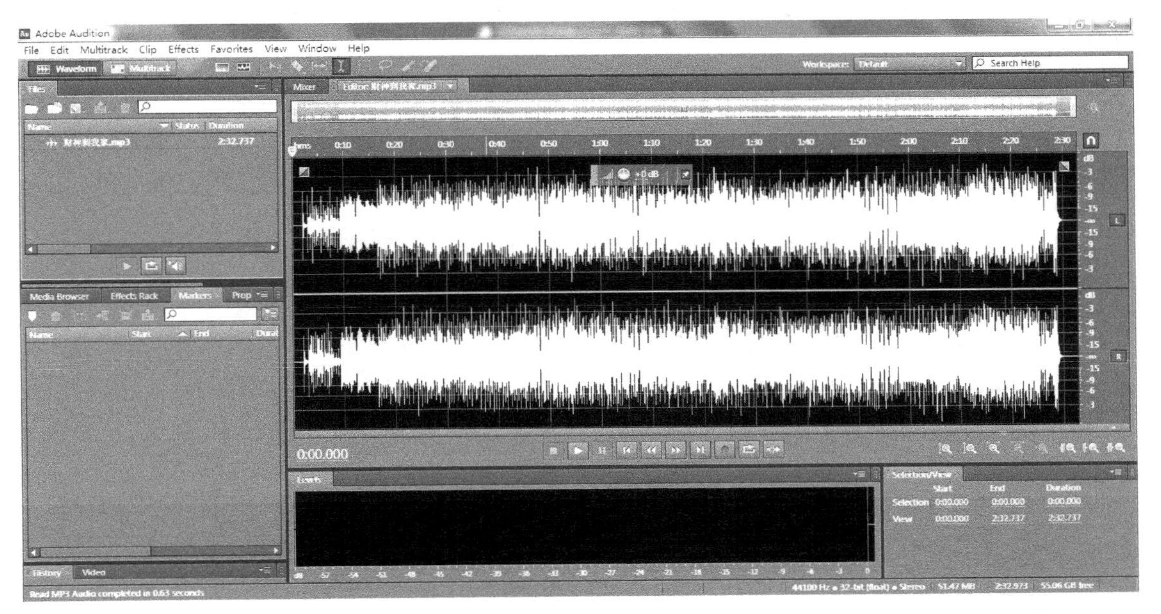

图2-22 选中全部音频

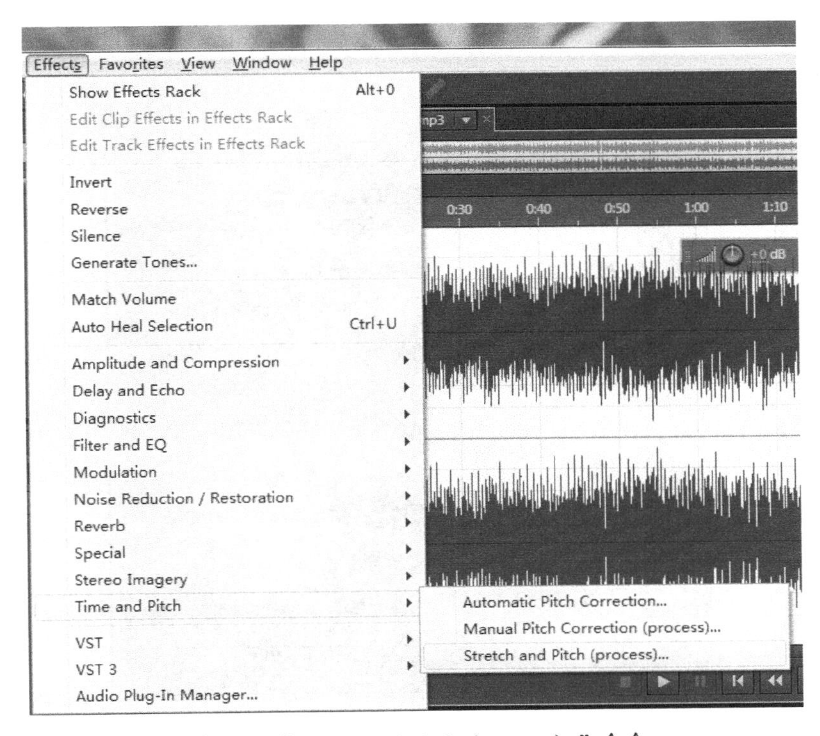

图2-23 “Stretch and Pitch（process）”命令

步骤05 在弹出的“Effect-Stretch and Pitch”对话框的“Presets”下拉列表中选择

"Fast Talker"预设效果，如图2-24所示。

步骤06　设置"Stretch"为"68%"，单击"播放"按钮，可以听到音频减缓，如图2-25所示。

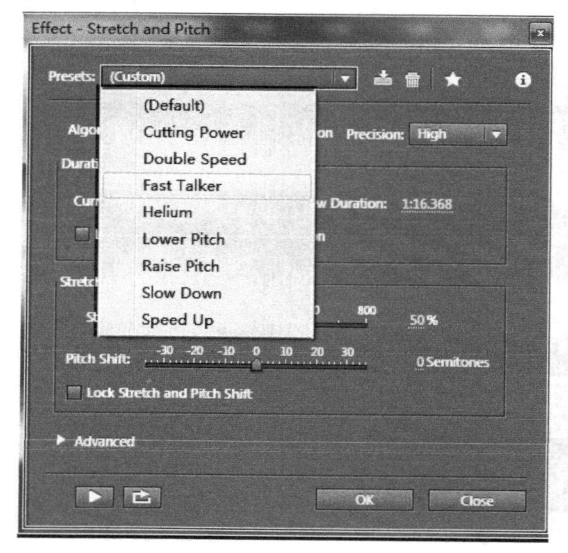

图2-24　"Fast Talkery"预设效果

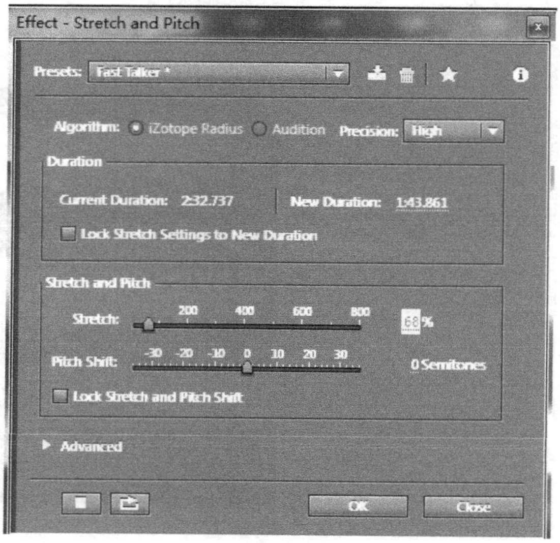

图2-25　设置"Stretch"为"68%"

步骤07　设置"Stretch"为"150%"，单击"播放"按钮，可以听到音频减缓，如图2-26所示。

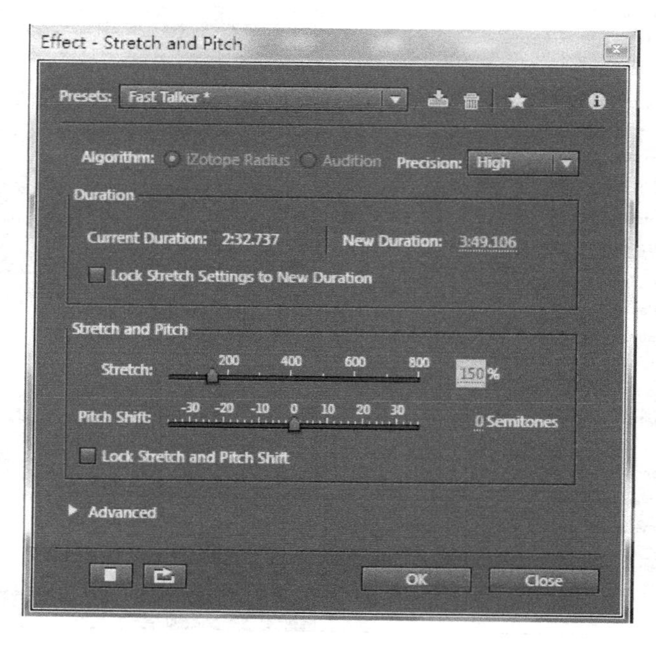

图2-26　设置"Stretch"为"150%"

步骤08　单击"OK"按钮，即可完成时间伸缩效果的处理。进度提示框，如图2-27所示。

步骤09　选择“File”→“Save As”命令，弹出“Save As”对话框，如图2-28所示，在该对话框中将文件的名称设置为“财神到我家.mp3”并保存文件。

Applying Stretch and Pitch... 3%
Time Remaining: 2 minutes 12 seconds

图2-27　进度提示框

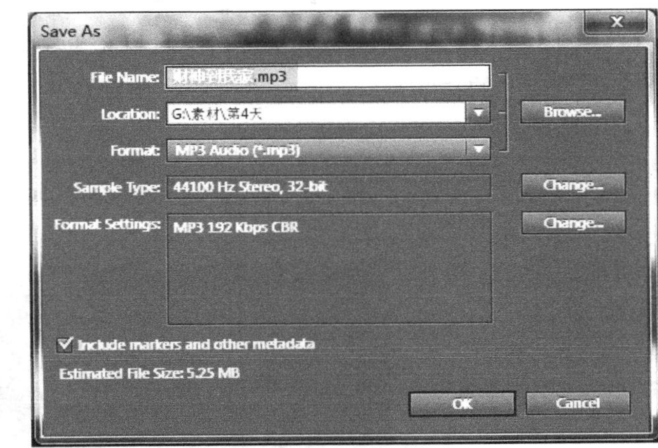

图2-28　保存文件

步骤10　打开“财神到我家.mp3”文件，按<space>键测试音频，如图2-29所示。

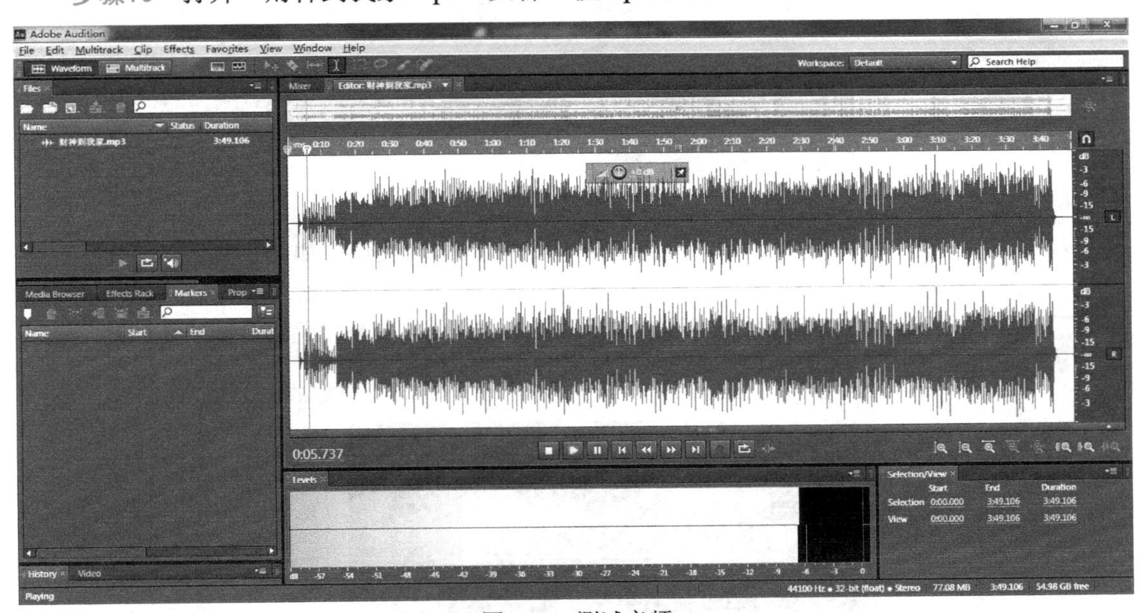

图2-29　测试音频

活动5　去除录音中的啸叫声

活动内容

1．降噪器

2．采集噪声样本

操作步骤

步骤01　启动Adobe Audition CS6软件，选择“File”→“Open”命令，将素材中的“去除录音中的啸叫声.wav”文件打开，如图2-30所示。

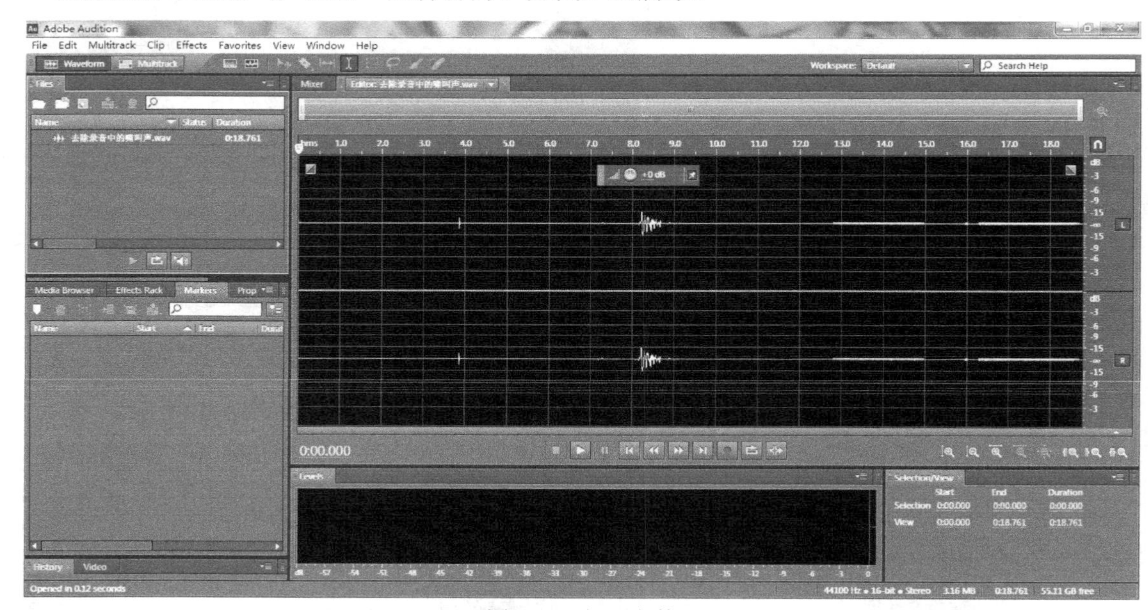

图2-30　打开文件

步骤02　使用“时间选区工具”选择音频中的部分啸叫波形，如图2-31所示。

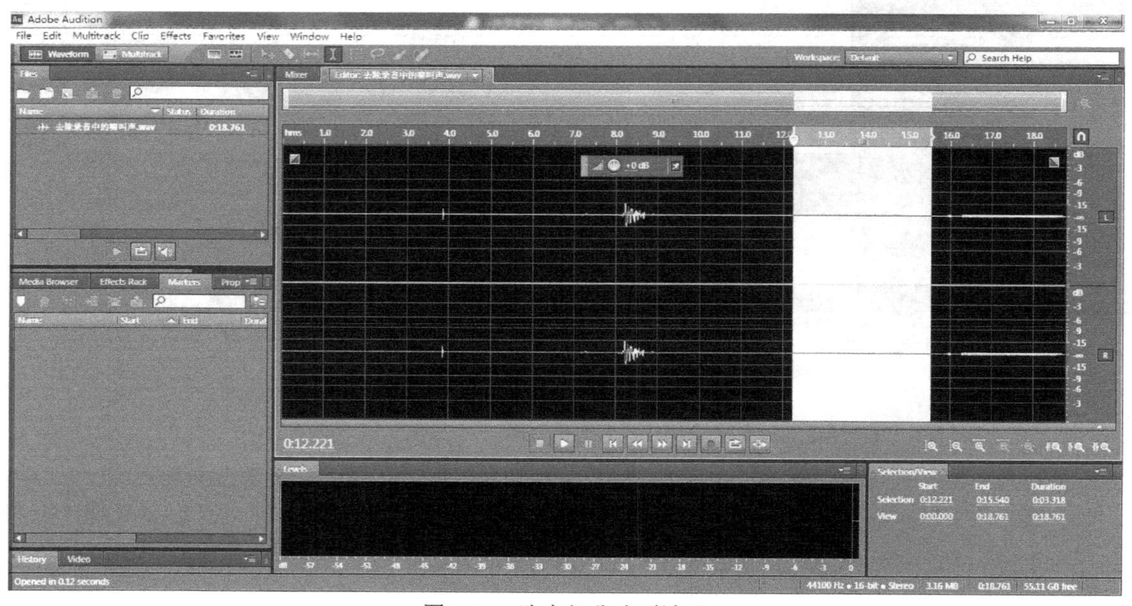

图2-31　选中部分啸叫波形

步骤03　选择“Effects”→“Noise Reduction/Restoration”→“Capture Noise Print”命

令，如图2-32所示。

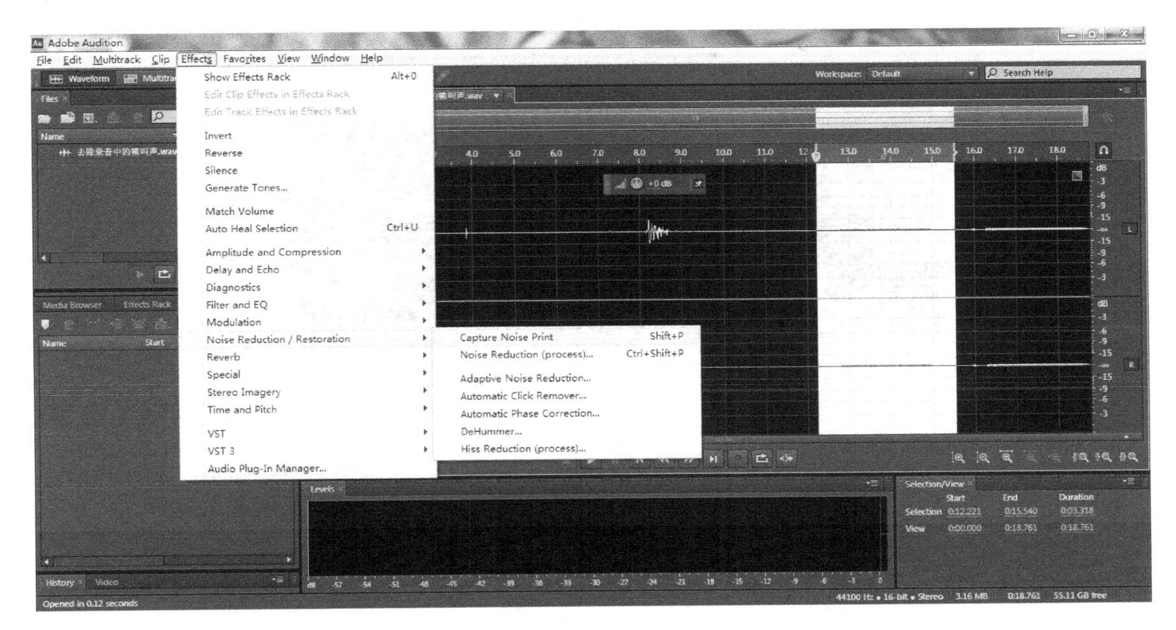

图2-32 “Capture Noise Print”命令

步骤04 选择“Effects”→“Noise Reduction/Restoration”→“Noise Reduction（Process）”命令，如图2-33所示。

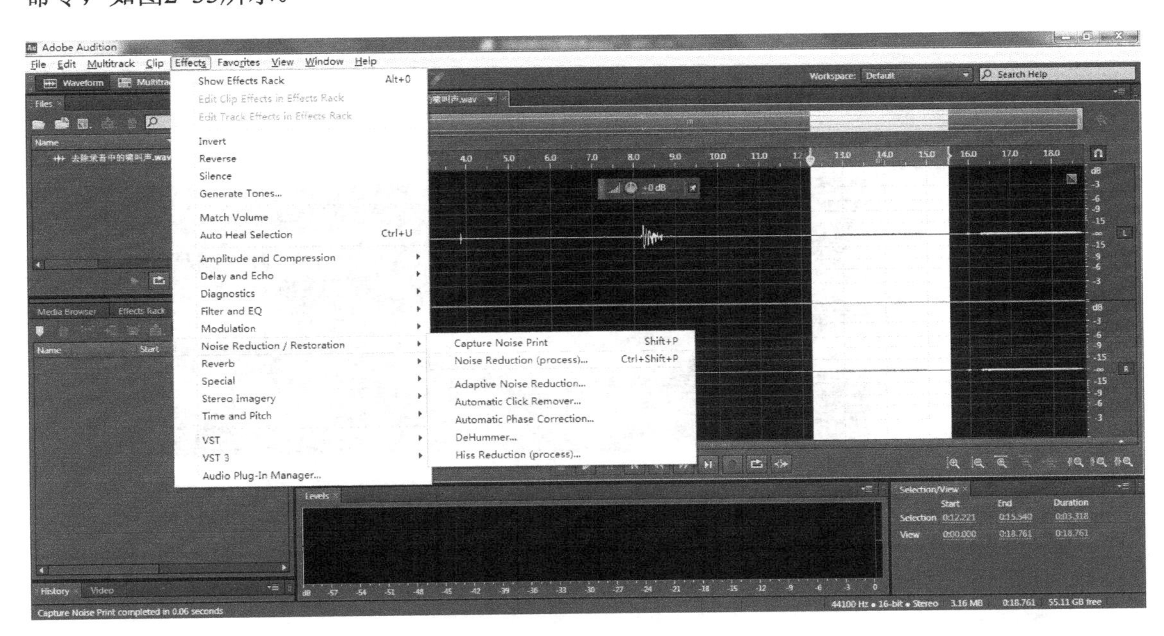

图2-33 “Noise Reduction（Process）”命令

步骤05 弹出“Effect-Noise Reduction”对话框，单击“Apply”按钮，如图2-34所示。

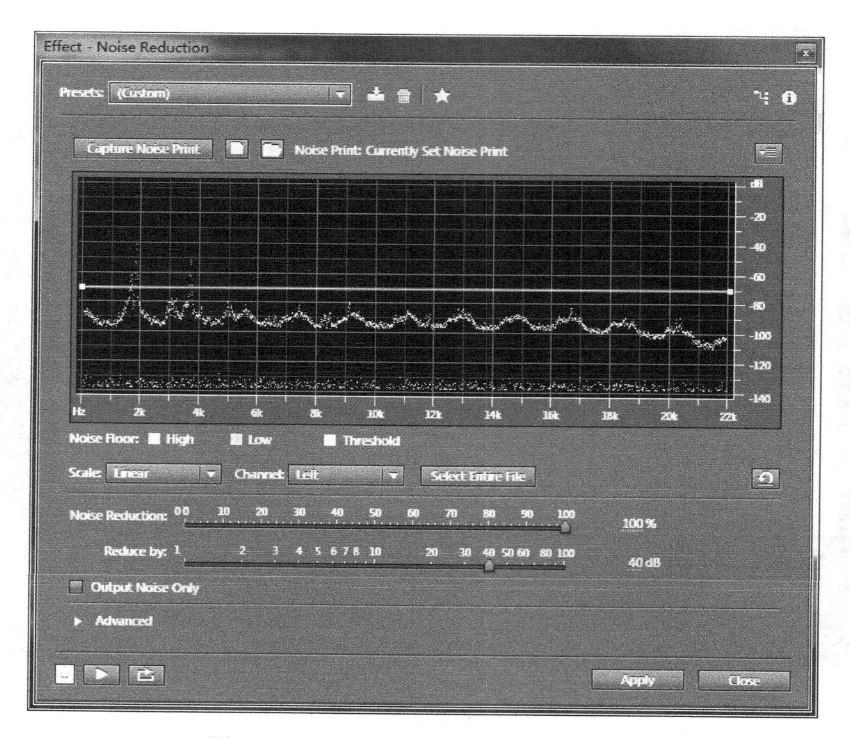

图2-34 “Effect-Noise Reduction”对话框

步骤06 按照同样的方法，继续将另一端的啸叫声去除，并观察波形，如图2-35所示。

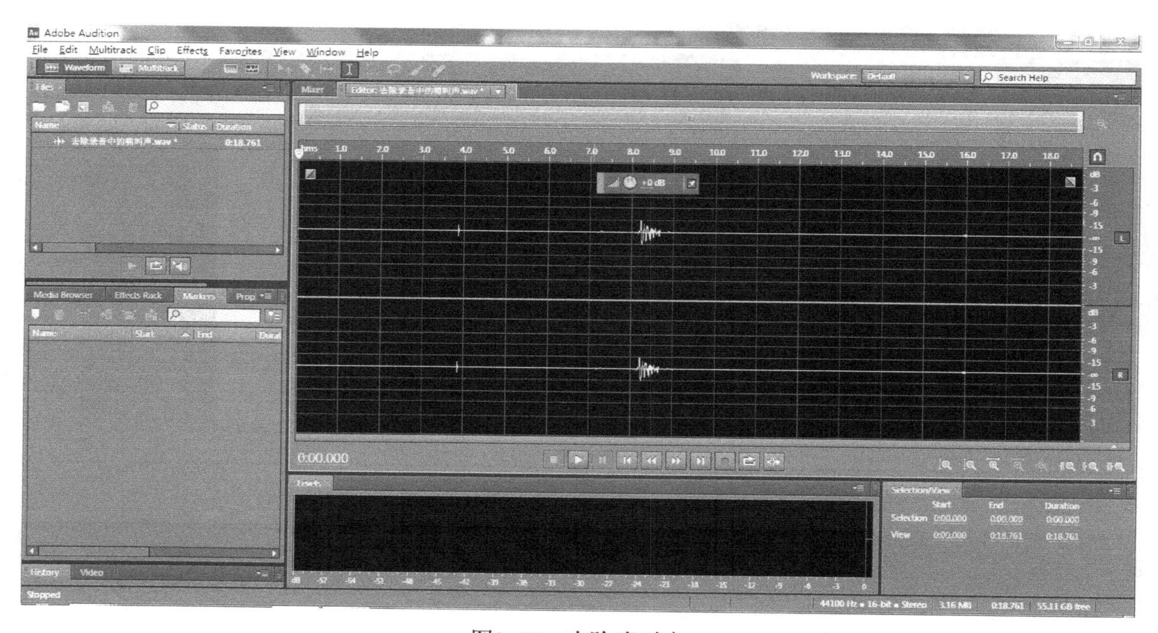

图2-35 去除啸叫声

步骤07 选择“File”→“Save As”命令，将文件保存为“去除录音中的啸叫声.wav”文件，如图2-36所示。

图2-36　保存文件

活动6　优化音频中的人声

活动内容

1．测试音频
2．人声增强

操作步骤

步骤01　启动Adobe Audition CS6软件，将素材中的“遗憾.mp3”文件打开，如图2-37所示。

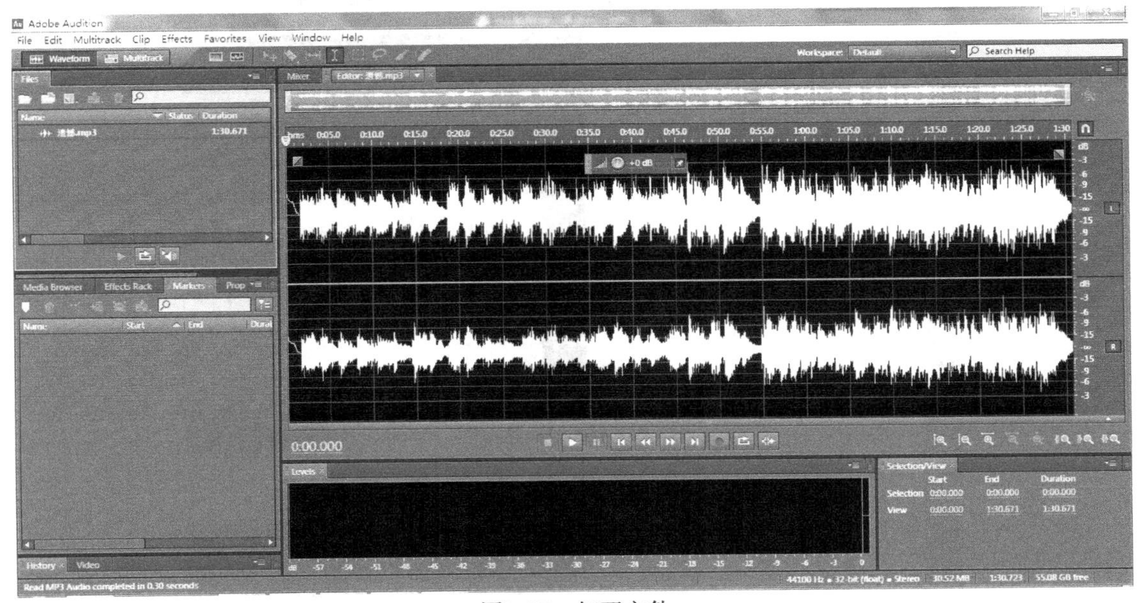

图2-37　打开文件

步骤02　按下<space>键测试音频，使用“时间选择工具”将人声波形选中，如图2-38所示。

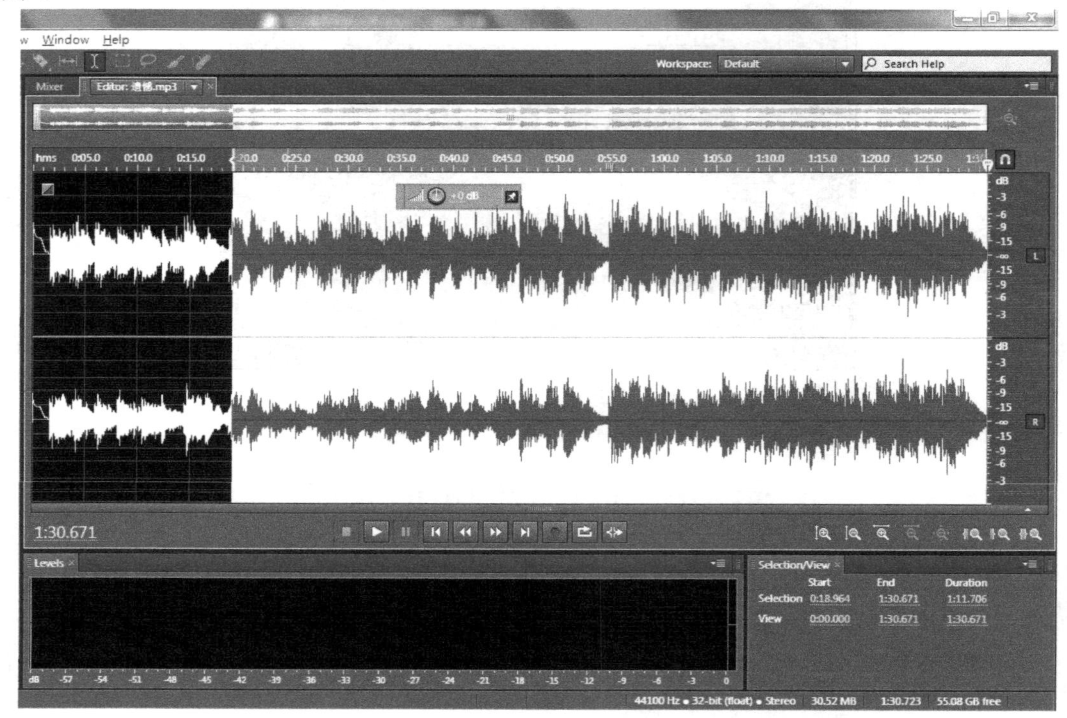

图2-38　选中波形

步骤03　完成波形的选中后，选择“Effects”→“Special”→“Vocal Enhancer”命令，如图2-39所示。

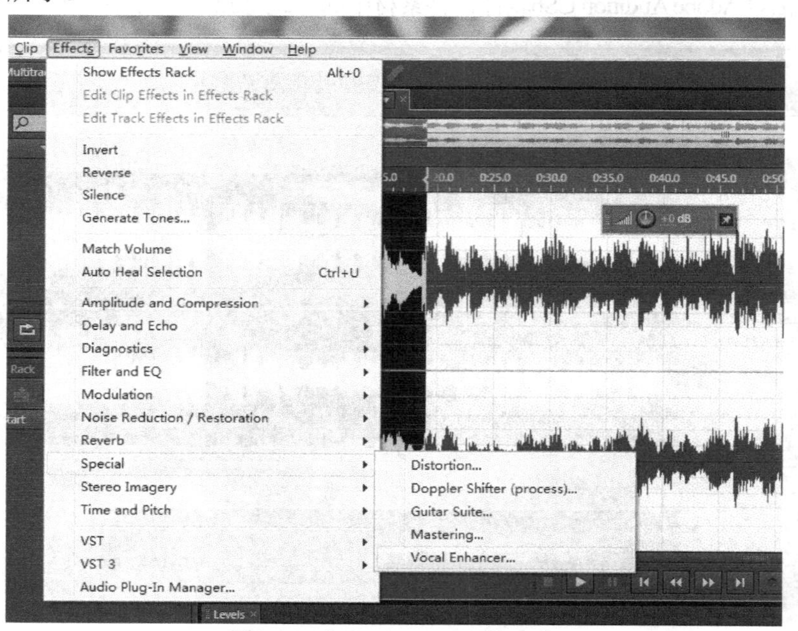

图2-39　“Vocal Enhancer”命令

步骤04　在弹出的“Effect-Vocal Enhancer”对话框中单击“Presets”下拉列表，选择“Male”选项，如图2-40所示。

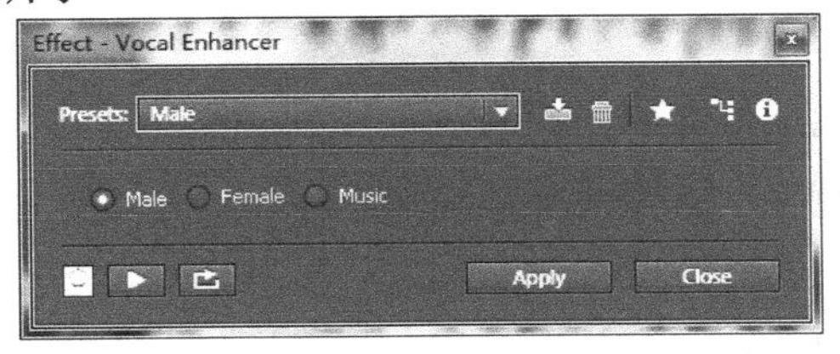

图2-40　“Effect-Vocal Enhancer”对话框

步骤05　单击对话框中的“Apply”按钮。稍等片刻，观察波形变化，如图2-41所示。

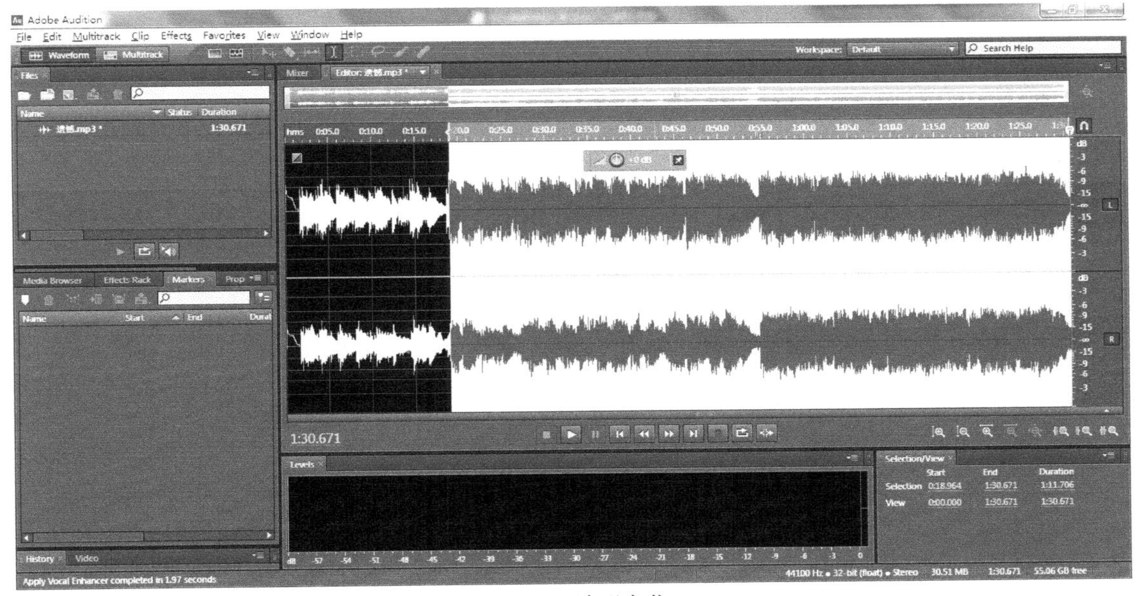

图2-41　波形变化

步骤06　选择“File”→“Save As”命令。将文件保存为“优化音频中的人声.mp3”文件，如图2-42所示。

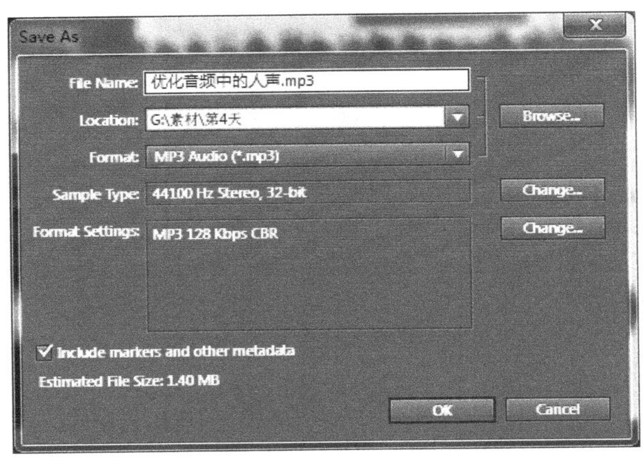

图2-42　保存文件

单元小结

本单元主要学习了以下内容。

- 生成静音和音色信号。
- 消除人声。
- 滤波器。
- 均衡器。
- 设置“收藏夹”菜单。

单元3　多轨混音

在Adobe Aution CS6中，除单轨编辑界面外，还有另一个重要的界面——多轨合成界面，多轨合成界面能够支持多条轨道，能够将各个轨道中的声音素材按照参数设置合成输出音频。本单元主要介绍Adobe Aution CS6中多轨界面中常用的简单编辑技术，包括音频块的操作和各种素材的插入等。

活动1　制作幽默手机铃声

活动内容

1．新建项目
2．导入文件
3．裁剪波形
4．移动音频块
5．重叠部分添加淡入效果
6．复制粘贴

操作步骤

步骤01　在网上下载“鸡叫进行曲.mp3”和“新年汪汪.mp3”文件。

步骤02　启动Adobe Audition CS6软件，切换至多轨编辑器界面，设置新建项目名称为“幽默手机铃声”。

步骤03　将“鸡叫进行曲.mp3”和“新年汪汪.mp3”两个文件导入。

步骤04　将“鸡叫进行曲.mp3”拖曳至“声轨1”中，如图3-1所示。

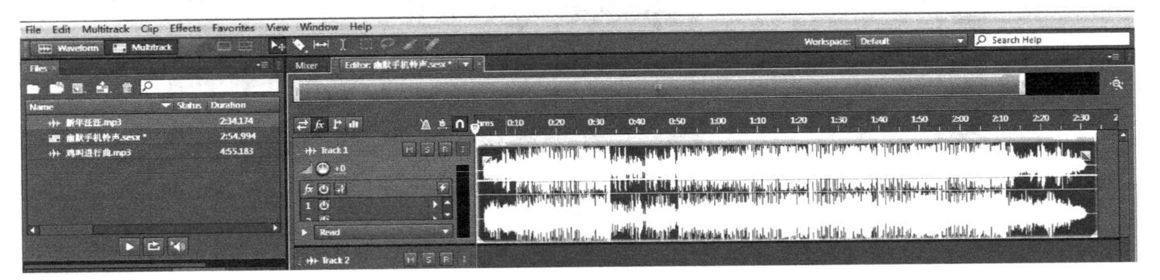

图3-1　将“新年汪汪.mp3”拖曳至声轨1

步骤05　监听整个音乐，找到一段自己喜欢的音乐裁剪出来。这里，将33.5～49.5s之间的一段波形选中，然后，按<Ctrl+T>组合键，将这段波形裁剪出来，如图3-2所示。

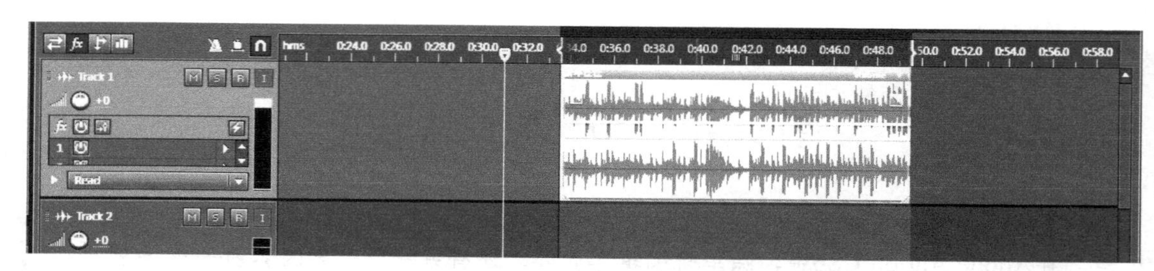

图3-2　裁剪波形

步骤06　在工具栏上单击“移动工具”按钮，如图3-3所示。

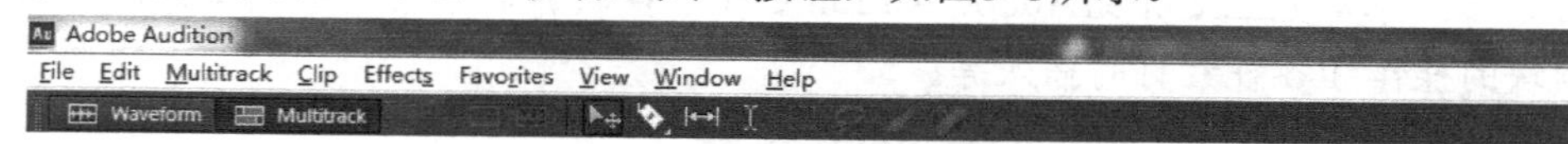

图3-3　“移动工具”按钮

步骤07　将鼠标模式切换为移动工具后，将裁剪的音频块拖曳至“声轨1”的开始处，如图3-4所示。

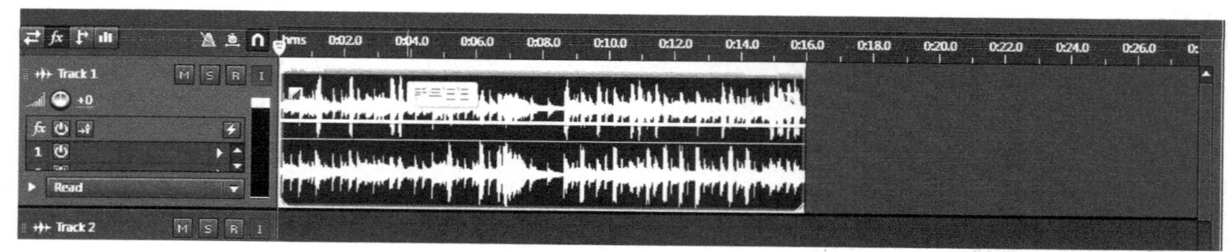

图3-4　移动音频块

步骤08　将“鸡叫进行曲.mp3”拖曳至“声轨2”中。

步骤09　单击“S（独奏）”按钮，监听整个音乐，如图3-5所示。

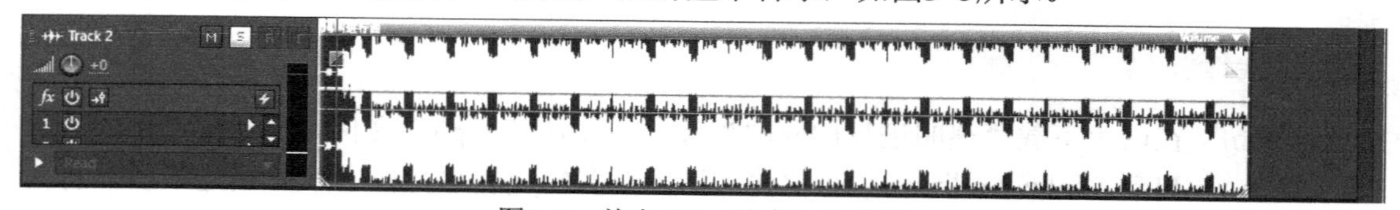

图3-5　单击“S（独奏）”按钮

步骤10　找到一段自己喜欢的音乐并保留下来。这里，将鼠标放在音频块的右侧边界线处，然后向左拖曳鼠标，将音频块裁剪，如图3-6所示。

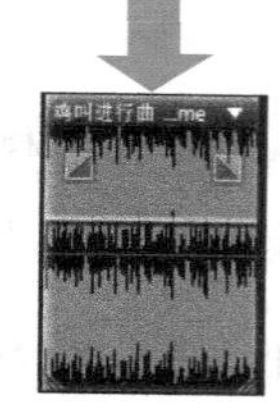

图3-6　裁剪音频块

步骤11　将“声轨1”中的音频块向右移动，如图3-7所示。

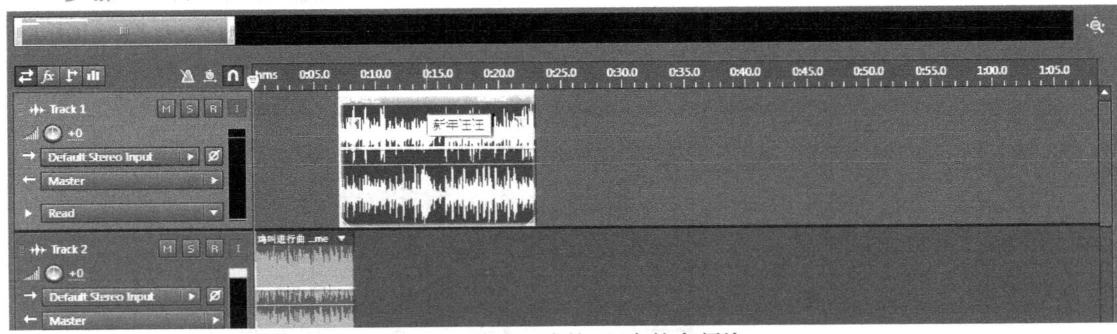

图3-7　移动“声轨1”中的音频块

步骤12　在“声轨1”的音频块左上角找到“淡入”标志，然后向右拖曳鼠标，为“声轨1”与“声轨2”声音重叠的部分添加淡入效果，如图3-8所示。

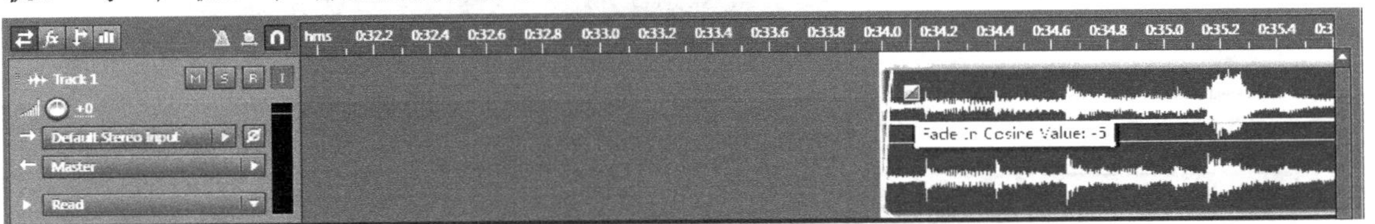

图3-8　设置淡入效果

步骤13　用同样的方法为“声轨1”的音频块尾部添加淡出效果，如图3-9所示。

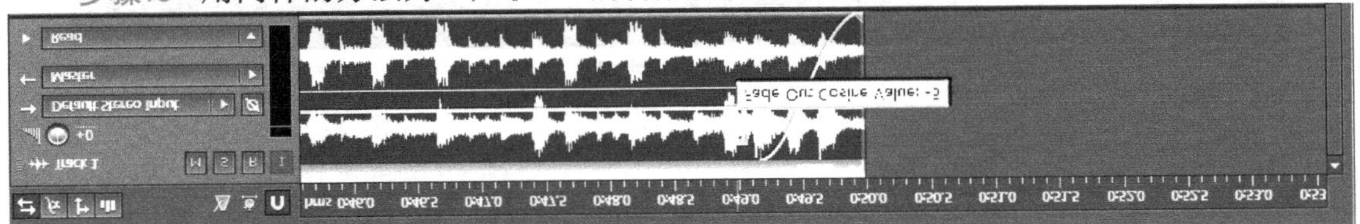

图3-9　设置淡出效果

步骤14　在“声轨2”的音频块上单击鼠标右键，在弹出的快捷菜单中选择“Copy”命令，然后对准“新年汪汪.mp3”歌曲的中间处，在“声轨2”上确定插入点，单击鼠标右键，在弹出的快捷菜单中选择“Paste”命令，将鸡叫声粘贴到此处，如图3-10所示。

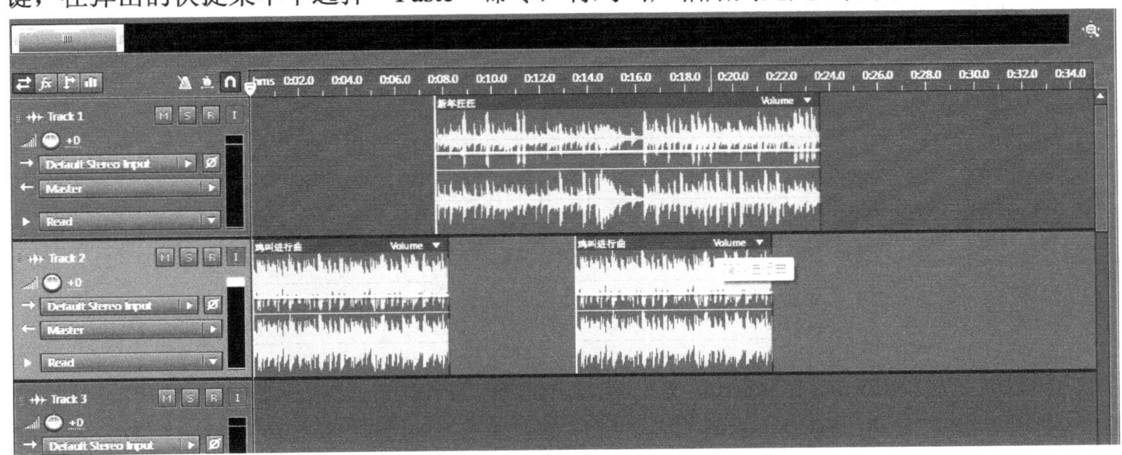

图3-10　粘贴鸡叫声后的音频块

步骤15　将“声轨2”的“S（独奏）”按钮弹起，从开始处监听所有声音内容。如果效果不理想请继续调整；如果效果理想，则可以选择“File”→“Export”→“Multitrack Mixdown”→“Entire Session”命令，将音乐混缩成MP3格式的手机铃声，如图3-11所示。

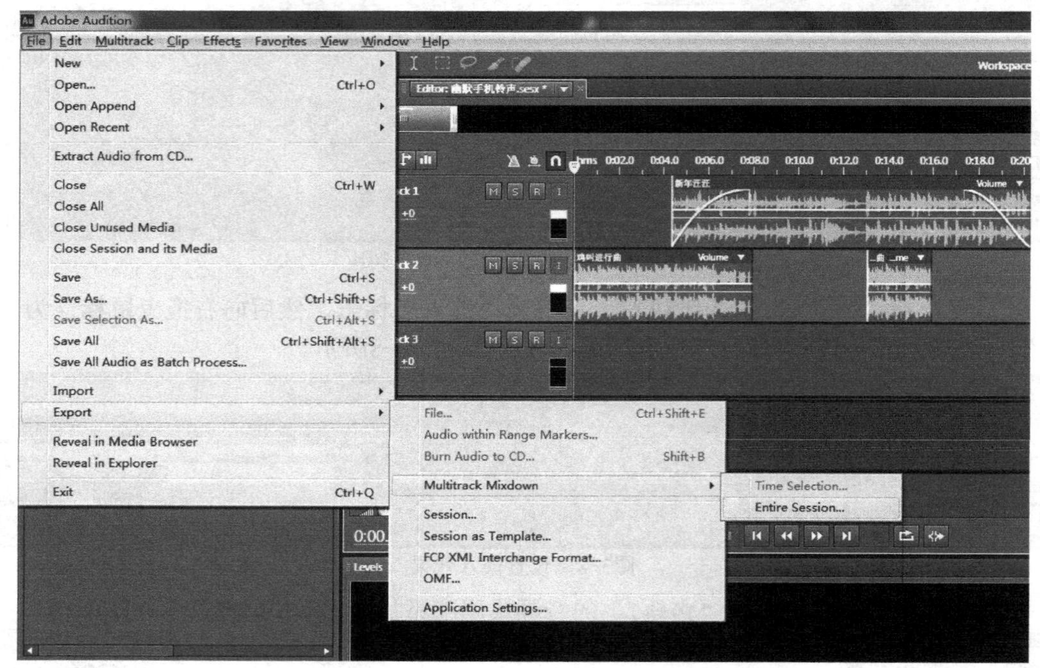

图3-11　缩混

活动2　为儿童影片配乐

活动内容

1. 新建多轨合成项目
2. 导入文件
3. 拆分音频
4. 删除音频
5. 测试
6. 导出到Premiere

操作步骤

步骤01　启动Adobe Audition CS6软件，选择“File”→“New”→“Multitrack”命令，打开“New Multitrack Session”对话框，在对话框中设置“Session Name”为“为可爱儿童影片配乐”，如图3-12所示。

图3-12 “新建多轨项目”对话框

步骤02 选择“File”→“Import”命令，将素材中的“可爱儿童.avi”文件导入，并拖到“轨道1”中，如图3-13所示。

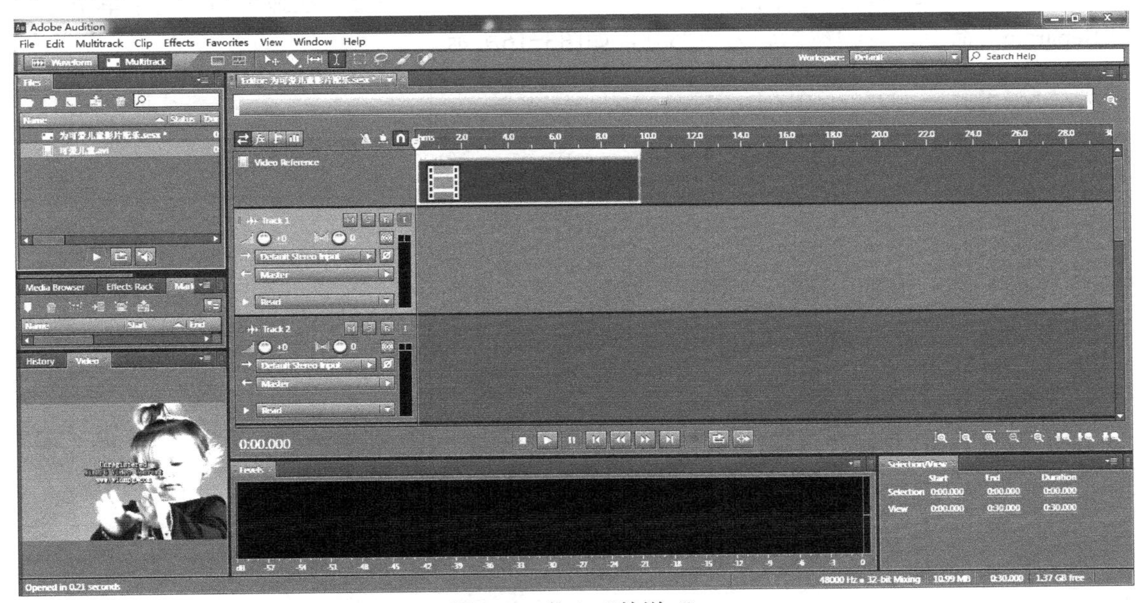

图3-13 拖入“轨道1”

步骤03 按下<space>键播放视频，可以看到“视频”面板中的播放效果。

步骤04 选择“Import”命令，将声音文件“欢快背景音乐.wav”和“婴儿笑声.mp3”文件导入，如图3-14所示。

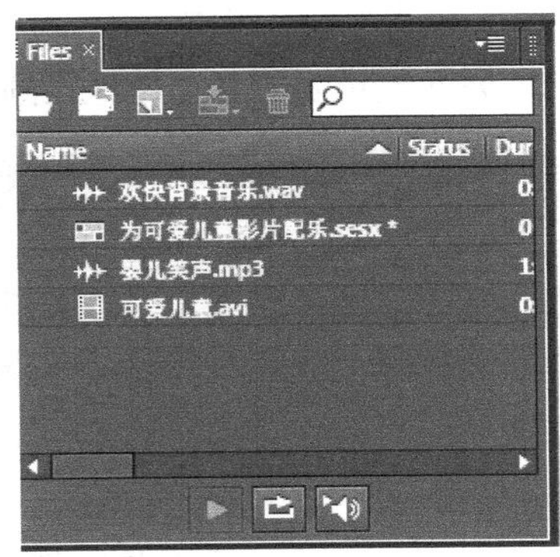

图3-14 导入素材文件

步骤05　切换到“多轨编辑”模式将“欢快背景音乐.wav”文件拖入到“轨道1”中，如图3-15所示。

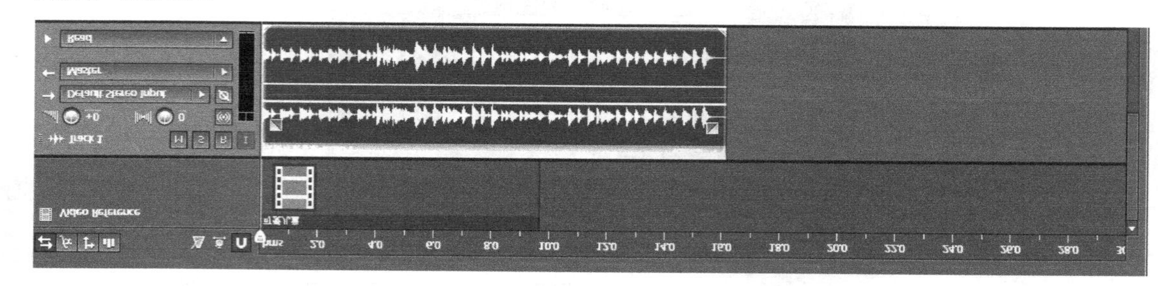

图3-15　多轨模式下将音乐文件拖入到“轨道1”

步骤06　移动播放头到视频结束处。在音频上单击鼠标右键，在弹出的快捷菜单中选择“Separate”命令，音频被拆分为两部分，如图3-16所示。

图3-16　拆分音频

步骤07　选中第二段音频，按下<Delete>键将其删除。按下<space>键测试效果，如图3-17所示。

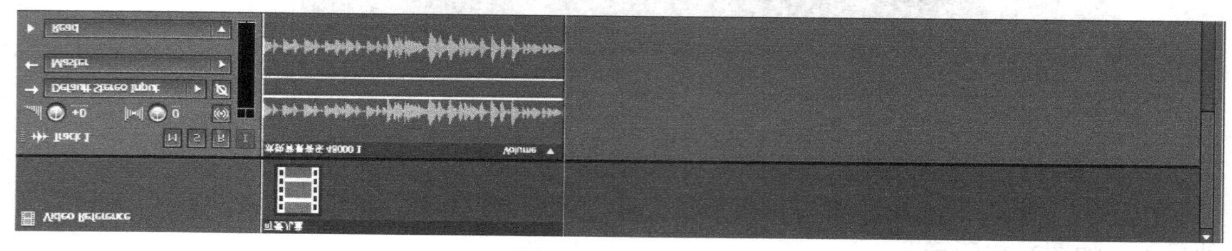

图3-17　测试音频

步骤08　用相同的放法，将“婴儿笑声.mp3”文件拖入到“轨道2”中，如图3-18所示。

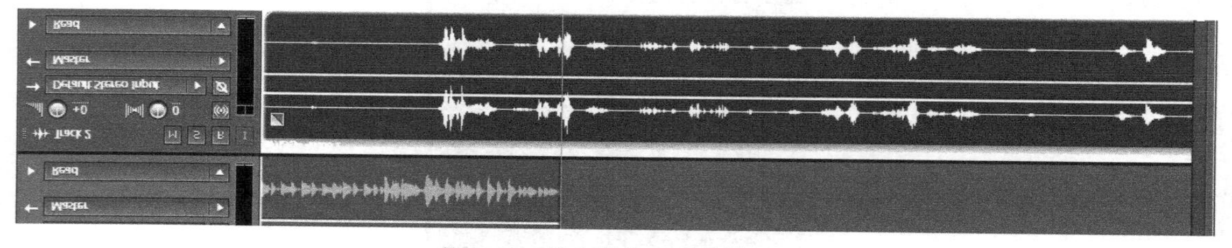

图3-18　将文件拖入“轨道2”

步骤09　根据前面的做法，使用“Separate”命令将音频拆分成四部分，如图3-19所示。

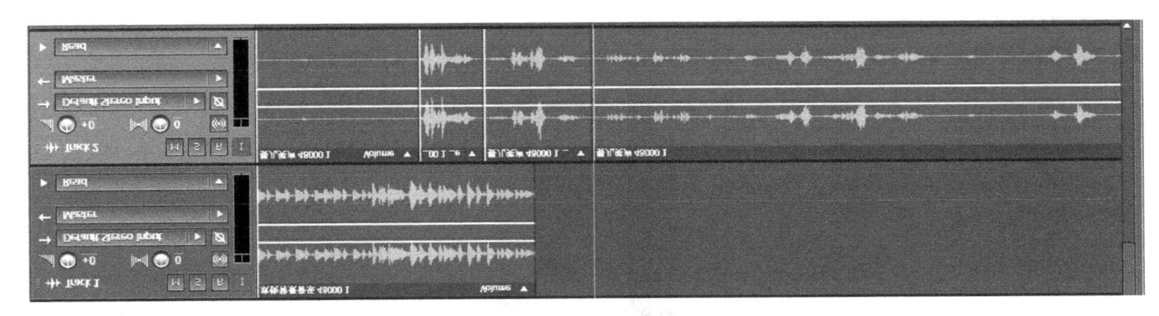

图3-19　拆分音频

步骤10　删除第一部分和第四部分，并根据视频调整第二部分和第三部分的位置，如图3-20所示。

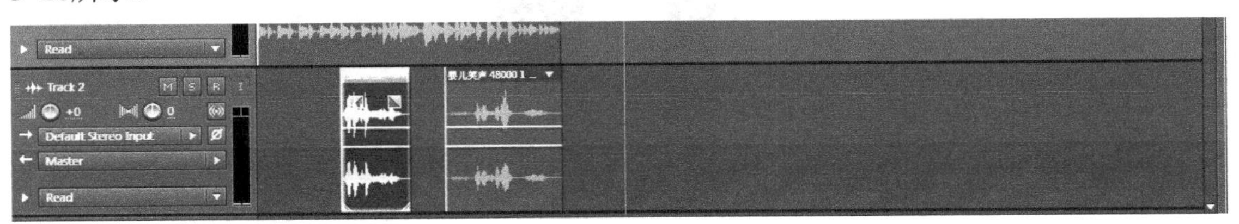

图3-20　删除音频

步骤11　选择背景音乐轨道，分别在音量曲线上单击，添加节点，如图3-21所示。

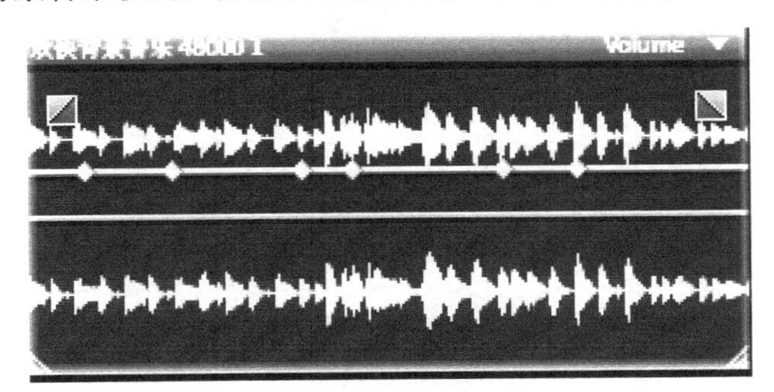

图3-21　添加节点

步骤12　拖动节点向下，调整当前音频的音量。按下<Space>键测试效果，如图3-22所示。

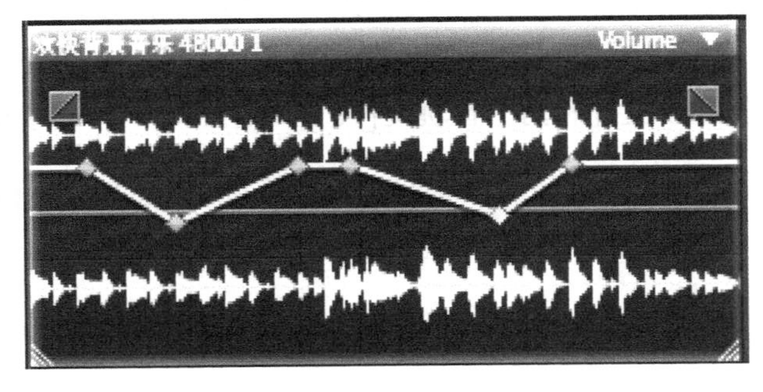

图3-22　测试音频

步骤13　选择“File”→“Save”命令，如图3-23所示，将项目保存，以便修改。

步骤14　选择“Multitrack”→“Export to Adobe Premiere Pro”命令，如图3-24所示。

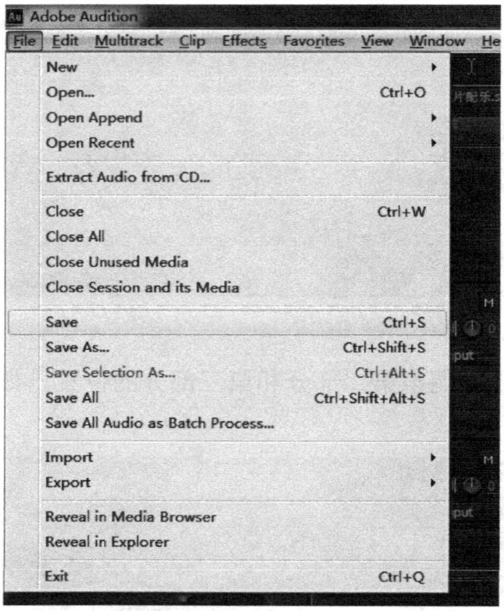

图3-23　保存文件

图3-24　导出命令

步骤15　弹出“Export to Adobe Premiere Pro”对话框，并修改相应的参数，如图3-25所示。

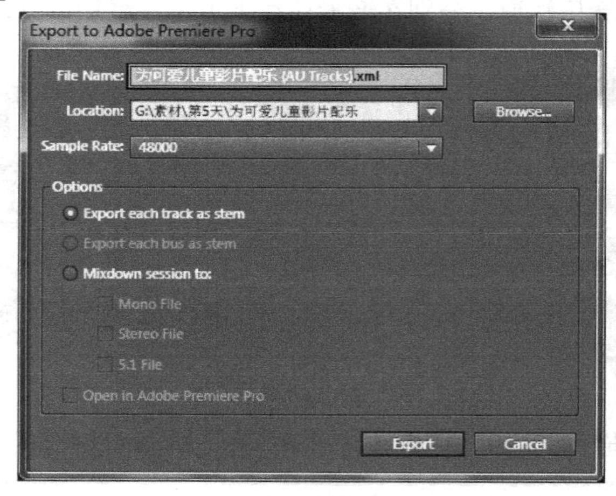

图3-25　导出对话框

步骤16　生成一个XML文件和两个音轨文件。可以在Premiere中导入项目。

活动3　模拟一段语音、效果声及音乐混合的电影原声

活动内容

1．降低配乐的输出音量
2．开头和结尾处制作淡入淡出效果
3．降低苍蝇振翅效果声的音量
4．调整汽车驶过效果声的音量

5. 调整呼吸声和擦除字迹效果声的音量

6. 用调整音量包络的方法，分别为几个效果声制作淡入淡出效果

7. 导出MP3文件

操作步骤

步骤01 根据影片《天使爱美丽》中的一段旁白，录制一段语音，保存为“语音旁白.mp3”文件，具体录制内容如下。

1973年9月3日，下午6时28分32秒，一只每分钟振翅可达14 670次的……苍蝇降落在巴黎蒙马特的圣文森路；同时，附近的露天餐厅……两只酒杯在桌巾上随风起舞；同时，巴黎祖丹路9号5楼……高拉刚参加完一场告别式，立刻把死去朋友的名字……从通讯录上删除；同时，一条属于雷福……有个X染色体的精子从众精子中脱颖而出，向妻子艾曼婷的卵子进攻，9个月后，艾蜜莉便出生了。

步骤02 在网上下载一段轻柔的配乐。

步骤03 录制效果声，包括苍蝇的振翅效果声，汽车驶过的效果声、呼吸声和擦除字迹的效果声。

步骤04 在Adobe Audition CS6的多轨界面中，将以上各个文件导入，如图3-26所示。

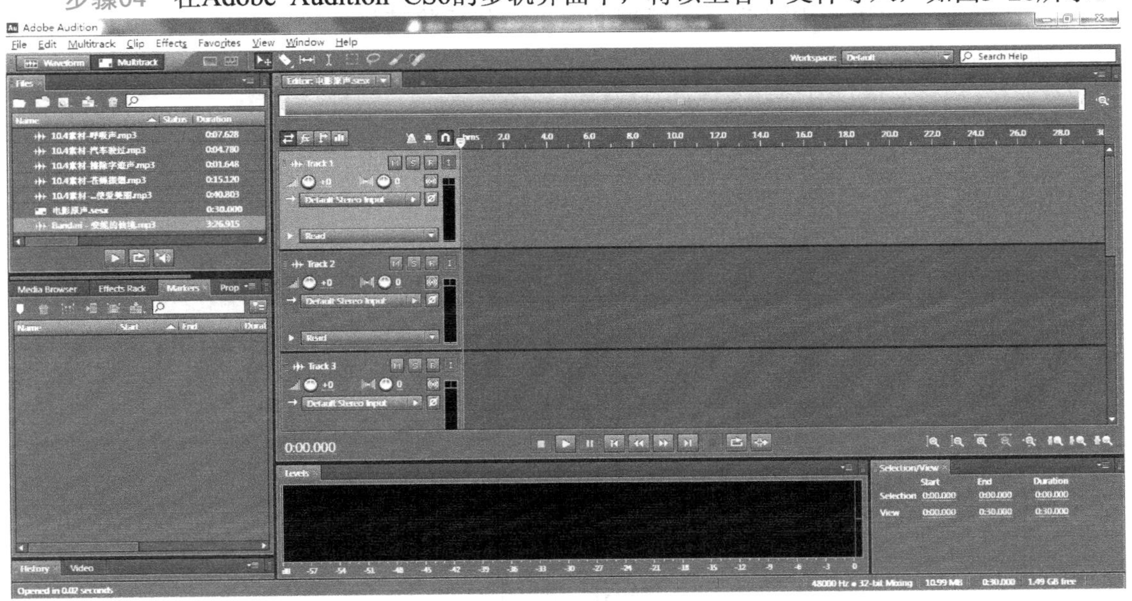

图3-26 导入文件

步骤05 将配乐文件拖曳至“声轨1”，并将输出音量降低50%，如图3-27所示。

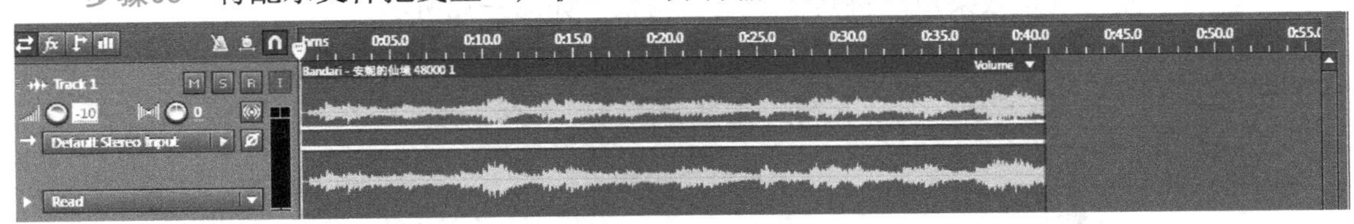

图3-27 降低音量

步骤06 用调整音量包络的方法，为配乐文件的开头处和结尾处分别制作淡入和淡出

效果，如图3-28所示。

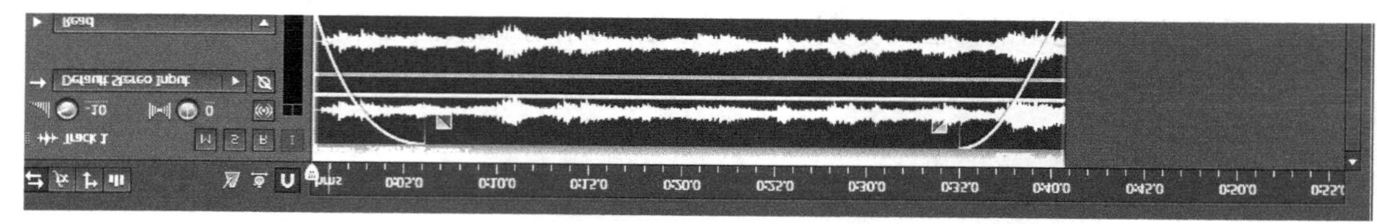

图3-28　淡入淡出效果

步骤07　将语音旁白拖曳至“声轨2”，并监听语音内容，如图3-29所示。

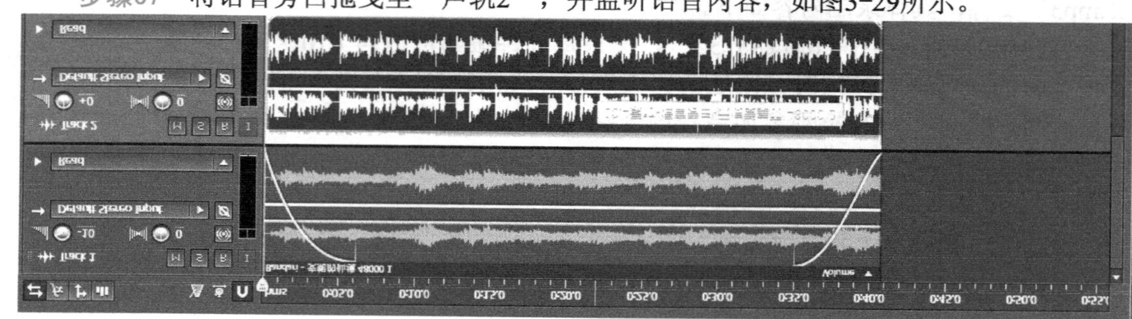

图3-29　将语音旁白拖曳至“声轨2”

步骤08　确定语音中提到苍蝇振翅的位置，然后将苍蝇振翅的效果声拖曳至“声轨3”，并放置在恰当的时间位置上，如图3-30所示。

图3-30　将苍蝇振翅的效果声放置在恰当的位置

步骤09　监听苍蝇振翅效果声，将其音量适当降低，如图3-31所示。

图3-31　降低音量

步骤10　将汽车驶过的效果声拖曳至“声轨4”，并放置在恰当的时间位置上。

步骤11　监听汽车效果声，将其音量适当调整，如图3-32所示。

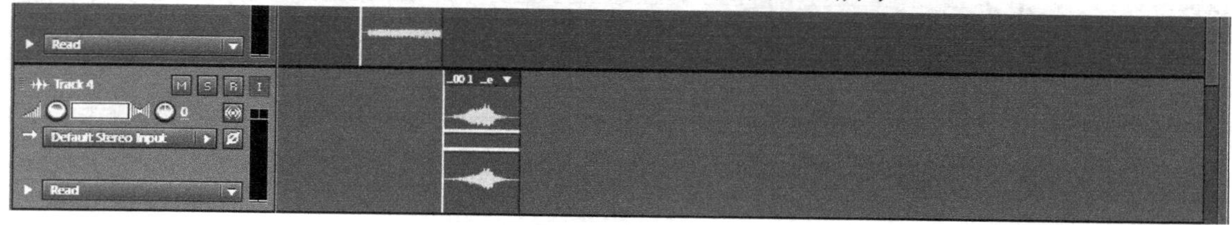

图3-32　调整音量

步骤12　将呼吸声和擦除字迹的效果拖曳至“声轨5”和“声轨6”，并放置在恰当的时间位置上，然后将其音量适当调整，如图3-33所示。

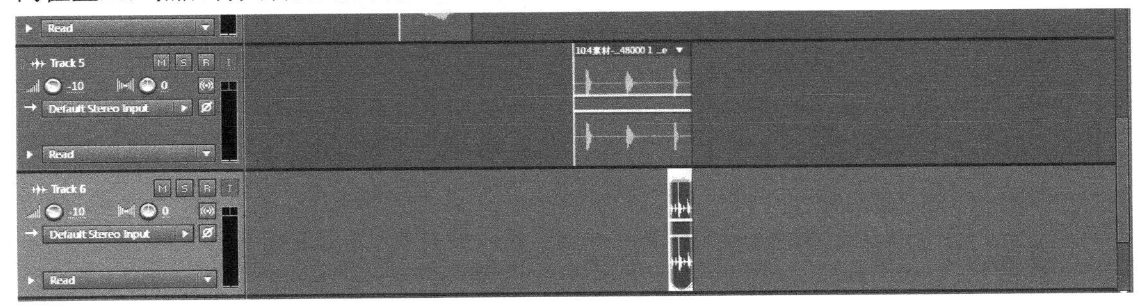

图3-33　将呼吸声和擦除字迹的效果拖曳至“声轨5”和“声轨6”

步骤13　用调整音量包络的方法，分别为几个效果声制作淡入淡出的效果。

步骤14　监听全部轨道的声音，将工程导出为MP3文件，如图3-34所示。这样，一段语音、效果声和音乐混合的电影原声文件就做好了。

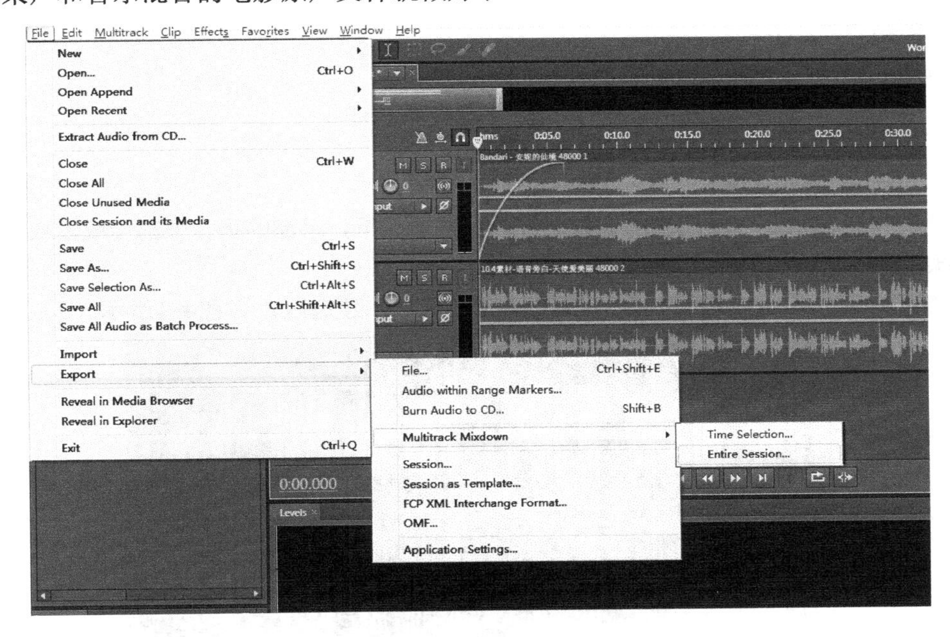

图3-34　导出MP3文件

本单元主要学习了以下内容。

- 基本轨道控制。
- 插入素材。
- 安排、布置音频块。
- 保存与导出文件。
- 音频块编辑。
- 时间伸缩。

单元4 混 音 效 果

Adobe Audition CS6的效果器包括波形振幅、降低噪声、添加延迟效果、时间拉伸、变速变调技术等，效果器是数字音频编辑的重要技术，可以制作各种各样丰富而有趣的特效。本单元主要介绍在Adobe Audition CS6软件的单轨编辑界面中如何为音频素材添加各种效果。

活动1　为一段录制的声音降低噪声

活动内容

1. 创建只包含噪声的选区
2. 采集噪声样本
3. 降噪

操作步骤

步骤01　自己录制一段朗读的音频文件。一般情况下，录制的声音中都会或多或少地夹杂着一些噪声。

步骤02　放大显示波形，找到一段停顿的区域，创建选区，如图4-1所示。

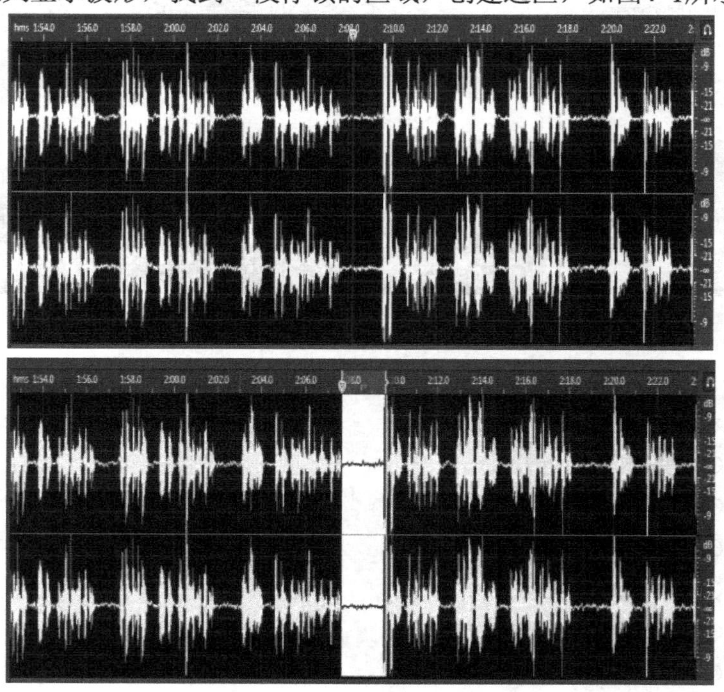

图4-1　选中停顿区域

步骤03　单击“播放”按钮，监听声音内容，确定是否为一段噪声。如果选区有错误，把正常朗读的声音也选了进来，那么要重新创建选区，直到选区内只包含噪声为止。

步骤04　选择“Effects”→“Noise Reduction/Restoration”→“Capture Noise Print”命令，如图4-2所示。

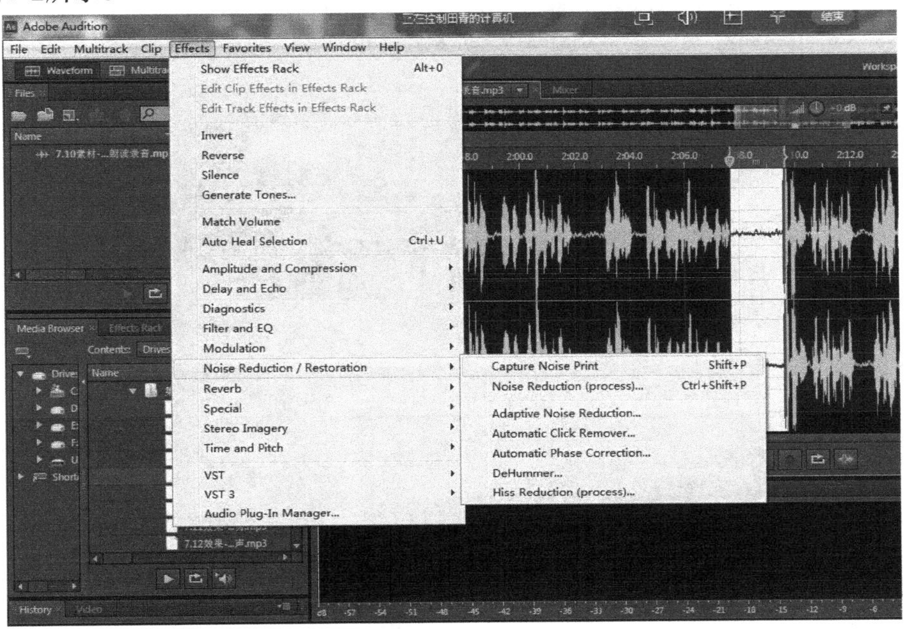

图4-2　“Capture Noise Print”命令

步骤05　选择全部波形，选择“Effects”→“Noise Reduction/Restoration”→“Noise Reduction (process)”命令，如图4-3所示。

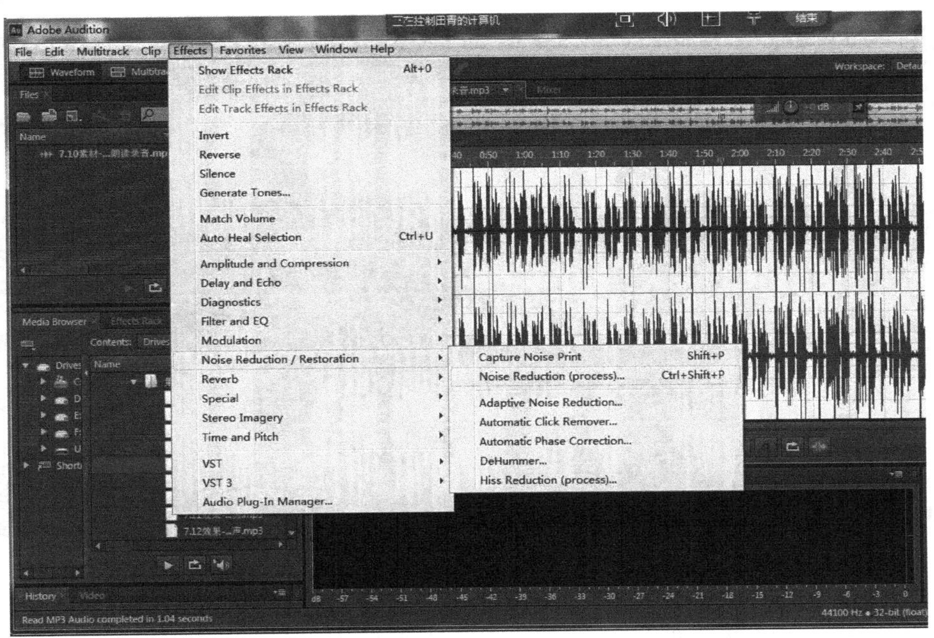

图4-3　“Noise Reduction”命令

步骤06　打开“Effect-Noise Reduction”对话框，其中显示已采集的噪声样本数据，单击“Apply”按钮，如图4-4所示。

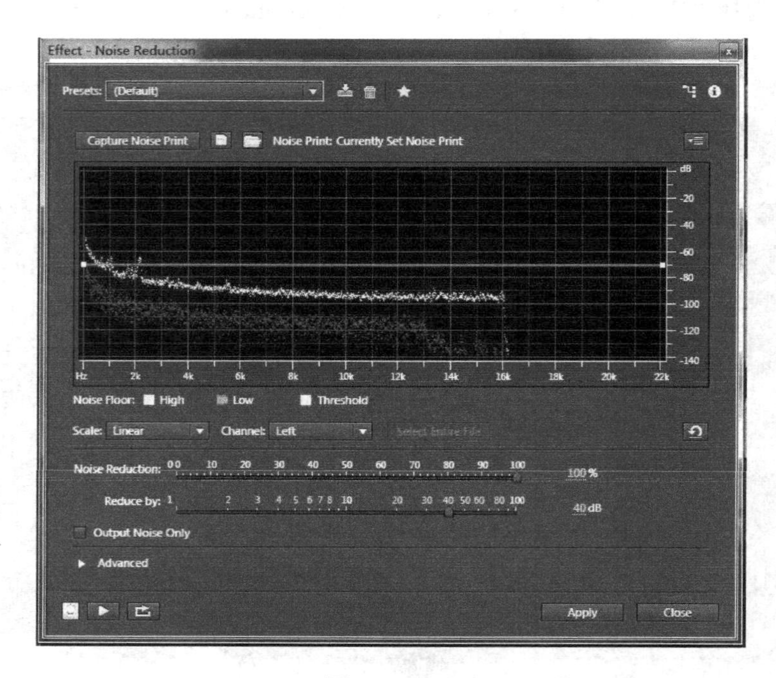

图4-4　降噪

步骤07　降噪处理后的波形中，有语音停顿的那些波形基本都变成一条很细的直线，说明降噪成功，如图4-5所示。

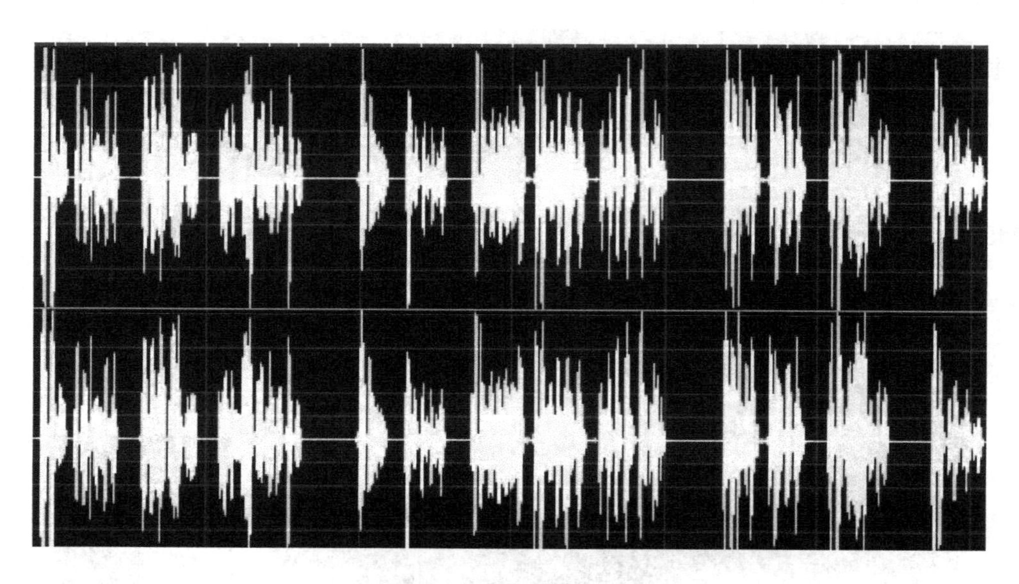

图4-5　降噪处理后的波形

步骤08　最后保存文件即可。

活动2　制作脚步在走廊的回音效果

活动内容

1. 应用室内混响效果
2. 设置Great Hall

操作步骤

步骤01　通过录制或者下载的方法，获取一段脚步声。

步骤02　启动Adobe Audition CS6软件，在波形编辑器界面中打开脚步声，如图4-6a所示。

步骤03　选择“Effects”→“Reverb”→“Studio Reverb”命令，弹出“Effect-Studio Reverb”对话框，将“Presets”效果设置为“Great Hall”，然后单击“应用”按钮，如图4-6b所示。

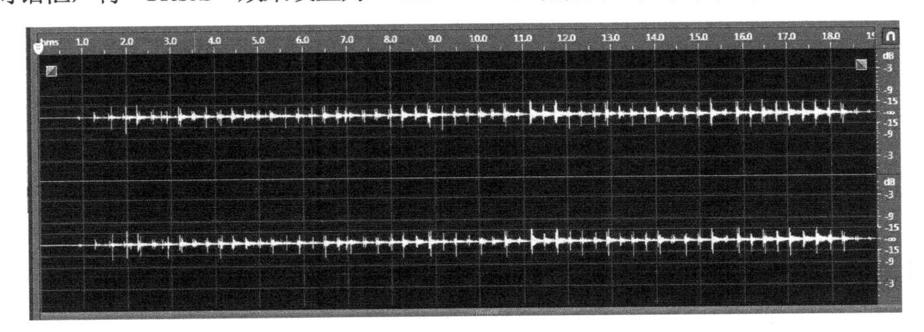

a）

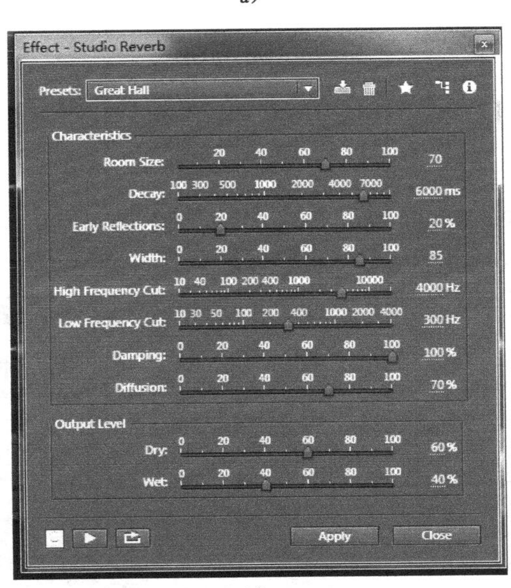

b）

图4-6　应用室内混响效果

a）“脚步声”波形　b）Effect-Studio Reverb

步骤04　单击“播放”或“停止”按钮，监听添加混响效果后的波形内容，如图4-7所示。

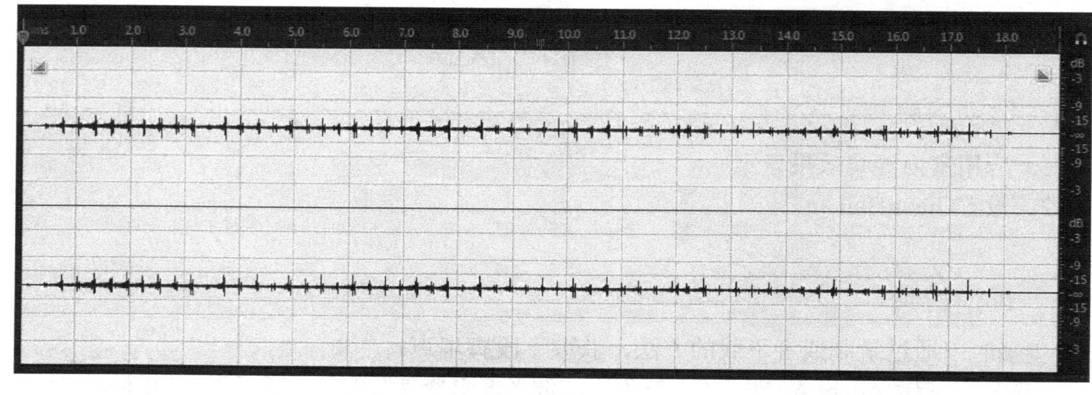

图4-7　监听添加混响效果后的波形内容

步骤05　脚步在走廊的吼声效果制作完成后保存即可。

活动3　制作电话音效

活动内容

1．使用FFT滤波制作电话音效
2．新建多轨项目
3．添加、调整控制点
4．导出多轨混缩

操作步骤

步骤01　双击启动Adobe Audition CS6软件，单击“Multitrack”按钮，弹出“New Multitrack Session”对话框，如图4-8所示。

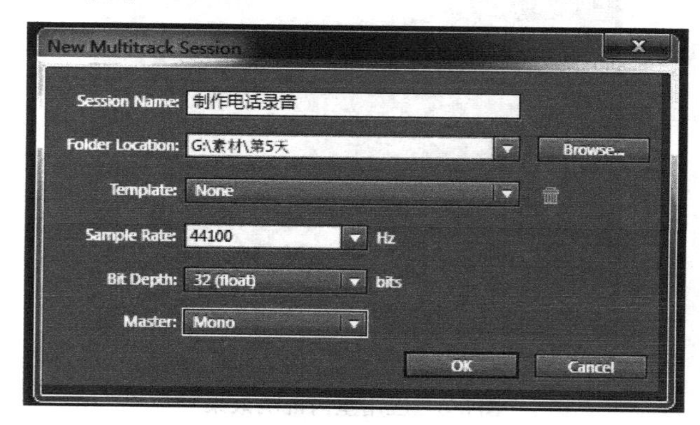

图4-8　“New Multitrack Session”对话框

步骤02　在弹出的对话框中设置“Session Name”和“Folder Location”，单击“OK”按钮。

步骤03　选择“File”→“Open”命令，弹出“Open File”对话框。

步骤04　在弹出的“打开文件”对话框中选择素材中的“原音.wav”。

步骤05　在“波形编辑”模式下打开刚才导入的音频文件。

步骤06　切换到“多轨合成”编辑模式，将导入的音频文件拖入到“轨道1”中，如图4-9所示。

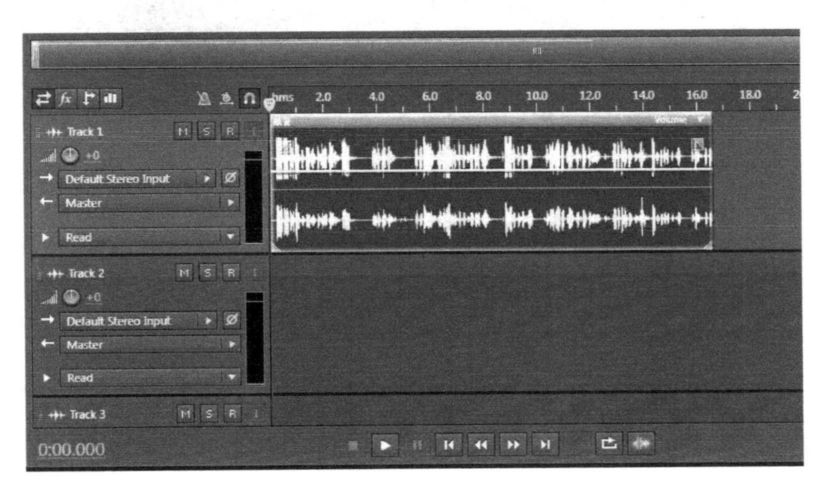

图4-9　将导入的音频文件拖入到“轨道1”

步骤07　单击“轨道1”属性面板中的“Effects”按钮，显示效果栏列表。

步骤08　单击效果栏列表右侧的倒三角按钮，在弹出的菜单中选择“Filter and EQ”→“FFT Filter”命令，如图4-10所示。

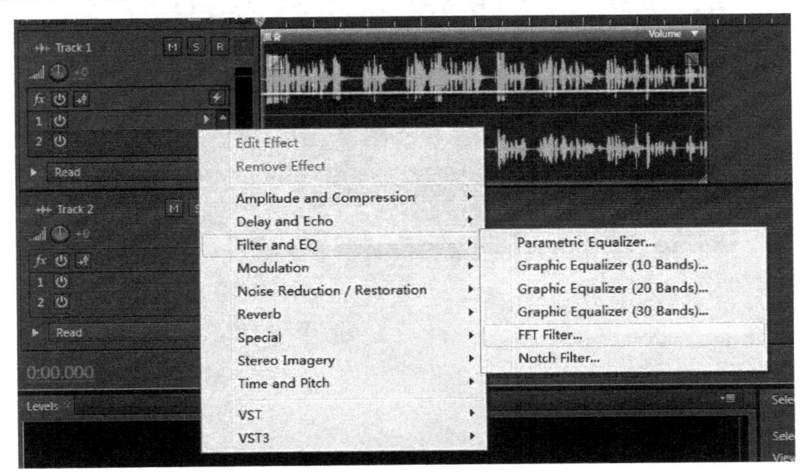

图4-10　“FFT Filter”命令

步骤09　弹出“Rack Effect-FFT Filter”对话框，在曲线上单击鼠标，即可添加控制点，如图4-11所示。

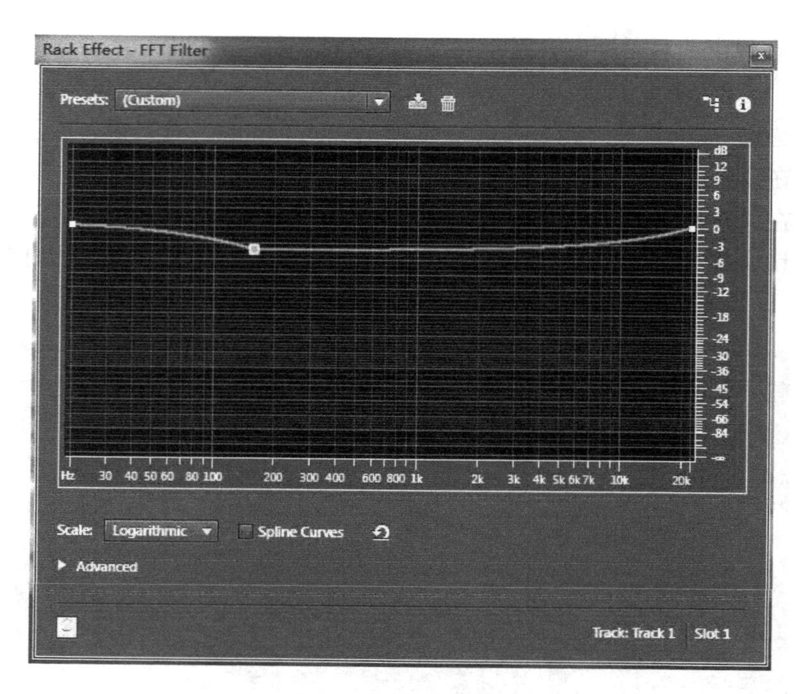

图4-11　添加控制点

步骤10　使用相同的方法，继续在对话框中添加其他控制点，如图4-12所示。

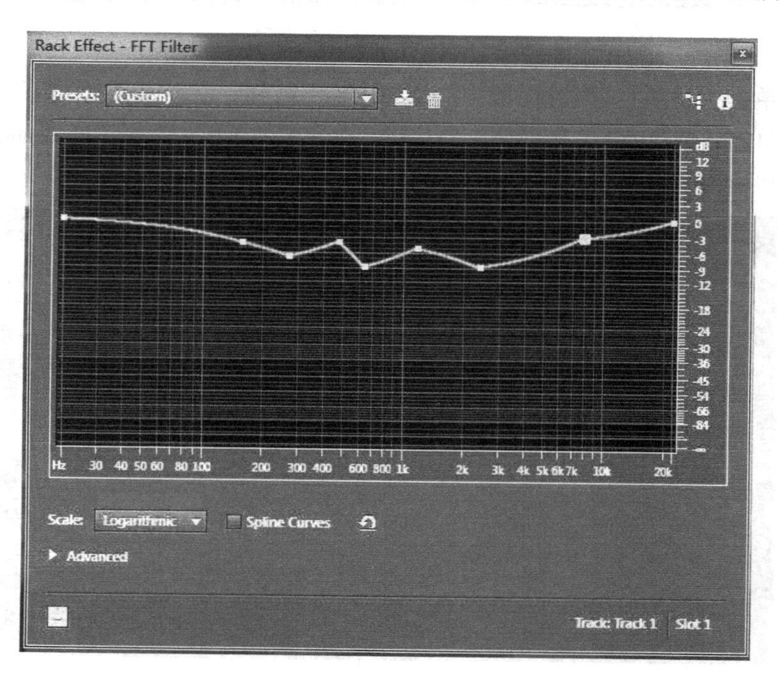

图4-12　继续添加控制点

步骤11　单击并拖动第一个控制点，将其调整到零点线0dB和20Hz，如图4-13所示。

步骤12　使用相同的方法，单击向下拖动调整其他控制点，如图4-14所示。

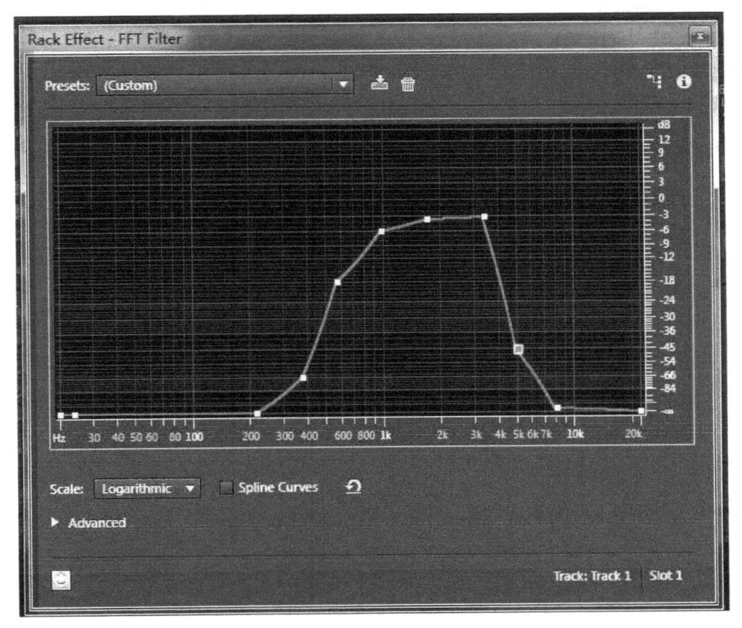

图4-13　调整第一个控制点

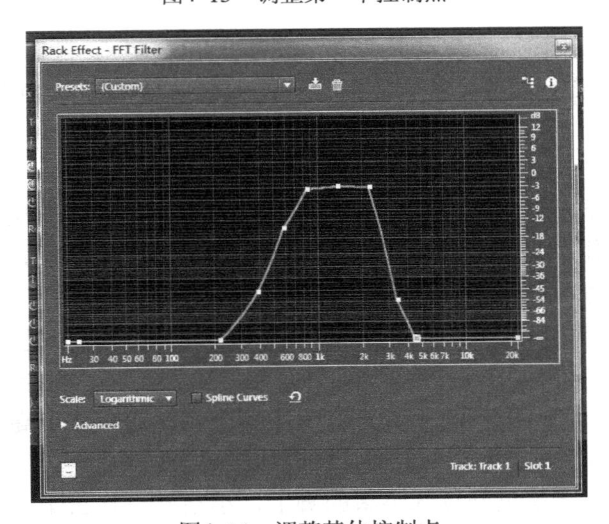

图4-14　调整其他控制点

步骤13　按<Space>键试听效果，直到满意为止，单击“关闭”按钮。

步骤14　在“轨道1”属性面板中自动添加了“FFT Filter”效果，如图4-15所示。

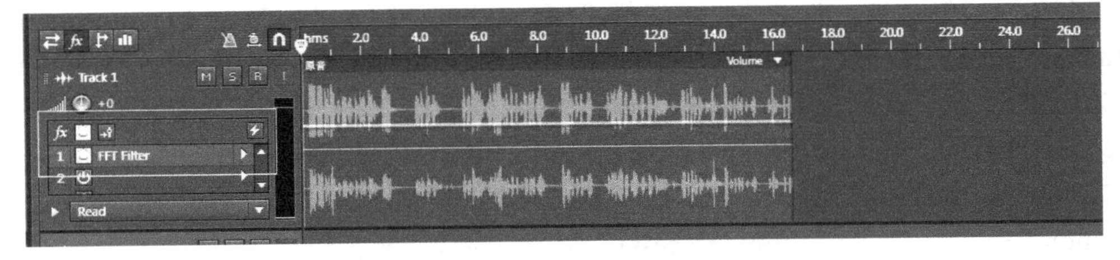

图4-15　“FFT Filter”效果

步骤15　选择“File”→“Export”→“Multitrack Mixdown”→“Entire Session”命令，弹出“导出多轨缩混”对话框。

步骤16　在对话框中设置“Session Name”和“Folder Location”，单击“OK”按钮，即可完成电话音效的制作。

活动4　一人为多个角色配音

活动内容

1. 使用振幅与压限效果调整音量
2. 使用降噪/修复效果降噪
3. 使用时间与变调效果改变音调，处理成儿童声音效果

操作步骤

步骤01　录音。连接话筒，并设置录音设备为“麦克风”。

步骤02　启动Adobe Audition CS6软件，进入单轨界面，新建一个声音文件，然后单击“录制”按钮，开始录制。

用成年女声，按照下面描述的对话内容进行录音。

从前有一只小老鼠，总觉得自己了不起，对别人很不礼貌、一次它去上学，一只蜗牛从前面走了过来，挡住了它的去路。小老鼠凶巴巴地说：“小不点儿，别挡我的路！”小老鼠说着一脚踢了过去，把蜗牛踢得滚出去很远。

有一次，小老鼠到河边喝水，总觉得河里一条小鱼妨碍了他，于是，它捡起一块石头扔了过去。小鱼受到袭击，吓了一跳，慌忙躲避。小老鼠哈哈大笑说：“知道我的厉害了吧！”

一天晚上，小老鼠在回家的路上看见一只小猪躺在路边，就趾高气昂地说：“谁给你这么大的胆子，竟敢挡住我的路！”说着，一脚踢了过去。

“嘭”地一声，小老鼠正好踢到小猪的脚上，小猪倒没什么事，小老鼠却“哎呦，哎呦”地叫了起来，原来他的脚肿起了一个大包。

小猪站起来对小老鼠说：“你对别人傲慢无礼，不懂得尊重人，今天尝到苦头了吧！只有尊重别人，才能获得别人的尊重。”小老鼠看着肿着的脚，羞愧地低下了头。

步骤03　调整音量。全选波形，选择“Effects”→“Amplitude and Compression”→“Standard”命令，弹出“标准化”对话框，保持默认值，单击“确定”按钮即可。此时，声音波形幅度变大，声音的音量被增大到合适的数值上。

步骤04　降噪。选择一小段噪声波形，选择“Effects”→“Noise Reduction/Restoration”→“Capture Noise Print”命令。然后选择全部波形，选择“Effects”→“Noise Reduction/Restoration”→“Noise Reduction (process)”命令，完成降噪工作。

步骤05　改变音调，将小老鼠的对白内容处理成儿童声音的效果，小猪的对白内容处理成男孩声音的效果，旁白部分不做任何改变。选中小老鼠说话的波形，选择“Effects”→“Time and Pitch”→“Stretch and Pitch (process)”命令，如图4-16所示。

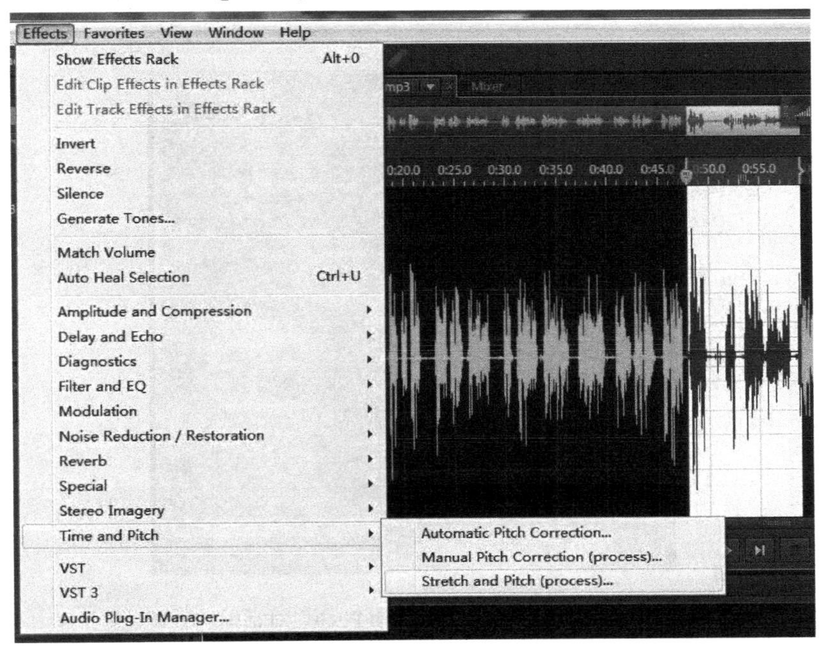

图4-16 “Stretch and Pitch (process)”命令

步骤06 在弹出的对话框中选择“Raise Pich”预设，单击“OK”按钮，如图4-17所示。

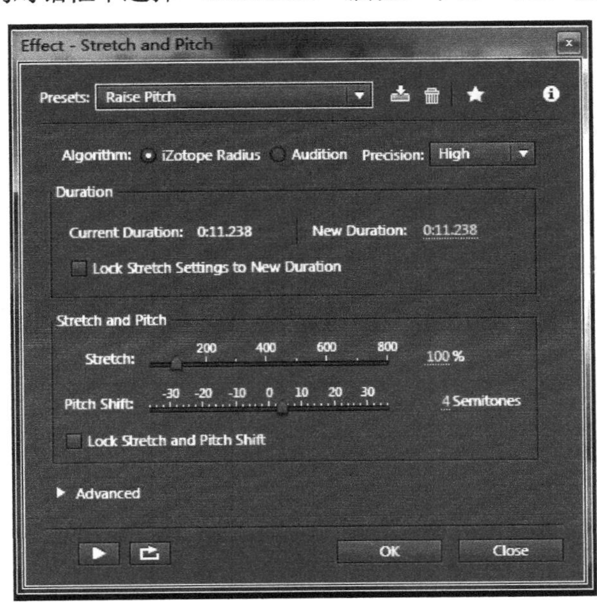

图4-17 “Effect-Stretch and Pitch”对话框

步骤07 按照步骤5和步骤6的方法，将小老鼠的其他对白内容也都处理成儿童声音效果。

步骤08 选择小猪说话的声音波形，选择“Effects”→“Time and Pitch”→“Stretch and Pitch”

命令。

步骤09 在弹出的对话框中选择“Lower Pitch”预设，然后单击“OK”按钮，如图4-18所示。

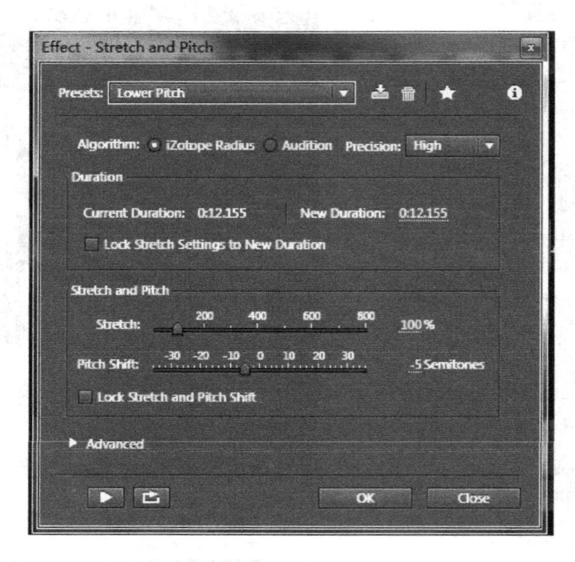

图4-18 “Effect-Stretch Pitch”对话框

步骤10 最后将文件保存，这个卡通版的二人对话就完成了。

本单元主要学习了以下内容。

- 改变波形振幅。
- 淡化。
- 音量标准化。
- 降噪效果器。
- 延迟效果器。
- 伸缩与变调效果器。

单元5 基础操作

本单元将简单介绍Premiere Pro软件使用的操作流程，首先新建工程文件，然后导入素材进行编辑，最后输出结果。大多情况下的操作流程都是如此简单，只不过在具体环节上会有更多内容。例如，会有更复杂的编辑过程、针对不同的输出格式需要不同的参数设置。

活动1 制作一小段简单的音乐欣赏片

活动内容

1. 新建工程文件
2. 导入素材
3. 将素材文件放到时间线上
4. 调整画面尺寸
5. 调整视频长度
6. 预览
7. 输出视频文件

操作步骤

新建工程文件

步骤01 启动Premiere Pro软件，单击“New Project”按钮新建一个工程文件，打开“New Sequence”对话框，如图5-1和图5-2所示。

图5-1 新建工程文件

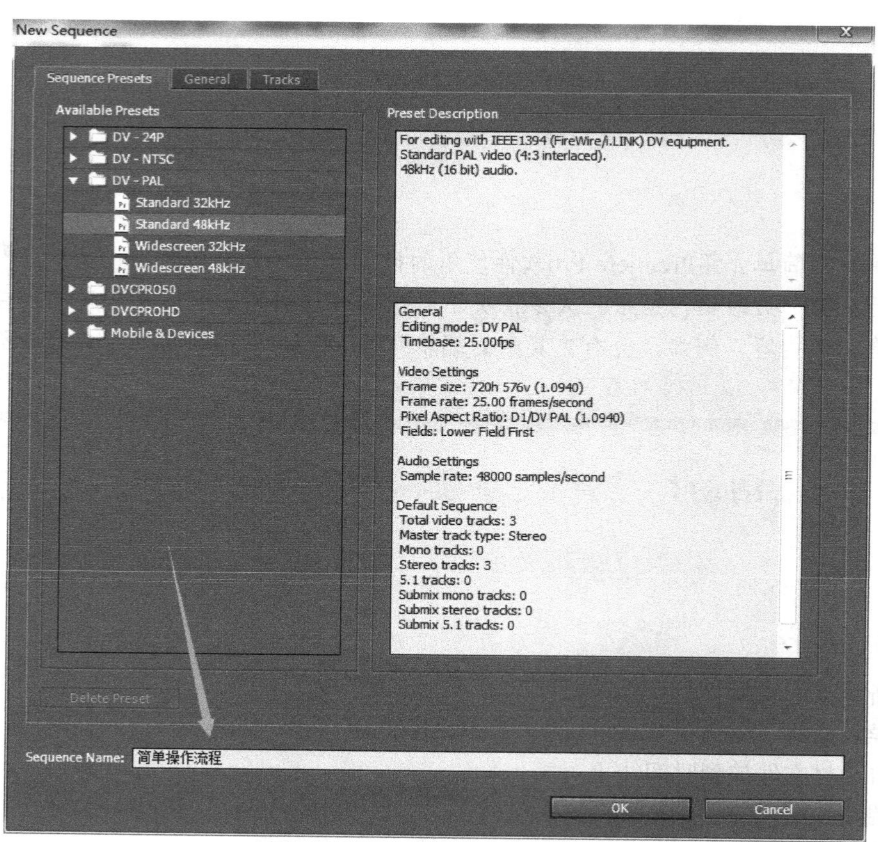

图5-2 “New Sequence”对话框

步骤02 在打开的“New Sequence”对话框中，展开“DV-PAL”，选择国内电视制式通用的“DV-PAL Standard 48kHz”。

步骤03 在“Location”项的右侧单击“Browse”按钮，打开“浏览文件夹”对话框，新建或选择存放工程文件的目标文件夹，这里为“Chaop01”。

步骤04 在“New Sequence”对话框的“Sequence Name”文本框中输入所建工程文件的名称，这里为“简单操作流程”，单击“OK”按钮完成工程文件的建立，进入Premiere Pro的编辑界面。

导入素材文件

步骤01 进入Premiere Pro编辑界面后，如果界面的排列与本例所示有所不同，可以选择菜单命令“Window”→“Work space”→“Editing”（或按<Shift+F9>组合键），恢复为编辑状态下的界面布局，如图5-3所示。

步骤02 选择菜单命令File→Impot（或按<Ctrl+I>组合键）导入素材，在打开的Import对话框中，选择素材“日出.avi”“生长.avi”“花开A.avi”“花开B.avi”4个视频文件和一个“01.wav”音频文件，单击“打开”按钮将这些素材文件导入到素材窗口中。如果这些素材文件不在同一个文件夹中，可以分多次导入到素材窗口中，如图5-4和图5-5所示。

图5-3　编辑状态下的界面布局

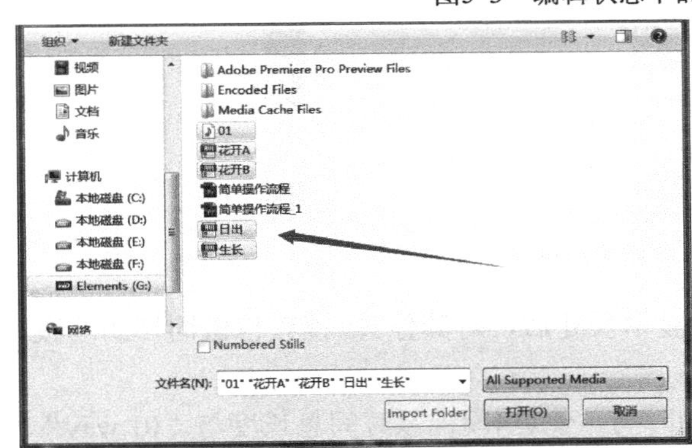

图5-4　Import对话框

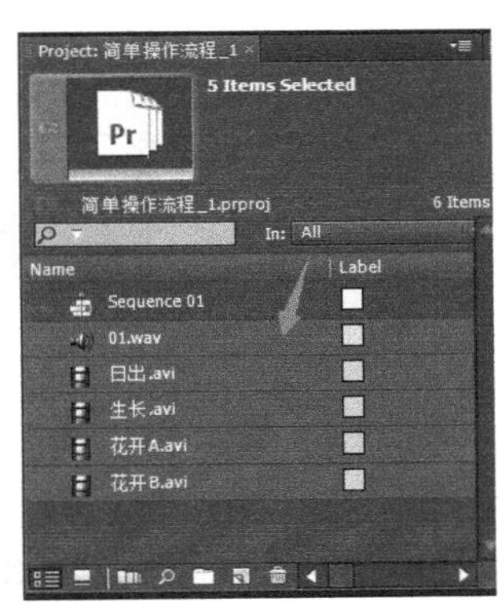

图5-5　导入素材

将素材文件放到时间线上

步骤01　在素材窗口中，按顺序依次选择素材“日出.avi”“生长.avi”“花开A.avi”“花开B.avi”4个视频文件，拖至时间线（Time line）Sequence01中的Video1轨道中。

步骤02　在素材窗口中再选择“01.wav”，将其拖至时间线（Time line）Sequence01中的Audio1轨道中，如图5-6所示。

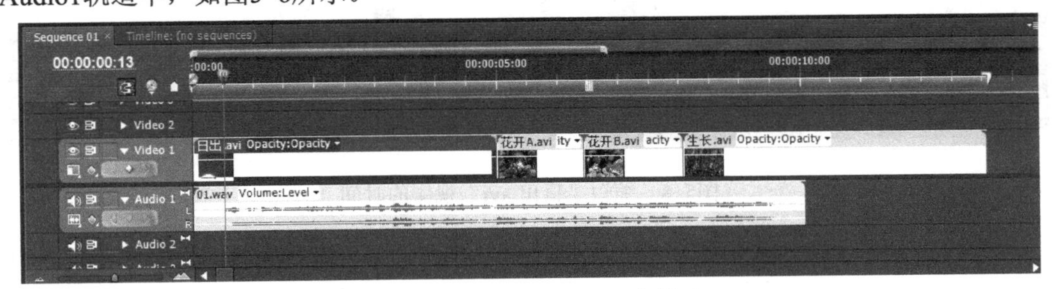

图5-6　将素材拖入Audio1轨道中

简单编辑素材

步骤01　从预览窗口中可以看到这些视频素材的尺寸较小，不能满屏显示，可以将其放大显示。在时间线中，“日出.avi”上单击鼠标右键，在弹出的快捷菜单中选择“Scale to Frame Size”命令，将图像满屏显示，如图5-7所示。

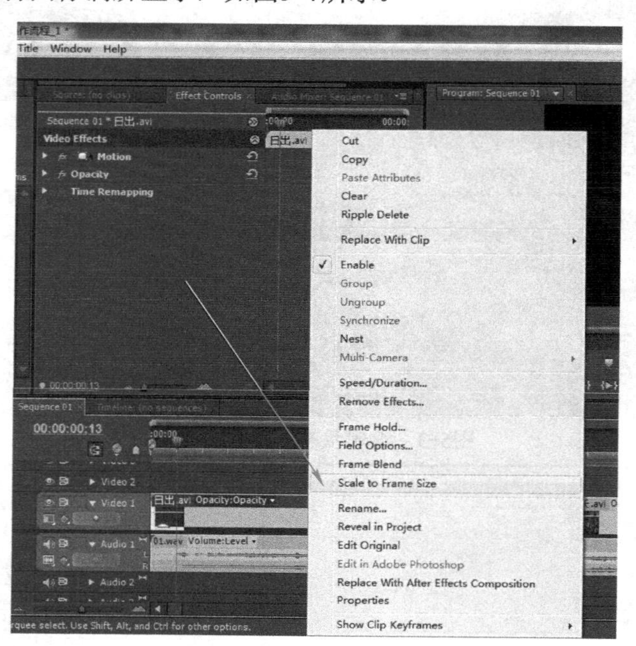

图5-7　将图像满屏显示

步骤02　修改完“日出.avi”画面的显示尺寸后，对其他3段视频也做同样的修改，使其满屏显示。

步骤03　接着缩短“日出.avi”视频的时间，使这4段视频时间总长度与“01.wav”长度一致。在时间线中选中“花开A.avi”“花开B.avi”和“生长.avi”3段视频，将其一同向前移动，覆盖“日出.avi”后面的部分视频，使视频与音频的长度一致，如图5-8所示。

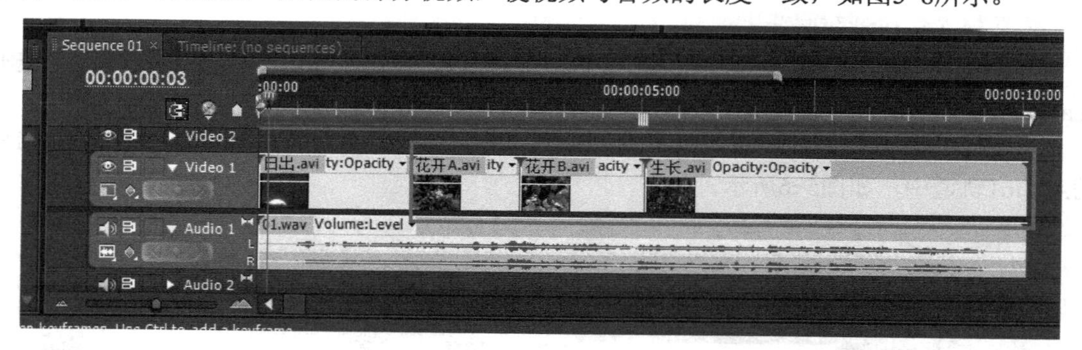

图5-8　缩短“日出.avi”视频的时间

步骤04　可以按<Space>键或<Enter>键预览最终结果。太阳升起，音乐响起，花儿绽放，草儿迅速生长……一个演示作品就完成了，如图5-9～图5-12所示。

图5-9　效果图1

图5-10　效果图2

图5-11　效果图3

图5-12　效果图4

输出视频文件

选择菜单命令“Flies”→“Export”→“Movie”，设置输出文件名称，单击“Save”按钮，就可以输出编辑好的视频文件了，如图5-13所示。

图5-13　“Export Settings”对话框

活动2　制作“春天花会开”MV

活动内容

1. 新建文件
2. 导入素材
3. 给音频添加标记
4. 音频对应画面
5. 预览输出

操作步骤

新建工程文件

步骤01　启动Premiere Pro软件，单击“New Project”按钮，打开“New Project”对话框新建一个工程文件。

步骤02　在打开的“New Project”对话框中展开“DV-PA”，选择国内电视制式通用的“DV-PAL Standard 48kHz”。在“Location”项的右侧单击“Browse”按钮，打开“浏览文件夹”对话框，新建或选择存放工程文件的目标文件夹，这里为“Chap04”。在“New Project”对话框的“Name”文本框中填入所建工程文件的名称，这里为“声画对位”，单击“OK”按钮完成工程文件的建立，进入“Premiere Pro”的编辑界面。

导入素材文件

选择菜单命令“File”→“Import”（或按<Ctrl+I>组合键）导入素材，在打开的“Import”对话框中，选择素材“天堂sc03.avi”“天堂sc10.avi”“天堂sc11.avi”“天堂sc12.avi”“天堂sc13.avi”“天堂sc20.avi”6个视频和一个“天堂片段.wav”音频文件，单击“打开”按钮，将这些素材文件导入到素材窗口中。

给音频添加标记

步骤01　在素材窗口中选中“天堂片段.wav”，将其拖至时间线中。按<Space>键播放，可以监听音频的内容，这是歌曲“春天花会开”的片段，演唱的内容有4句，第1句为“春天花会开”，第2句为“鸟儿自由自在”，第3句为“我还是在等待”，第4句为“等待我的爱”。

步骤02　单击音频轨道Audio1左侧的三角形图标可以展开或收合音频波纹图示，从轨道Audio1的音频波纹图示中大致可以看出有4句唱词，即有人声的时间处，波形会更高更密，如图5-14所示。

图5-14　音频波纹图示

步骤03　将鼠标放置到左侧Audio1与Audio2交界的位置，可以将Audio1的下部向下拖曳，使轨道的高度加高，这样显示音频的波纹图示会更加清晰，如图5-15所示。

图5-15　轨道的高度加高

步骤04　播放的同时可以按数字小键盘上的〈*〉键在时间线的标尺线上添加标记。在唱到第2、第3和第4句刚开始的位置时依次按一下数字小键盘上的〈*〉键，这样在时间线的标尺线上添加3个标记，如图5-16所示。

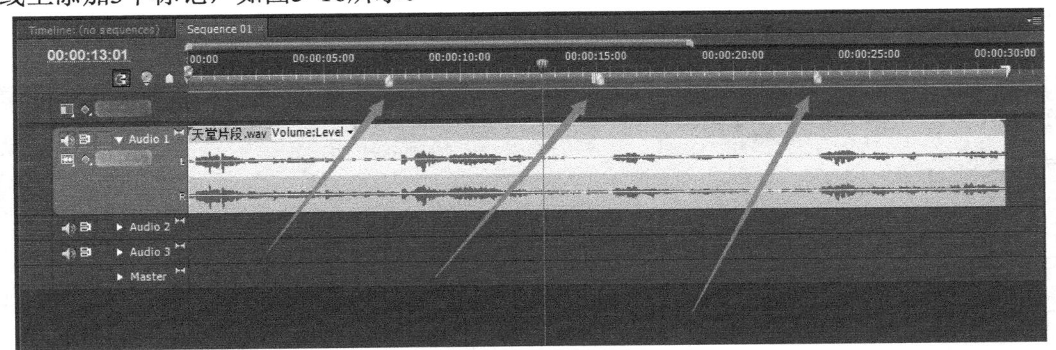

图5-16　添加标记

给音频对应画面

步骤01　在时间线标尺上添加了标记点之后，对于需要添加什么样的画面，这些画面添加到什么地方，各需要多长时间等问题就非常清晰了。接着给被标记点分开的4部分添加对应的画面，先从素材窗口找到蓝天的素材，这里为“天堂sc10.avi”，将其拖至轨道Video1上，放到第一部分的位置，如图5-17所示。

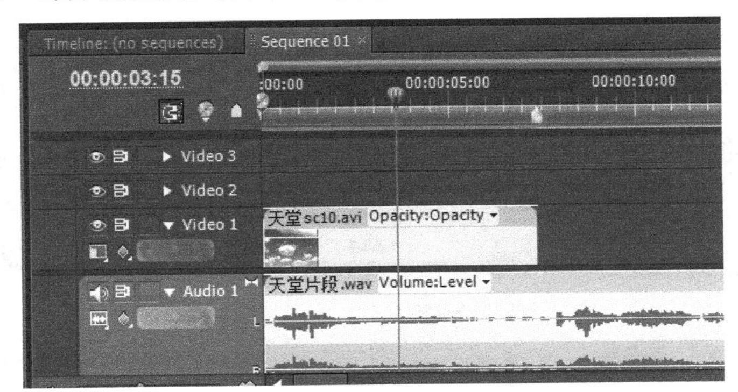

图5-17　给被标记点添加对应的画面

步骤02 从素材窗口找到湖水的素材，这里为“天堂sc11.avi”和“天堂sc12.avi”，将其拖至轨道Video1上第二部分的位置，如图5-18所示。

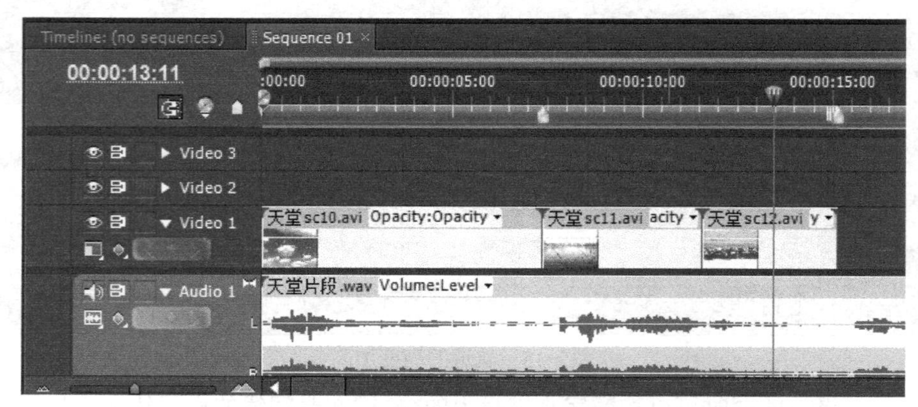

图5-18 给被标记点添加对应的画面

步骤03 从素材窗口找到草原的素材，这里为“天堂sc13.avi”，将其拖至轨道Video1上第三部分的位置，如图5-19所示。

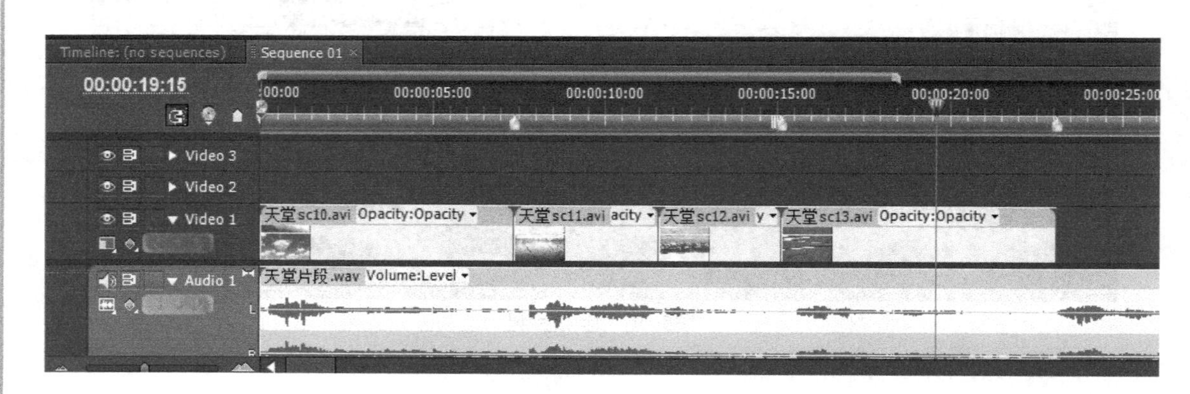

图5-19 给被标记点添加对应的画面

步骤04 从素材窗口找到蒙古包的素材，这里为“天堂sc20.avi”和“天堂sc03.avi”，将其拖至轨道Video上第四部分的位置，如图5-20所示。

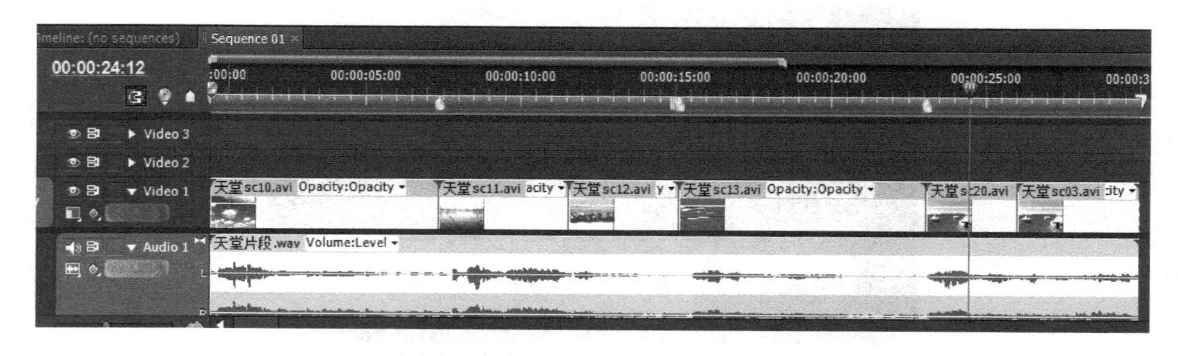

图5-20 给被标记点添加对应的画面

活动3　制作四季过渡效果

活动内容

1. 新建文件
2. 导入素材
3. 设置每个素材时长为5s
4. 在motion面板制作关键帧动画
5. 复制关键帧动画
6. 设置多画面动画
7. 剪切、删除视频
8. 预览输出

操作步骤

新建工程文件

步骤01　启动Premiere Pro软件，单击“New Project”按钮，打开“New Project”对话框新建一个工程文件。

步骤02　在打开的“New Project”对话框中展开“DV-PAL”，选择国内电视制式通用的“DV-PAL Standard 48kHz”。在“Location”项的右侧单击“Browse”按钮，打开“浏览文件夹”对话框，新建或选择存放工程文件的目标文件夹，这里为“Chap05”。在“New Project”对话框的“Name”文本框中填入所建工程文件的名称，这里为“关键帧动画”，单击“OK”按钮完成工程文件的建立，进入Premiere Pro的编辑界面。

导入素材文件

步骤01　选择菜单命令“File”→“Import”（或按<Ctrl+I>组合键）导入素材，在打开的“Import”对话框中，选择素材“春.bmp”“夏.bmp”“秋.bmp”“冬.bmp”4个文件，单击“打开”按钮将这些素材文件导入到素材窗口中。

步骤02　在素材窗口中可以选中某个文件查看其时长及尺寸等信息，默认导入的静态图片时长均为6s，也可以选择菜单命令“Edit”→“Preference”→“General”，打开“Preference”对话框，并单击左侧列表中的“General”查看其“Still Image Default Duration”项的数值为150帧，因为1s为25帧，所以默认导入静态图片的长度为6s，如图5-21和图5-22所示。

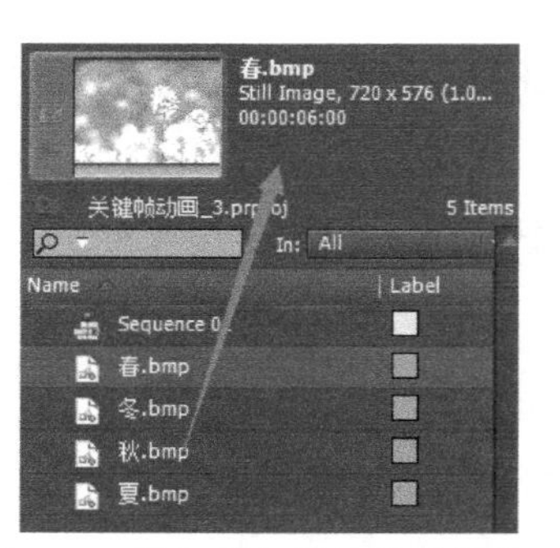

图5-21 导入静态图片的时长为6s

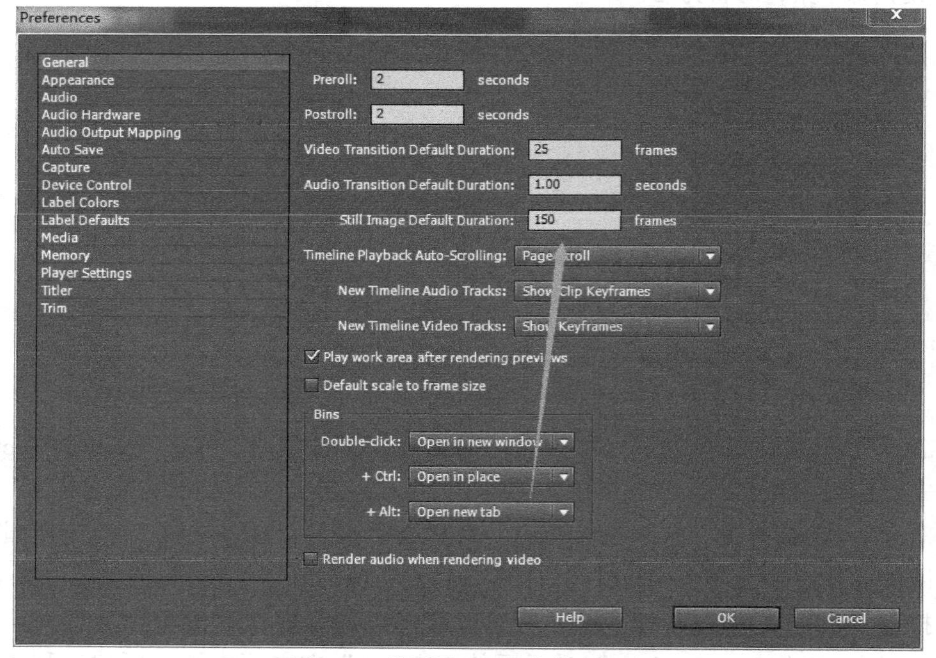

图5-22 设置导入6s长度静态图片

步骤03 可以根据需要修改默认值，例如，这里将其修改为125帧，即5s，单击“OK”按钮确定后，在素材窗口中将“春.bmp”“夏.bmp”“秋.bmp”“冬.bmp”4个文件删除掉，重新导入。再查看其长度信息，已变为5s，如图5-23和图5-24所示。

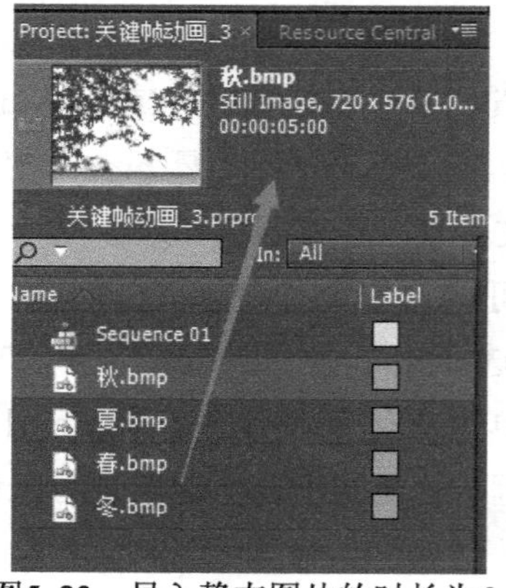

图5-23 导入静态图片的时长为6s

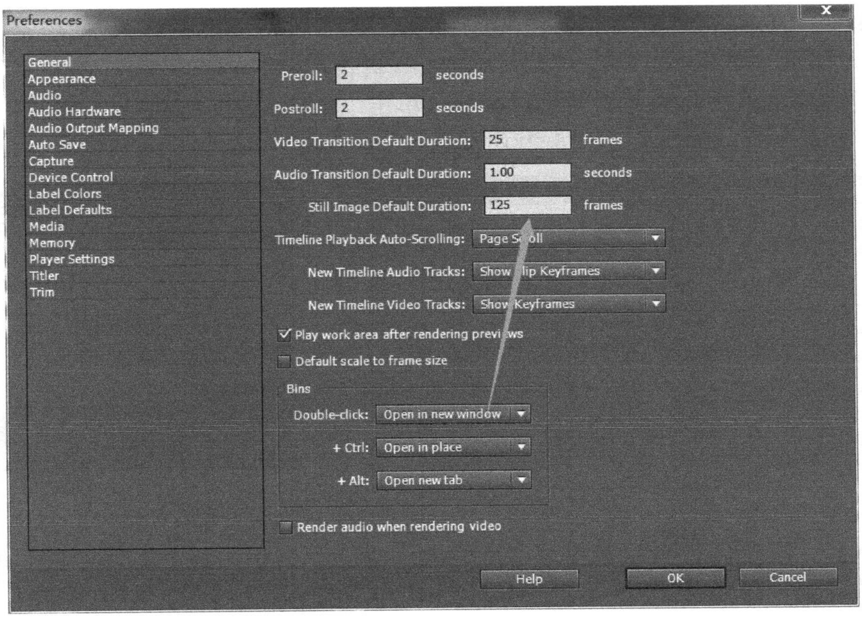

图5-24　设置导入5s长度静态图片

添加关键帧动画

步骤01　在素材窗口中选择“春.bmp”，将其拖入时间线中。

步骤02　在时间线中选择“春.bmp”，打开“Effect Controls”窗口，单击“Motion”左侧的小三角形图标将“Motion”展开，如图5-25～图5-27所示。

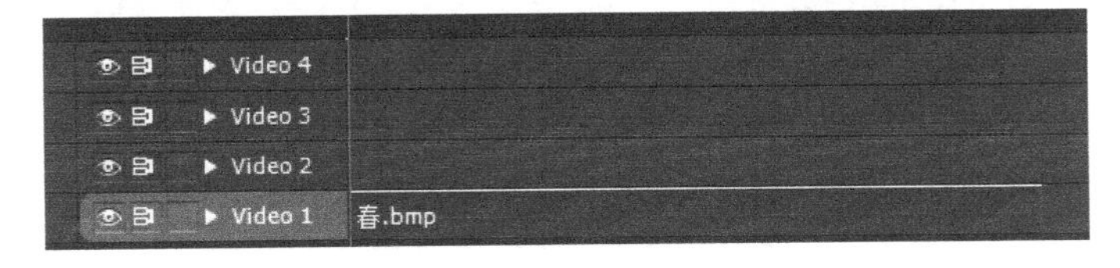

图5-25　选择“春.bmp”

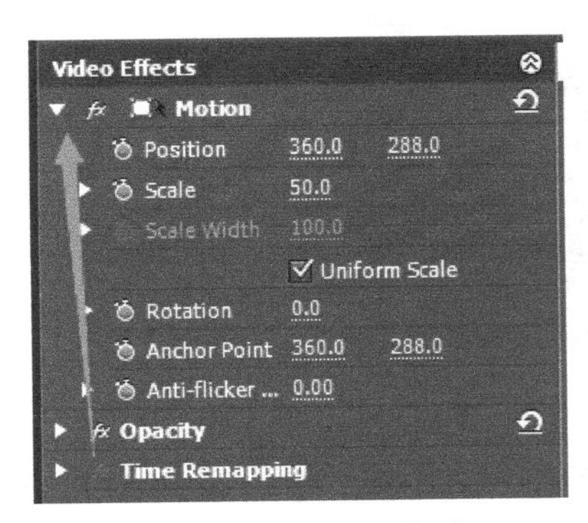

图5-26　“Motion”设置

图5-27　效果图

步骤03　可以单击“Effect Controls”窗口右上角的显示关键帧编辑线按钮，查看关键帧信息。单击后，按钮会变为关闭显示关键帧编辑线按钮。将“Scale”设置为50，缩小图片尺寸，并在时间线中将时间移至第10帧处，单击“Effect Controls”窗口中“Position”前面的码表，添加一个关键帧，如图5-28所示。

图5-28　添加关键帧

步骤04　将时间移至第0s处，将“Position”设为（900，288），这时会在第0s处自动添加一个关键帧，可以在“Effect Controls”窗口中查看前后的变化。按主键盘上的<=>键和<->键可以对关键帧编辑线进行放大和缩小显示，如图5-29所示。

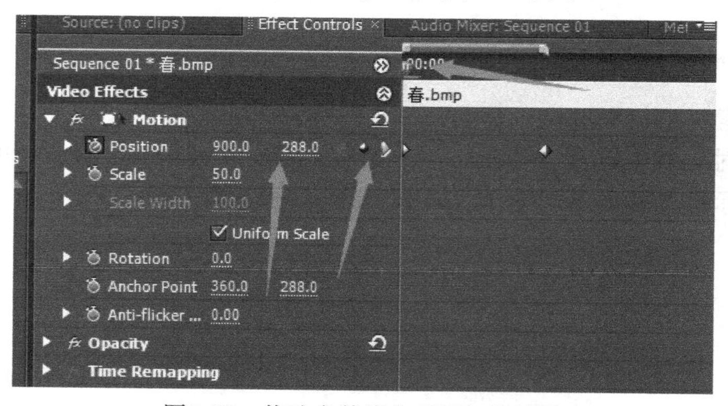

图5-29　修改参数值自动添加关键帧

步骤05　在时间线窗口中也可以查看关键帧，方法是单击“春.bmp”素材上的“Opacity：Opacity”选择“Motion：Position”即可，如图5-30所示。

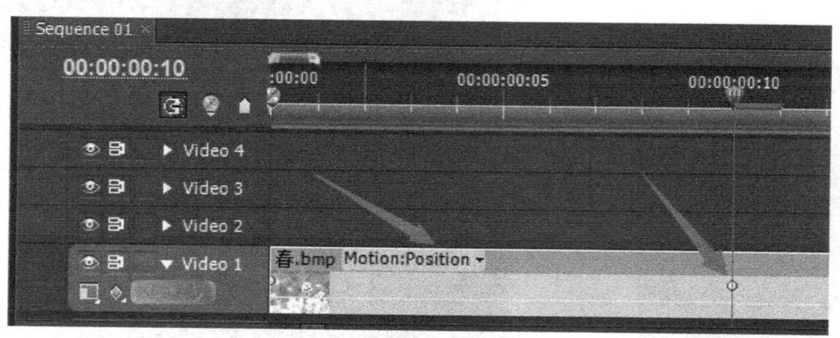

图5-30　查看关键帧

步骤06　从第0s开始播放动画，可以看到从右侧快速移至屏幕中部。单击选中“Effect Coltrols”窗口的“Motion”，可以看到画面的运动轨迹，如图5-31～图5-33所示。

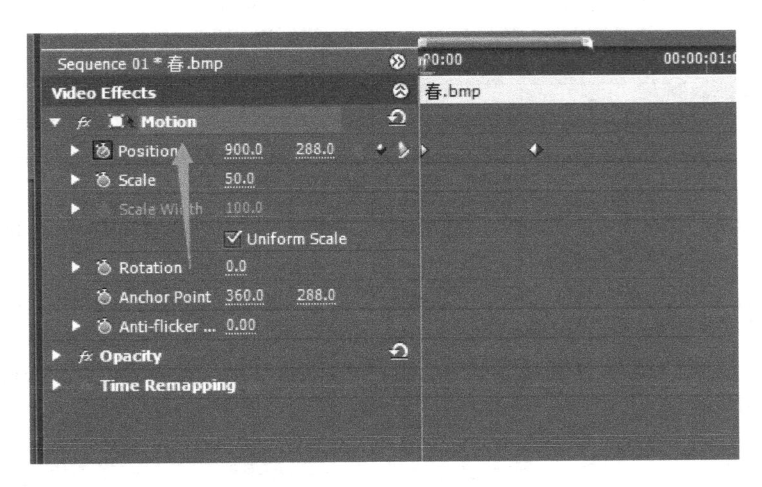

图5-31　选中“Effect Coltrols”窗口的“Motion”

图5-32　查看运动轨迹

图5-33　查看运动轨迹

复制关键帧动画

步骤01　从素材窗口中依次将“夏.bmp”拖至时间线Video2轨道中，将“秋.bmp”拖至Video3轨道中。如果只有3个视频轨道，将“冬.bmp”拖至Video3轨道上方空白处时，会自动添加一个视频轨道Video4轨道放置“冬.bmp”素材，如图5-34所示。

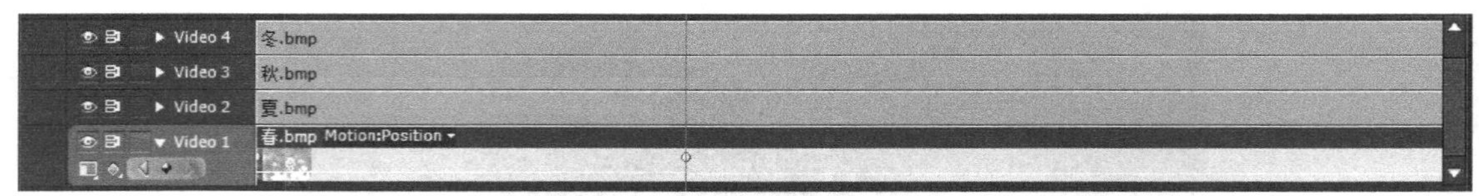

图5-34　将素材拖至相应轨道

步骤02　在时间线窗口中选择“春.bmp”，在其“Effect Coltrols”窗口中单击选中Motion，按<Ctrl+C>组合键复制。

步骤03　在时间线窗口中选择“夏.bmp”“秋.bmp”和“冬.bmp”，按<Ctrl+V>组合键粘贴这样这3个素材也具有了相同的“Motion”设置，包括“Position”动画关键帧和“Scale”设置，在时间线上分别显示这3个素材的“Motion：Position”，如图5-35所示。效果图，如图5-36所示。

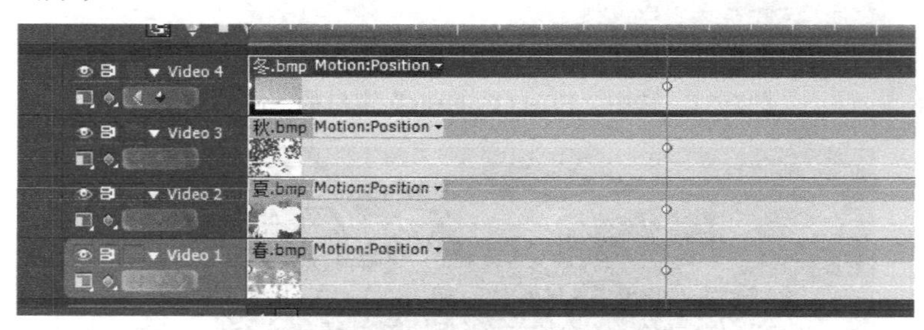

图5-35　复制关键帧

图5-36　效果图

设置多画面动画

步骤01　在时间线窗口把时间移至第10帧处，将VIdeo 2轨道的“夏.bmp”后移10帧，入点移到时针指示线的第10帧处。类似地把Video 3轨道的“秋.bmp”入点移到第20帧，把Video 4轨道的“冬.bmp”入点移到第1s05帧，如图5-37所示。

图5-37　调整入点

步骤02　将时间移至第2s处，选择“春.bmp”，在其“Effect Controls”窗口中单击“Position”后的“添加关键帧”按钮，添加一个关键帧。再单击打开“Rotation”前面的码表，添加一个关键帧。

步骤03　将时间移至第2s10帧处，将“Position”设为（180，144），将“Rotation”设为360°。当输入360后按<Enter>键确定，数值会自动变为1×0°，即1个圆周。这两个动画关键帧使画面从中部一边旋转一遍移动到屏幕的左上部，如图5-38和图5-39所示。

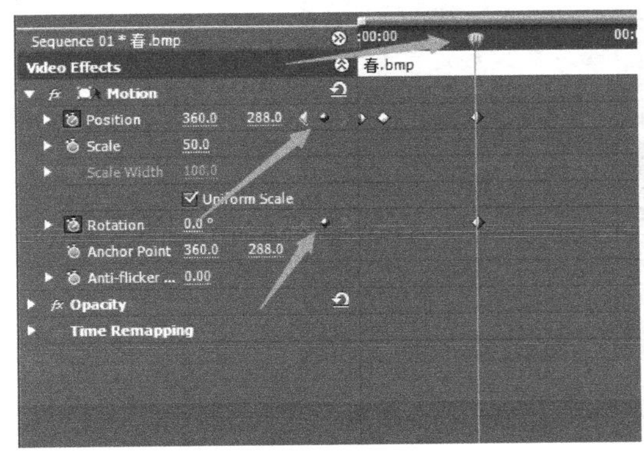

图5-38　添加位移关键帧

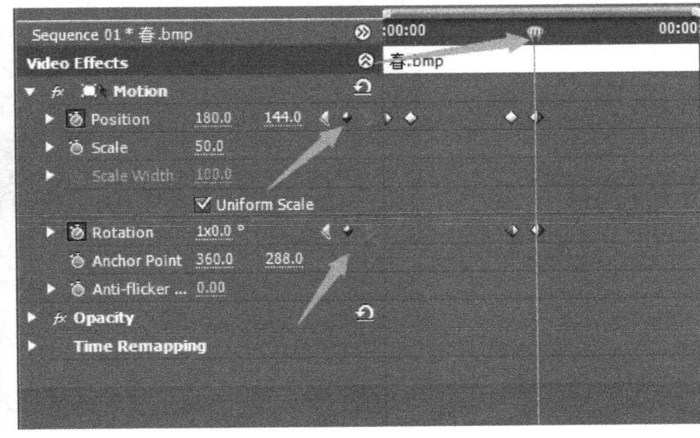

图5-39　添加旋转关键帧

步骤04　同样，选择“夏.bmp”，在第2s和第2s10帧处添加关键帧，并将第2s10帧处的“Position”设为（540，144），将“Rotation”设为−360°即−1×0°，如图5-40所示。

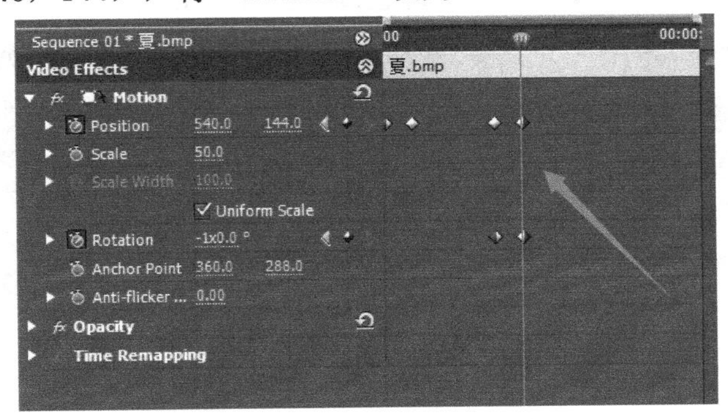

图5-40　在“夏.bmp”的第2s和第2s10帧处添加关键帧

步骤05　选择“秋.bmp”，在第2s和第2s10帧处添加关键帧，并将第2s10帧处的“Position”设为（180，432），将“Rotation”设为360°即1×0°，如图5-41所示。

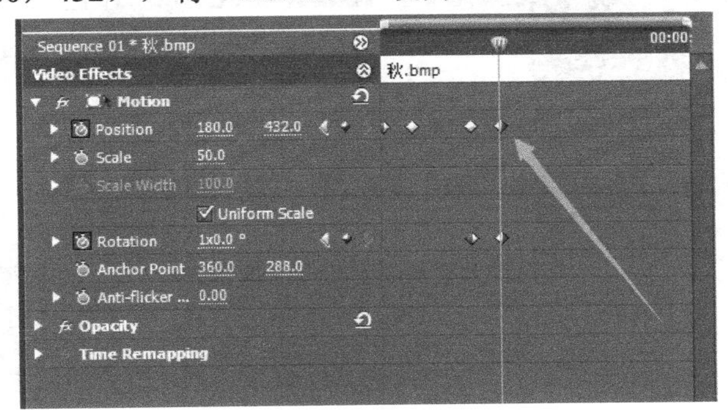

图5-41　在“秋.bmp”的第2s和第2s10帧处添加关键帧

步骤06　同样，选择“冬.bmp”，在第2s和第2s10帧处添加关键帧，并将第2s10帧处的“Position”设为（540，432），将“Rotation”设为-360°即-1×0°，如图5-42所示。

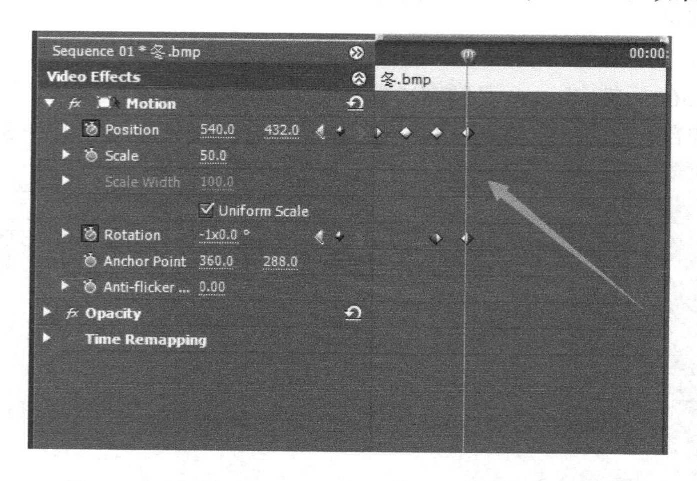

图5-42　在“冬.bmp”的第2s和第2s10帧处添加关键帧

步骤07　最后在第5s处使用工具或按<Ctrl+K>组合键将素材剪切开，删除5s之后的素材。按<space>键播放动画结果。如果不能实时流畅地播放，可以按<Enter>键先渲染，再播放。渲染后，时间标尺上的红色线会变成绿色线，如图5-43所示。

图5-43　第5s处素材处理

步骤08　最终的关键帧动画效果，如图5-44～图5-46所示。

图5-44　效果图1

图5-45　效果图2

图5-46　效果图3

活动4　制作画中画效果

活动内容

1. 新建文件
2. 新建素材文件夹
3. 导入素材
4. 新建时间线
5. 嵌套时间线
6. 分离音视频
7. 调整各时间线的画面尺寸和位置
8. 预览输出

操作步骤

新建工程文件

步骤01　启动Premiere Pro软件，单击“New Project”按钮，打开“New Project”对话框新建一个工程文件。

步骤02　在打开的“New Project”对话框中展开“DV-PAL”，选择国内电视制式通用的“DV-PAL Standard 48kHz”。在“Location”项的右侧单击“Browse”按钮，打开“浏览文件夹”对话框，新建或选择存放工程文件的目标文件夹，这里为“Chap06”。在“New Project”对话框的“Name”文本框中填入所建工程文件的名称，这里为“时间线嵌套”，单击“OK”按钮完成工程文件的建立，进入Premiere Pro的编辑界面。

建立素材文件夹

步骤01　准备导入两批图片素材，第一批的每个图片时长为10帧，第二批的每个图片时长为1s。可以在素材窗口中先建立两个文件夹，将导入的两类图片分别放在两个文件夹中。单击素材窗口下方的“新建文件夹”按钮，新建一个文件夹Bin01。同样再单击此按钮，新建一个文件夹Bin02。

步骤02　选中Bin01后在其名称上面单击鼠标右键，在弹出的快捷菜单中选择“重命名”命令，这里将其重命名为“10帧图片”，同样将Bin02重命名为“1秒图片”，如图5-47所示。双击“10帧图片”文件夹，将其打开，因为没有导入素材，所以暂时为空，如图5-48所示。

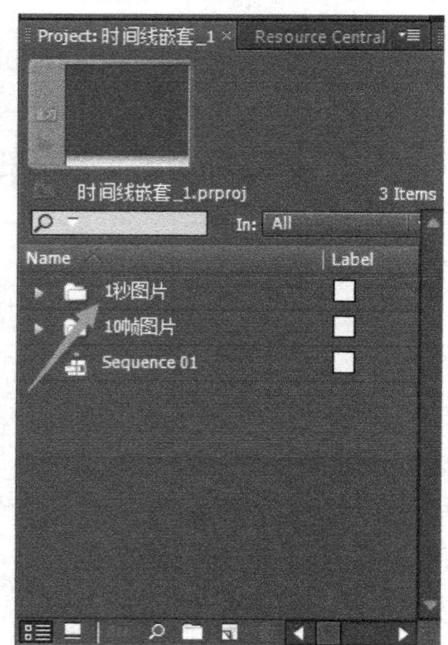

图5-47　素材文件夹

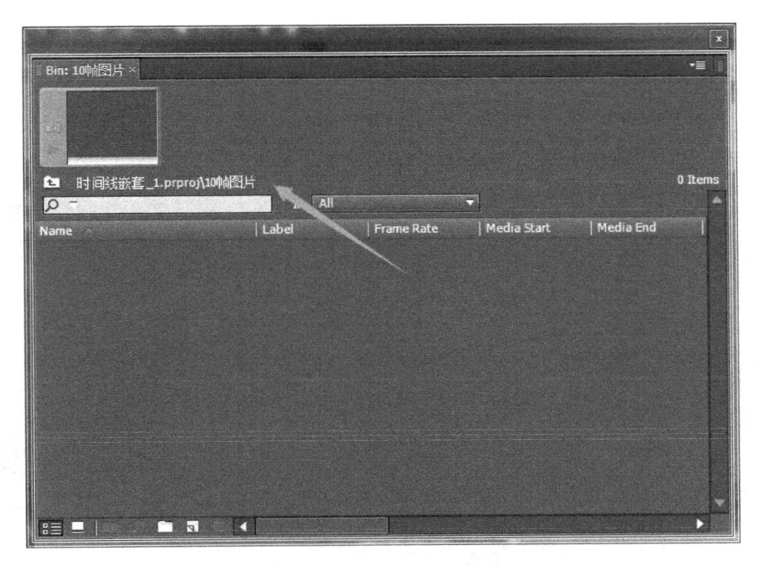

图5-48　打开“10帧图片”文件夹

导入素材

步骤01　选择菜单命令“Edit”→“Preferences”→“General”，打开“Preferences”对话框，并单击左侧列表中的General，将“Still Image Default Duration”项的数值修改为10帧，即默认导入静态图片的长度为10帧。

步骤02　选择菜单命令“File”→“Import”（或按<Ctrl+I>组合键）导入素材，在打开的“Import”对话框中，选择汽车素材“01.bmp”至“15.bmp”共15个图片文件，单击“打开”按钮将这些素材文件导入到素材窗口，即“10帧图片”文件夹中，如图5-49所示。单击素材窗口上方的 10帧图片 按钮从“10帧图片”文件夹返回上级。文件夹的好处是既能分类存放素材，又能开又能合，如图5-50所示。

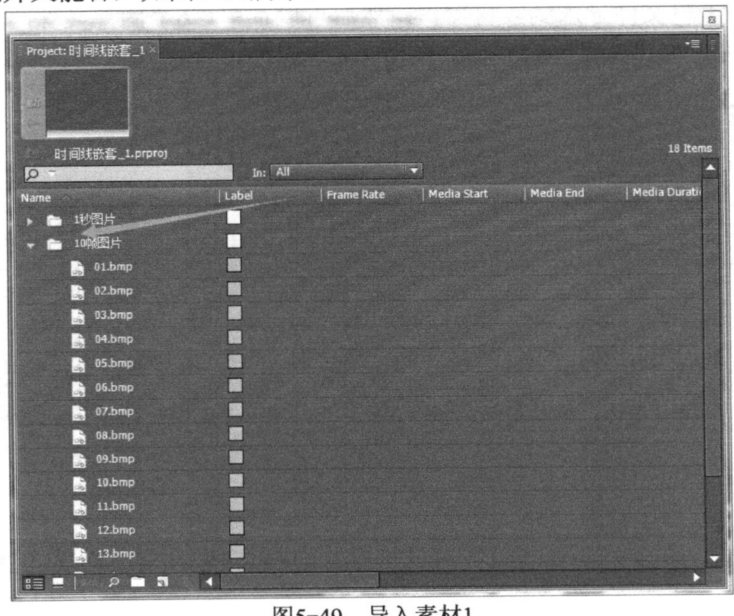

图5-49　导入素材1

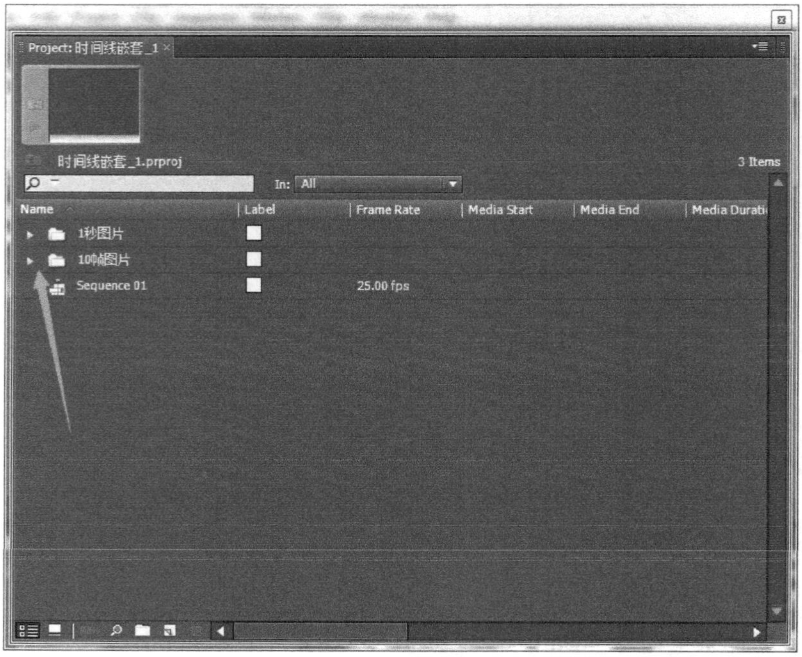

图5-50　素材文件夹

步骤03　同样选择菜单命令“Edit”→“Preferences”→“General”，打开“Preferences”对话框，并单击左侧列表中的General，将“Still Image Default Duration”项的数值修改为25帧，即默认导入静态图片的长度为1s。

步骤04　选择菜单命令“File”→“Import”（或按<Ctrl+I>组合键）导入素材，在打开的“Import”对话框中，选择汽车素材“01.bmp”～“06.bmp”共6个图片文件，单击“打开”按钮将这些素材文件导入到素材窗口，然后可以选中这6个图片文件，用鼠标将其拖至“1秒图片”文件夹中，如图5-51～图5-53所示。

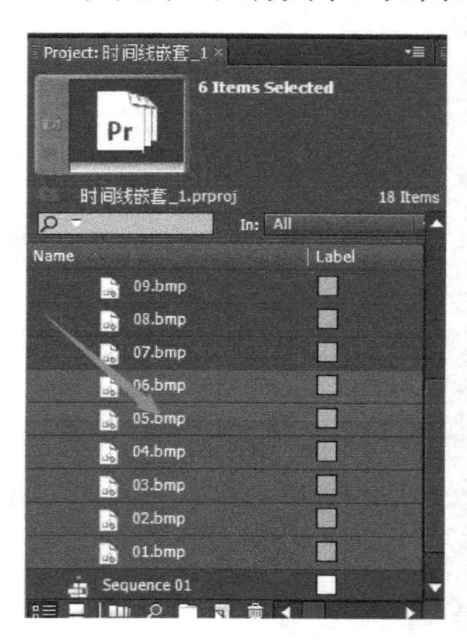

图5-51　导入素材2

图5-52　导入素材3

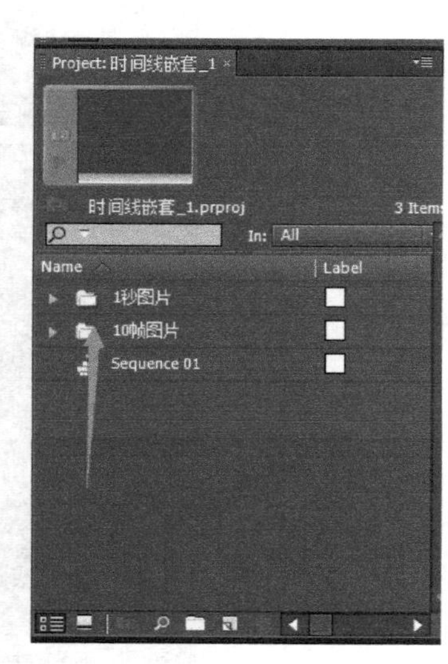

图5-53　导入素材4

编辑Sequence 01

每次新建立一个工程文件，都会自动建立一个时间线Sequence01。从素材窗口中选择“10帧图片”文件夹，将其拖至时间线Sequence01中，即将15个时长为10帧的图片放置到时间线中，如图5-54所示。

图5-54 将素材拖至时间线

编辑Sequence 02

步骤01 单击素材窗口下方的新建按钮，在弹出的菜单中选Sequence，打开“New Sequence”对话框，“Sequence Name”使用默认的名称Sequence 02即可，单击“OK”按钮新建时间线Sequence 02，如图5-55所示。

步骤02 从素材窗口选择“1秒图片”文件夹，将其拖至时间线Sequence 02中，即将6个时长为1秒的图片放置到时间线中。其顺序可以任意调整一下，使其与Sequence 01有所不同，如图5-56所示。

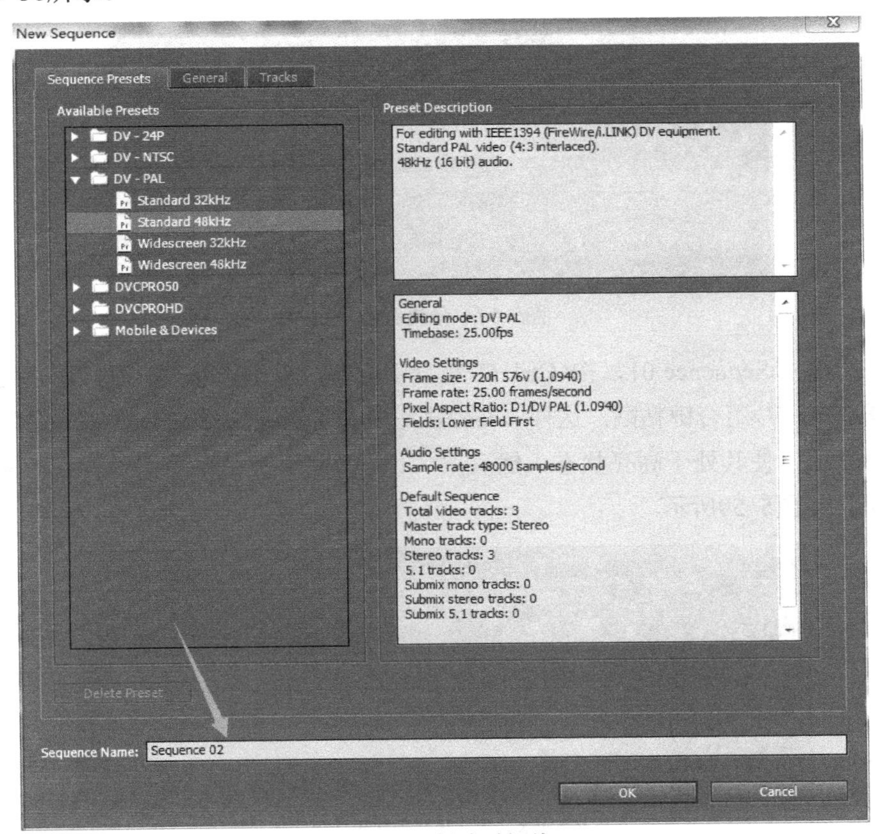

图5-55 新建时间线

图5-56　将素材拖至时间线

Sequence 03嵌套Sequence 01和Sequence 02

步骤01　同样，单击素材窗口下方的新建按钮，在弹出的菜单中选择“Sequence”命令，打开“New Sequence”对话框，“Sequence Name”使用默认的名称Sequence 03即可，单击“OK”按钮新建时间线Sequence 03。

步骤02　从素材窗口中选择Sequence 01，将其拖至时间线Sequence 03中的Video1轨道中，可以看到在Audio1有其附带的音频。可以在时间线中先选中Sequence 01，选择“Clip”→“Unlink”命令将其视频和音频分离，然后单独选中其音频部分，按<Delete>键将其删除，如图5-57所示。

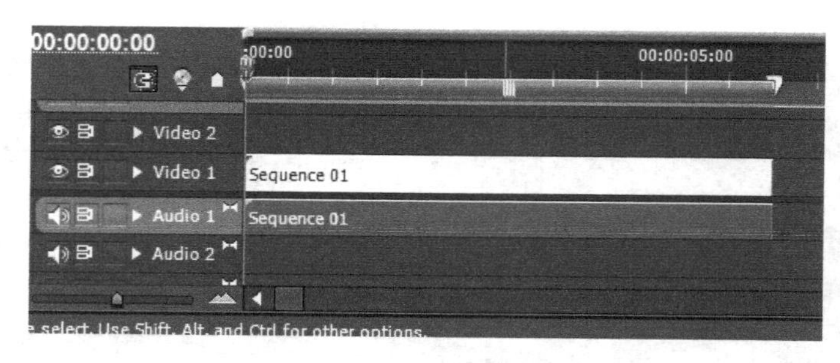

图5-57　分离音视频

步骤03　选择Sequence 01，按<Ctrl+C>组合键复制，单击Video2轨道，使其处于高亮状态，然后按<Ctrl+V>组合键粘贴，这样Video2轨道中有了Sequence 01，如图5-58所示。同样单击Video3轨道，使其处于高亮状态，然后按<Ctrl+V>组合键粘贴，在Video3轨道中也放置Sequence 01，如图5-59所示。

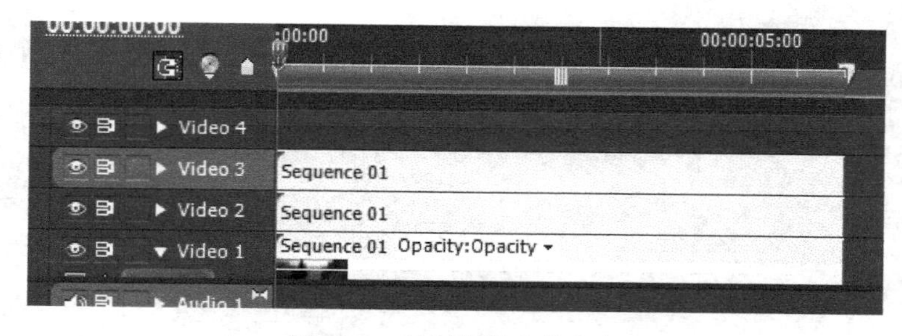

图5-58　复制轨道中的内容

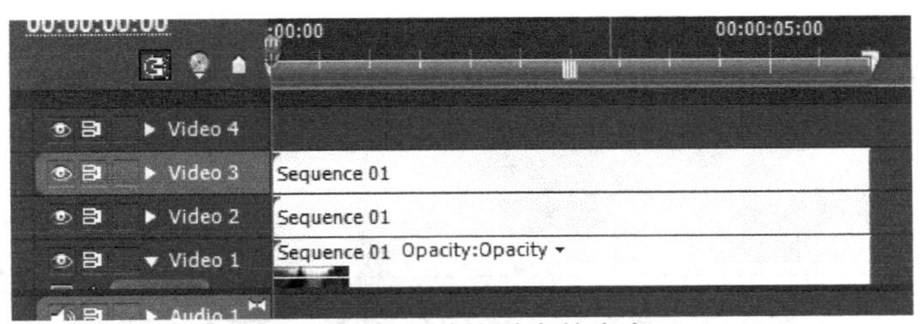

图5-59 粘贴轨道中的内容

步骤04 同样从素材窗口中选择Sequence 02，将其拖至时间线Sequence 03中的Video3轨道上方的空白处，自动添加一个Video4轨道放置Sequence 02，可以看到在Audio4中有其附带的音频，如图5-60所示。同样选择“Clip”→“Unlink”命令将其视频和音频分离，然后删除其音频部分，如图5-61所示。

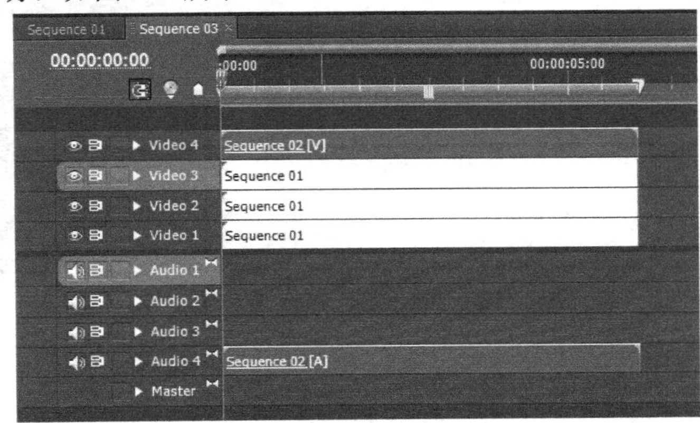

图5-60 将时间线添加到轨道中

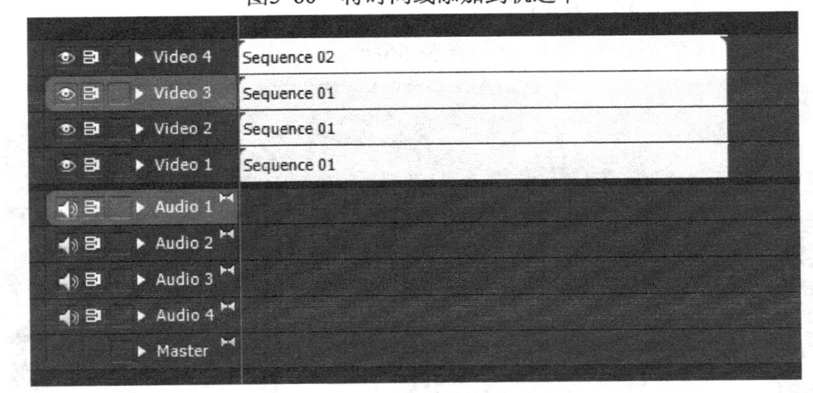

图5-61 分离并删除音频

步骤05 分别对这4个视频轨道画面的尺寸和位置进行修改，使其能在屏幕中同时显示。先选择最上层的Video4轨道中的Sequence 02，在“Effect Controls”窗口中将其Scale设为60，Position设为（250，288），如图5-62所示。

步骤06 选择Video3轨道中的Sequence 01，在“Effect Controls”窗口中单击“Uniform Scale”前面的复选框，将其默认的勾选去掉，这样就可以分别修改“Scale Height”和“Scale Width”，同时将画面的高宽比例也不再保持一致。将“Scale Height”设为18，将“Scale Width”设为25，将“Position”设为（580，168），如图5-63所示。

图5-62　调整大小和位置

图5-63　调整画面大小和位置

步骤07　将Video2轨道中Sequence 01的“Scale Height”设为18，将“Scale Width”设为25，将“Position”设为（580，288）。

步骤08　将Video1轨道中Sequence 01的“Scale Height”设为18，将“Scale Width”设为25，将“Position”设为（580，408）。

步骤09　播放最终效果，如图5-64～图5-66所示。

图5-64　效果图1

图5-65　效果图2

图5-66　效果图3

单元小结

本单元主要学习了以下内容。

- 新建工程文件。
- 导入素材。
- 将素材文件放到时间线上。
- 调整画面尺寸。
- 调整视频长度。

- 给音频添加标记。
- 音频对应画面。
- 设置每个素材时长为5s。
- 在motion面板制作关键帧动画。
- 复制关键帧动画。
- 设置多画面动画。
- 剪切、删除视频。
- 新建素材文件夹。
- 新建时间线。
- 嵌套时间线。
- 分离音视频。
- 调整各时间线的画面尺寸和位置。
- 预览。
- 输出视频文件。

单元6 视 频 转 场

本单元主要介绍如何在Premiere Pro软件中的素材或静止图像素材之间建立丰富多彩的切换特效的方法，每一个图像切换的控制方式具有很多可调的选项。本单元内容对于视频剪辑中的镜头切换有着非常实用的意义，它可以使剪辑的画面更加富于变化，更加生动多彩。

活动1 制作名车画册

活动内容

1. 新建文件
2. 导入素材
3. 调整素材时长
4. 制作简单画册封面
5. 新建时间线
6. 添加转场效果
7. 预览输出

操作步骤

新建工程文件

步骤01 启动Premiere Pro软件，单击“New Project”按钮新建一个工程文件。

步骤02 在“New Project”对话框中，展开“DV-PAL”，选择国内电视制式通用的“DV-PAL Standard 48kHz”。在“Location”项的右侧单击“Browse”按钮，打开“浏览文件夹”对话框，新建或选择存放工程文件的目标文件夹，这里为Chap12。在“New Project”对话框的“Name”文本框中输入所建工程文件的名称，这里为“翻动画册”，单击“OK”按钮完成工程文件的建立。

导入素材文件

步骤01 选择“Edit”→Preferences→General，打开Preferences对话框，并单击左侧列表中的General，将其中的“Video Transition Default Duration”项的数值（视频转场的默认长度）修改为25帧即1秒，同样将“Still Image Default Duration”项的数值（静态图片的默认长度）修改为75帧，即3s，然后单击“OK”按钮关闭对话框。

步骤02　选择“File”→“Import”命令（或按<Ctrl+I>组合键）导入素材，在弹出的“Import”对话框中，选择汽车素材“01.bmp”至“07.bmp”共7个图片文件和字幕文件“Title名车.prtl”。其中制作字幕文件，在后面将有介绍。在素材窗口中可以看出这些素材的长度都为3s，如图6-1和图6-2所示。

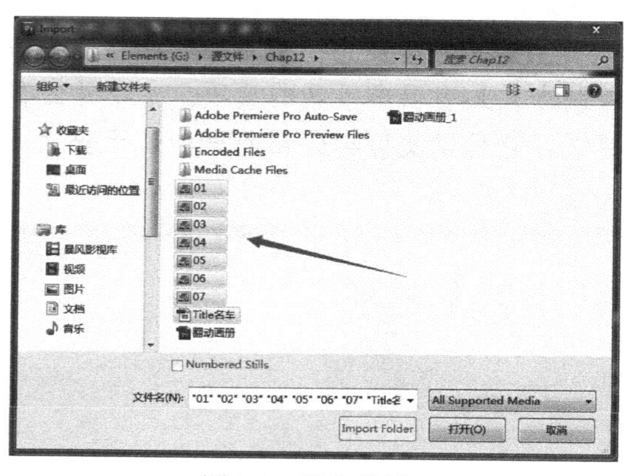

图6-1　导入素材

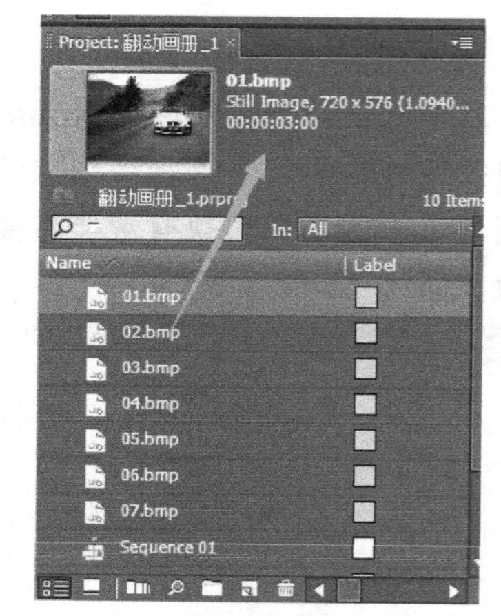

图6-2　素材的长度为3s

步骤03　查看这些素材中的部分，如图6-3～图6-6所示。

图6-3　查看素材1

图6-4　查看素材2

图6-5　查看素材3

图6-6　查看素材4

制作一个简单的画册封面

步骤01　在素材窗口中单击“新建”按钮，选择弹出菜单中的“Color Matte”，打开“Color Picker”对话框，从中将RGB设为（0，128，200）浅蓝色，单击“OK”按钮，这样在素材窗口建立了一个“Color Matte”，其长度也为3s，如图6-7和图6-8所示。

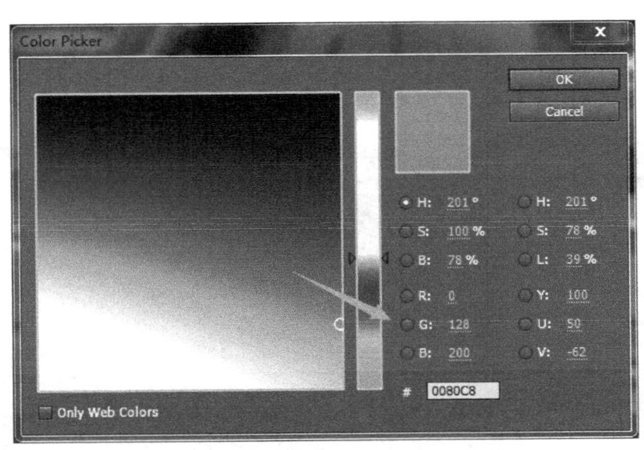

图6-7　Color Picker对话框

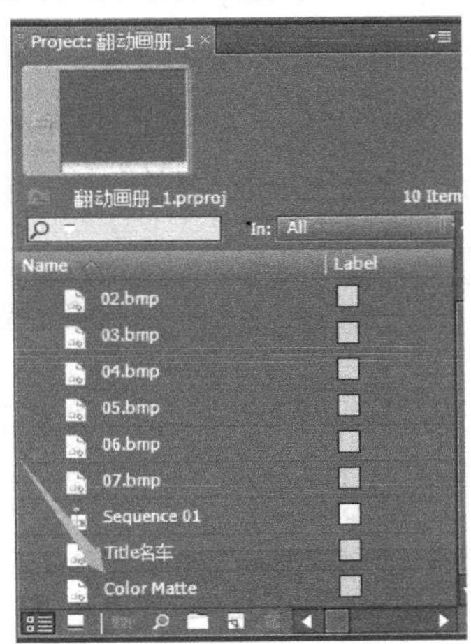

图6-8　新建一个Color Matte

步骤02　从素材窗口中将“Color Matte”拖至时间线中Video1轨道，将“06.bmp”拖至Video2轨道、将“07.bmp”拖至Video3轨道，将“Title名车.prtl”拖至Video3轨道上方，会自动添加一个Video4轨道放置“Title名车.prtl”，如图6-9所示。名车画册封面效果图，如图6-10所示。

图6-9　将素材拖放到轨道上

图6-10　效果图

步骤03　选择“06.bmp”，在其Effect Controls窗口中将其“Uniform Scale”前复选框中的勾选去掉，设置“Scale Height”为70，“Scale Width”为50，设置“Position”设为（540，288），设置“Opacity”为50%。即将其缩小一些右移并设为半透明，如图6-11所示。

步骤04　选择“07.bmp”，在其“Effect Controls”窗口中将其“Uniform Scale”前复选框中的勾选去掉，设置“Scale Height”为70，“Scale Width”为50，设置“Position”设为（180，288），设置“Opacity”为50%。即将其缩小一些左移并设为半透明，如图6-12所示。名车画册封面效果图，如图6-13所示。

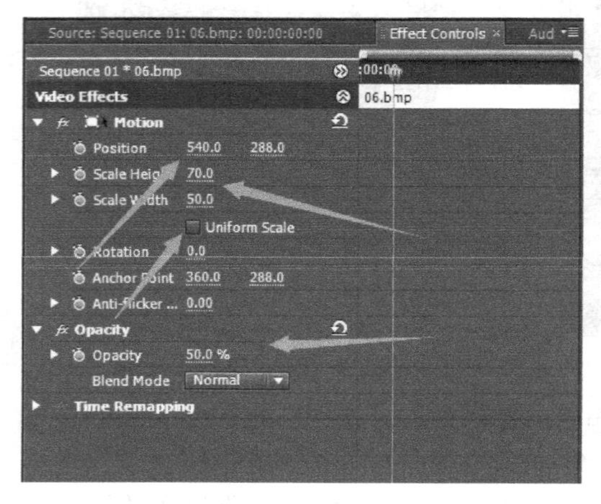

图6-11　调整“06.bmp”的大小位置及透明度

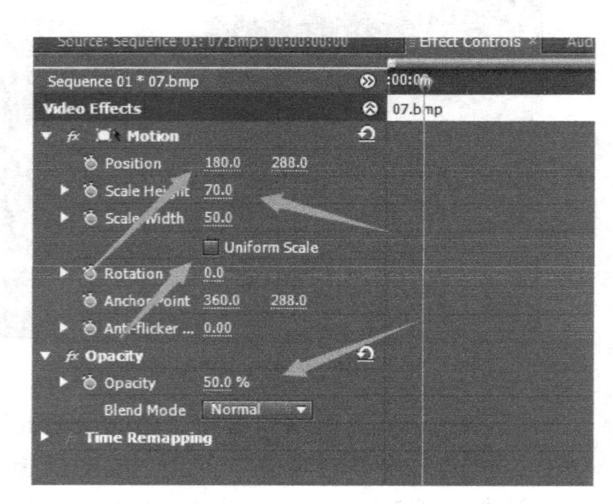

图6-12　调整“07.bmp”的大小位置及透明度

图6-13　效果图

使用新的时间线

步骤01　在素材窗口中单击“新建”按钮，在弹出菜单中的选择Sequence，打开“New Sequence”对话框，默认新时间线的名称为“Sequence02”，单击“OK”按钮确定，如图6-14所示。这样建立了一个新的时间线Sequence02。

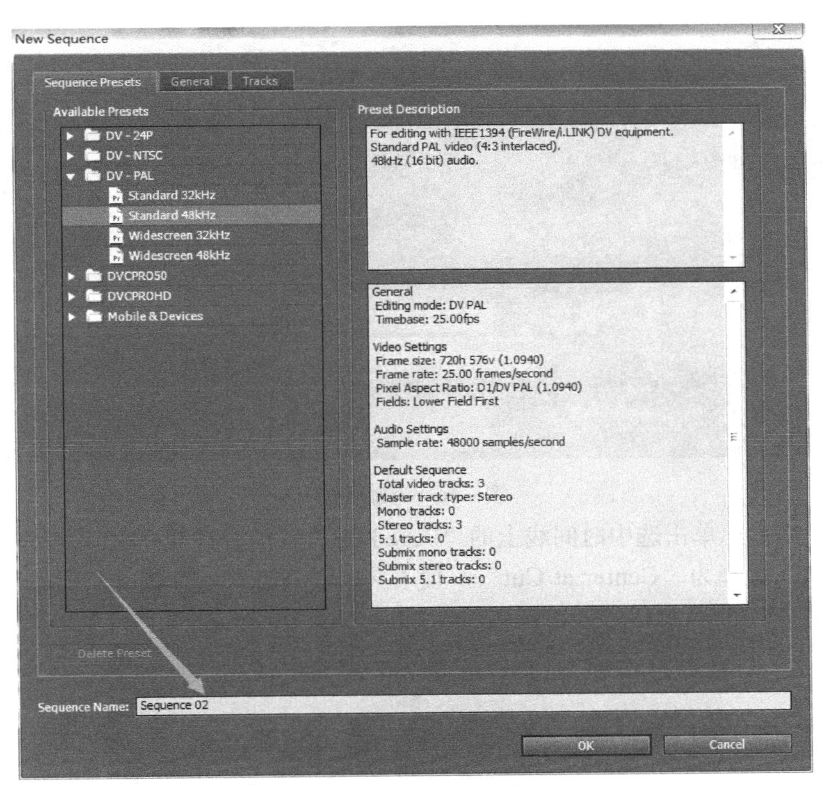

图6-14　新建时间线

步骤02　从素材窗口中将Sequence01拖至Sequence02中。

步骤03　同样从素材窗口中将“01.bmp”至“05.bmp”拖至时间线Sequence02中，如图6-15所示。

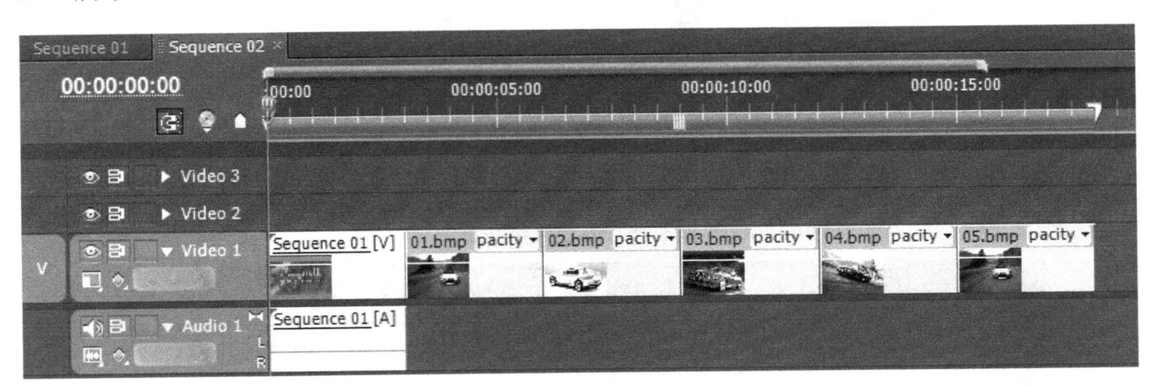

图6-15　将素材拖至轨道上

制作翻动画册

步骤01　打开“Effects”窗口，展开“Video Transitions”下的“Page Peel”，选择“Page Peel”，将其拖至Video1轨道中Sequence01和“01.bmp”之间，建立一个转场。转场会自动以“End at Cut”为对齐方式，如图6-16所示。

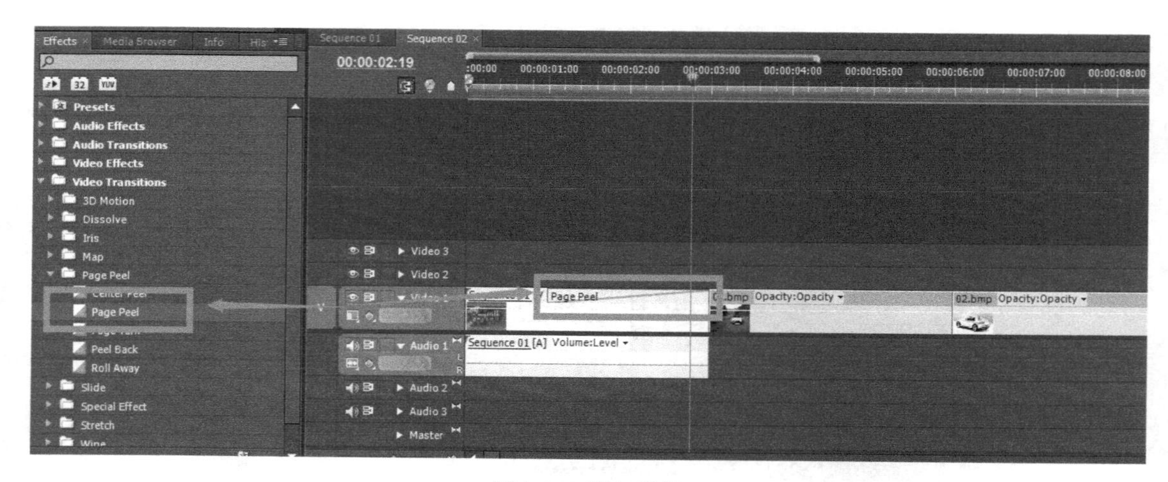

图6-16　添加转场

步骤02　用鼠标单击选中时间线上的“Page Peel”转场，打开“Effect Controls”窗口，将“Anigment”选择为“Center at Cut”，使用居中对齐方式，如图6-17所示。转场位置，如图6-18所示。

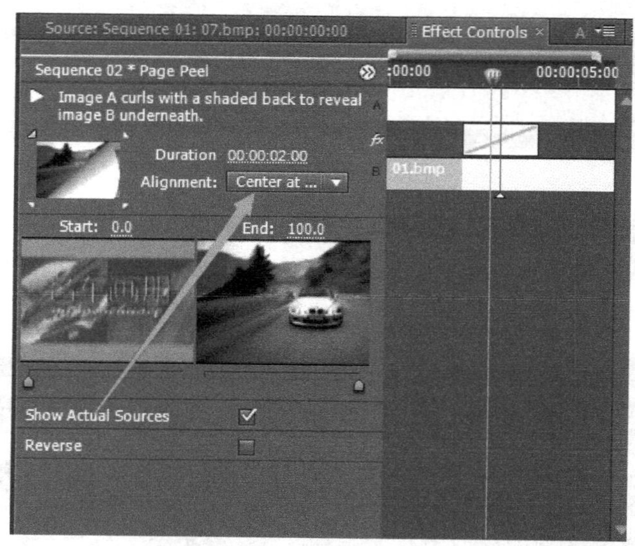

图6-17　设置转场效果

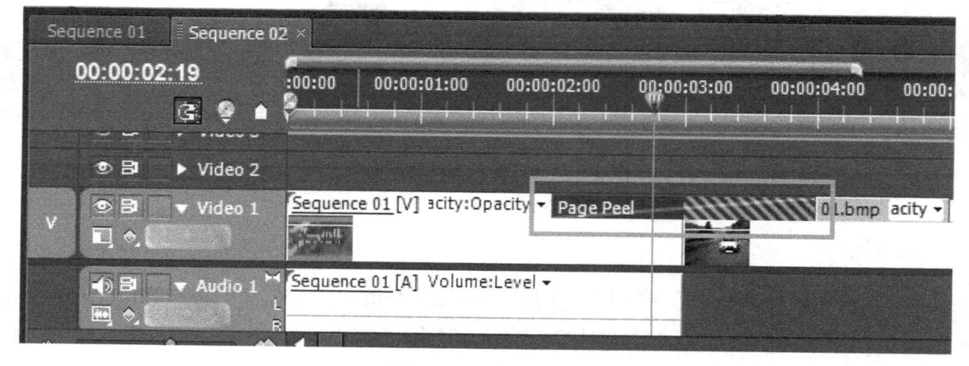

图6-18　转场位置

步骤03　预览转场效果，如图6-19～图6-22所示。

图6-19　效果图1

图6-20　效果图2

图6-21　效果图3

图6-22　效果图4

步骤04　在“Effects”窗口，展开“Video Transitions”下的“Page Peel”，选择“Page Turn”，将其拖至Video1轨道中“01.bmp”至“02.bmp”之间，建立一个转场。

步骤05　同样，在“02.bmp”“03.bmp”“04.bmp”和“05.bmp”之间分别建立“Page Turn”转场，如图6-23所示。

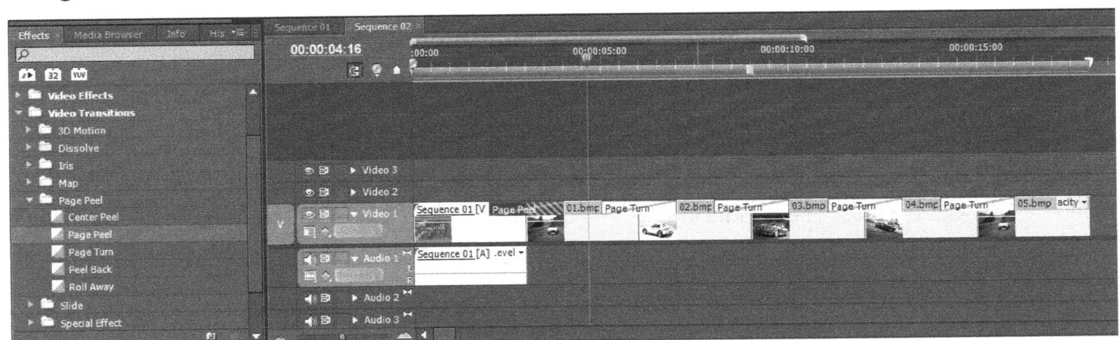

图6-23　添加转场

步骤06　预览转场效果，如图6-24和图6-25所示。

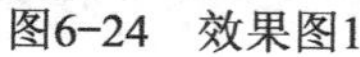

图6-24　效果图1

图6-25　效果图2

活动2　制作卷轴画

活动内容

1．新建文件
2．导入素材
3．调整素材时长
4．制作卷轴转场
5．制作卷轴动画
6．预览输出

操作步骤

新建工程文件

步骤01　启动Premiere Pro软件，单击“New Project”按钮新建一个工程文件。

步骤02　在“New Project”对话框中，展开“DV-PAL”，选择国内电视制式通用的“DV-PAL standard 48 kHz”。在“Location”项的右侧单击“Browse”按钮，打开“浏览文件夹”对话框，新建或选择存放工程文件的目标文件夹，这里为chap 13。在“New Project”对话框的“Name”文本框中输入所建工程文件的名称，这里为“卷轴画”，单击“OK”按钮完成工程文件的建立，进入Premiere Pro 的编辑界面。

导入素材文件

步骤01　选择“File”→“Import”命令（或按<Ctrl+I>组合键）导入素材，在弹出的“Import”对话框中，选择“图.jpg”，将其导入，如图6-26所示。在素材窗口中可以看出这些素材的长度为3s。

步骤02　可以将这个图片素材的长度在素材窗口中修改为5s，方法是在其上单击鼠标右键在弹出的快捷菜单中选择“Speed”→“Duration”命令，打开Clip Speed/Duration对话框，在其中将时间长度修改为5s，单击“OK”按钮确定，如图6-27所示，再查看其时间长度即更改为5s，如图6-28所示。

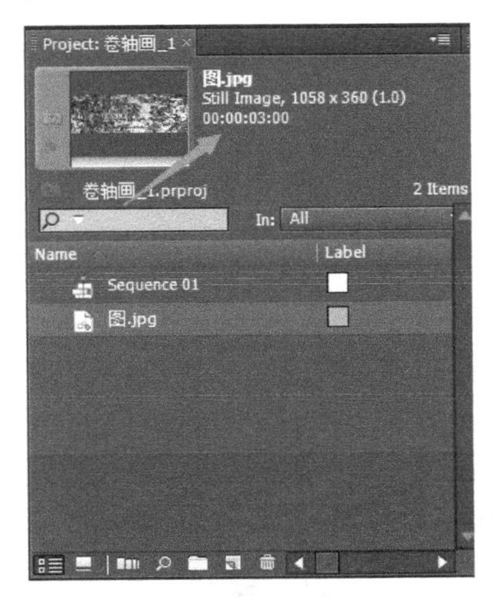

图6-26　导入素材

图6-27　素材时长改为5s

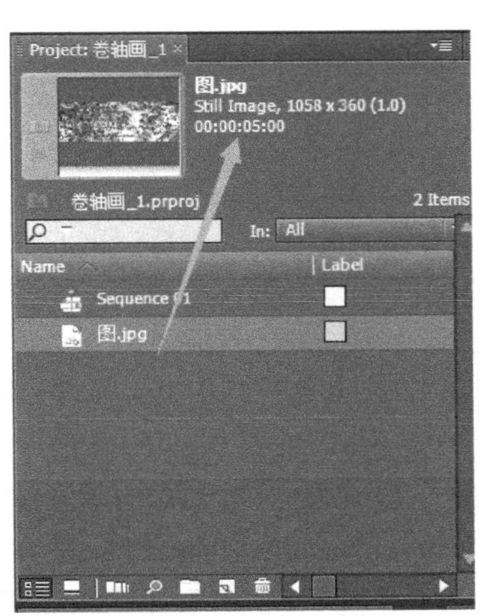

图6-28　效果

制作卷轴转场

步骤01　在素材窗口中单击“新建”按钮，在弹出菜单中选择“Color Matter”命令，打开“Color Picker”对话框，从中将RGB设为（200，138，32），单击“OK”按钮，这样在素材窗口中建立了一个棕色“Color Matter”，如图6-29所示。

步骤02　同样，在素材窗口中单击“新建”按钮，在弹出菜单中选择“Color Matter”命令，打开“Color Picker”对话框，从中将RGB设为（162，162，150），单击“OK”按钮，这样在素材窗口中建立了另一个灰色“Color Matter”，如图6-30所示。新建两个“Color Matter”，如图6-31所示。

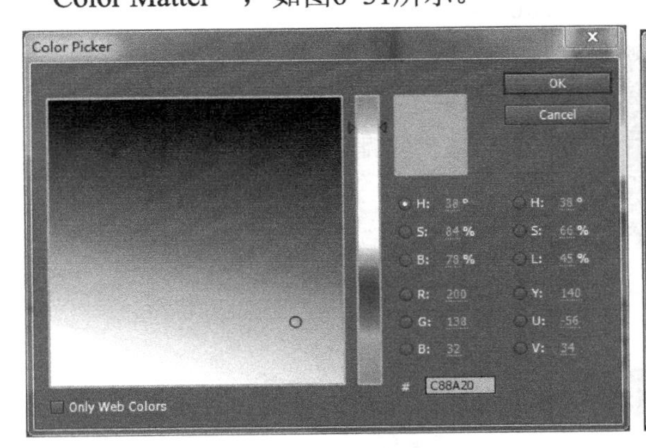

图6-29　Color Picker对话框

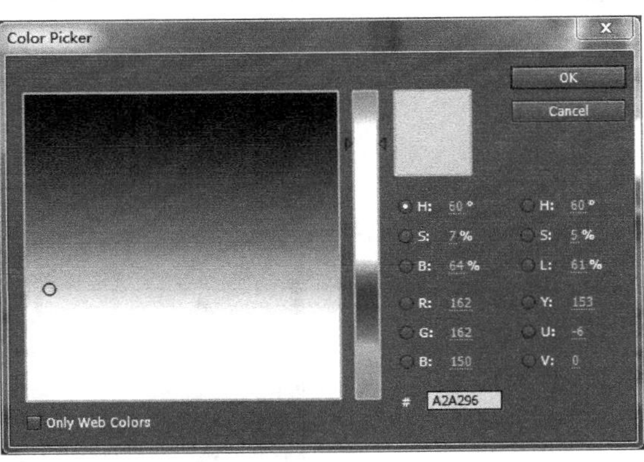

图6-30　新建另一个灰色Color Matte

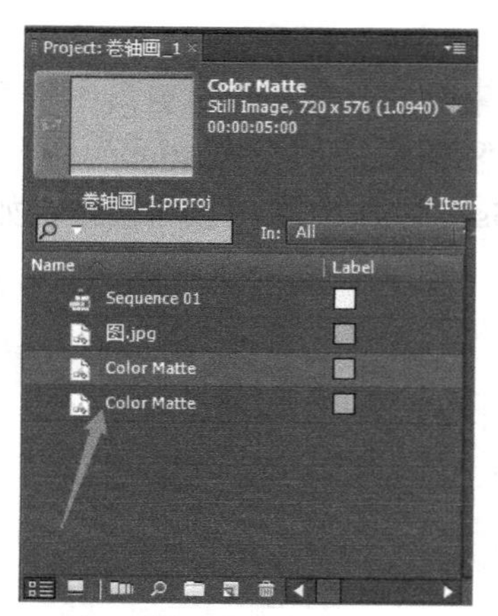

图6-31　效果

步骤03　从素材窗口中将灰色“Color Matter”拖至时间线的Video 1轨道中，将“图.jpg”拖至Video 2轨道中，同时将灰色“Color Matter”的长度与“图.jpg”保持一致。

步骤04　打开“Effects”窗口，展开“Video Transistions”下的“Page Peel”，选择“Roll Away”，将其拖至时间线上“图.jpg”的入点位置，如图6-32所示。

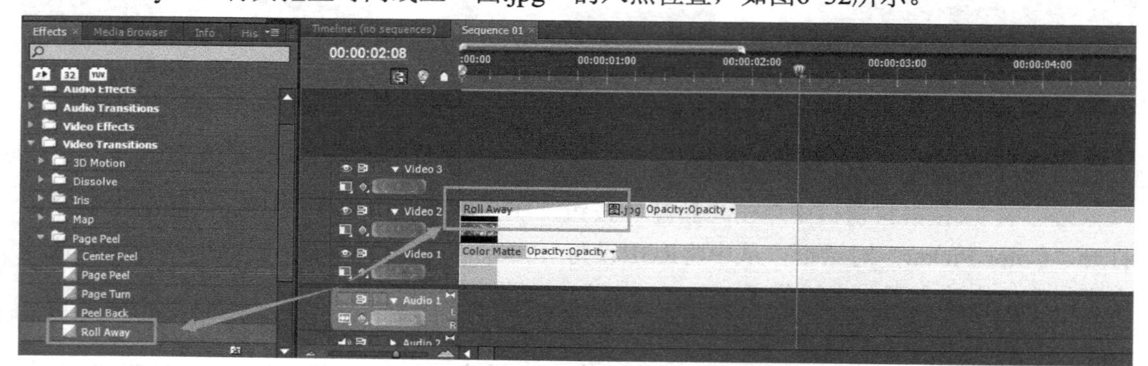

图6-32　添加转场

步骤05　在时间线中选中“Roll Away”转场，在“Effect Control”窗口中将其“Duration”改为4s，如图6-33所示。转场位置，如图6-34所示。

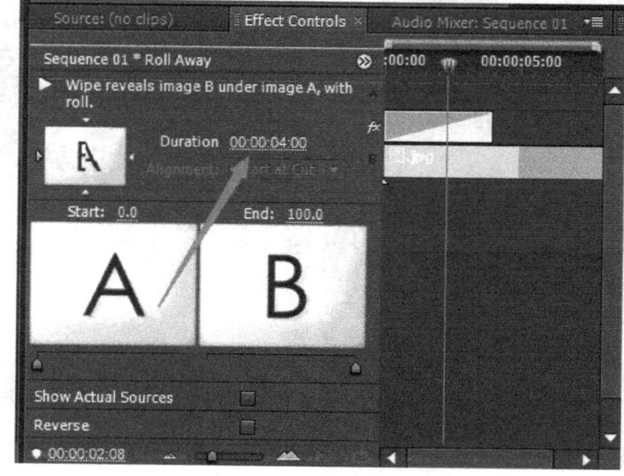

图6-33　设置转场效果

图6-34　转场位置

步骤06　查看转场效果，如图6-35～图6-37所示。

图6-35　转场效果1

图6-36　转场效果2

图6-37　转场效果3

制作卷轴动画

步骤01　从素材窗口中将棕色“Color Matter”拖至时间线的Video 3轨道中，同时将其长度与“图.jpg”保持一致。

步骤02　在时间线中选中棕色“Color Matter”，在其“Effect Control”窗口中将其“Uniform Scale”前复选框中的勾选去掉，设置“Scale Height”为65，“Scale Width”为3。

步骤03　将时间移至第4s时，将“Position”设为（725，288），如图6-38所示。设置位移参数，如图6-39所示。

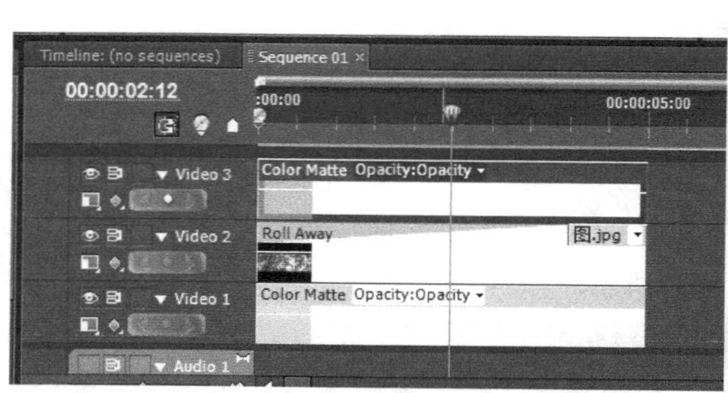

图6-38　时间指针移至第4s

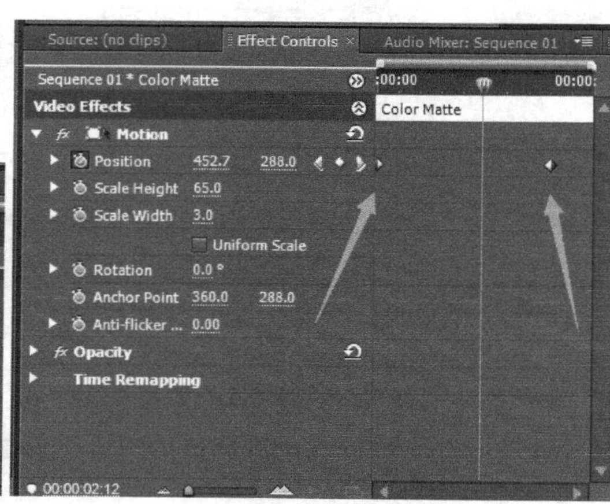

图6-39　设置位移参数

步骤04　预览动画效果，如图6-40～图6-42所示。

图6-40　效果图1

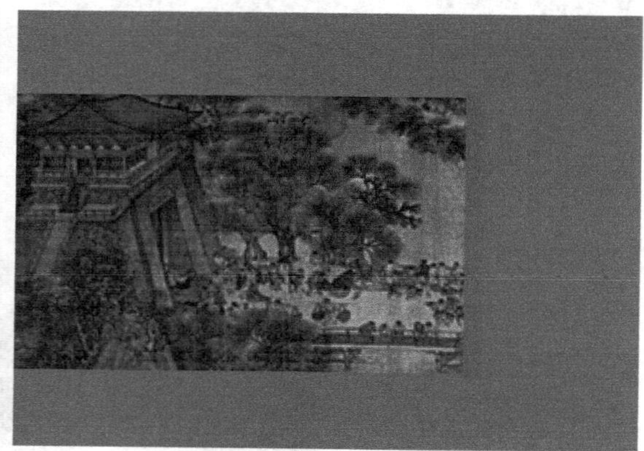

图6-41　效果图2

图6-42　效果图3

活动3　画中画的划入划出

活动内容

1. 新建文件
2. 导入素材
3. 调整素材时长
4. 新建时间线
5. 添加划像转场效果
6. 预览输出

操作步骤

新建工程文件

步骤01　启动Premiere Pro软件，单击“New Project”按钮，新建一个工程文件。

步骤02　在“New Project”对话框中，展开“DV-PAL”，选择国内电视制式通用“DV-PAL Standard 48 kHz”。在“Location”项的右侧单击“Browse”按钮，打开“浏览文件夹”对话框，新建或选择存放工程文件的目标文件夹，这里为Chap15。在“New Project”对话框的“Name”文本框中输入所建工程文件的名称，这里为“画中画的划入划出”，单击“OK”按钮，完成工程文件的建立。

导入素材文件

步骤01　先选择“Edit”→“Preferences”→“General”命令，打开“Preferences”对话框，并单击左侧列表中的General，将其中的Video“Transition Default Duration”项的数值（视频转场的默认长度）修改为50帧，即2s，同样将“Still Image Default Duration”项的数值（静态图片的默认长度）修改为125帧，即5s，然后单击OK按钮关闭对话框。

步骤02　选择“File”→“Import”（或按<Ctrl+I>组合键）导入素材，在打开的“Import”对话框中，选择“01.bmp”至“05bmp”和“长背景.jpg”素材，将其导入，在素材窗口中可以看出这些素材的默认长度为5s，如图6-43和图6-44所示。

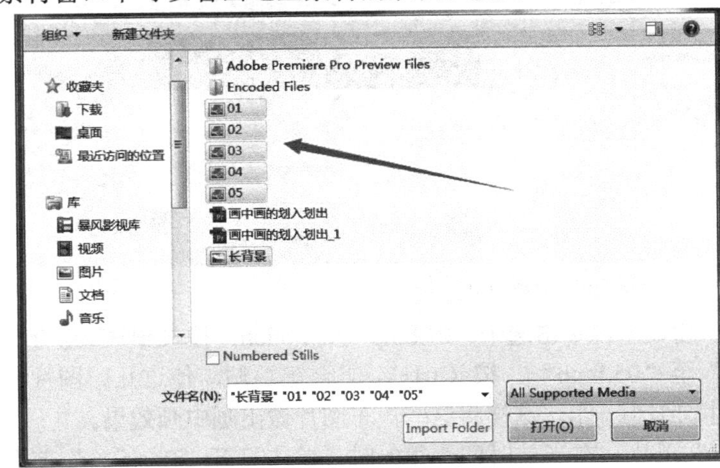

图6-43　导入素材

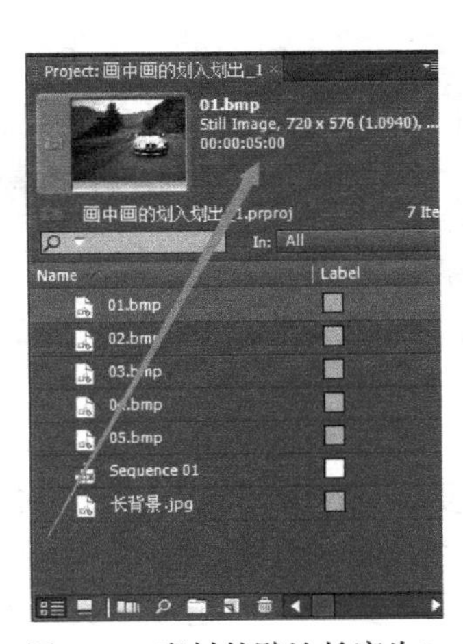

图6-44　素材的默认长度为5s

步骤03 “01.bmp ”至“05.bmp”是5张汽车的图片，“长背景.jpg”是一个长为1 668像素，宽为288像素素材的图片，如图6-45所示。

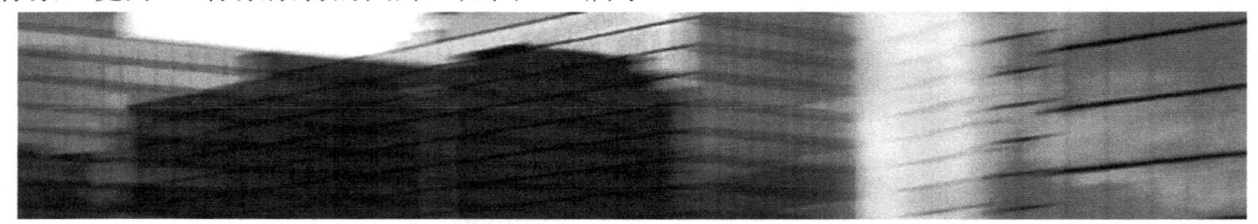

图6-45 长背景图

添加素材到时间线

步骤01 从素材窗口中按顺序依次选择“01.bmp”至“05.bmp”，将其拖至时间线中的Video 2轨道中。

步骤02 选择“02.bmp”和“04.bmp”，将其在原时间的位置上向上拖至Video 3轨道中，这是为了单独为每张汽车图片添加划入和划出效果，而不是在两个汽车图片之间添加转场效果。

步骤03 从素材窗口中选择“长背景.jpg”图片，将其拖至时间线的Video 1轨道中，并将其长度拖至与Video2相等，如图6-46所示。

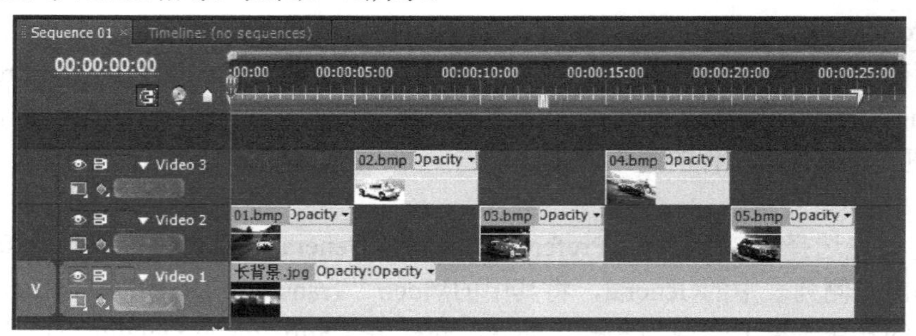

图6-46 调整长度

设置图片素材

步骤01 选择时间线上的“01.bmp”，在“Effect Controls”窗口中将其“Scale”设为50，即尺寸缩小一半，如图6-47所示。

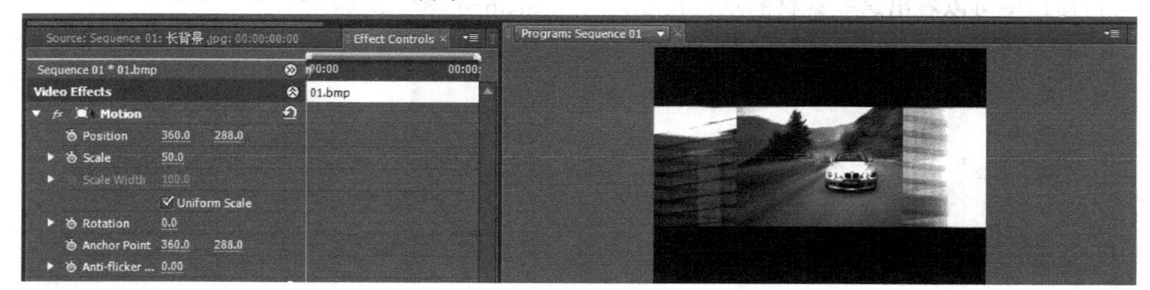

图6-47 调整尺寸

步骤02 在“Effect Controls”窗口中，单击选中“01.bmp”的motion，按<Ctrl+C>组合键复制，在时间线中选中“02.bmp”至“05.bmp”，按<Ctrl+V>组合键粘贴，使这几张图片的“Scale”均被改为50，即显示尺寸均缩小一半。这样将这些汽车图片做出画中画效果。

步骤03 选择“长背景.bmp”图片，在当前时间为第0s时，单击打开“Position”前面的码表添加一个动画关键帧，将“Position”设置为（–100，288），如图6-48所示。再将时间移至第24s24帧时，将“Position”设置为（800，288）。这样制作一个平移的动画效果，如图6-49所示。

图6-48　设置0s时的位移参数

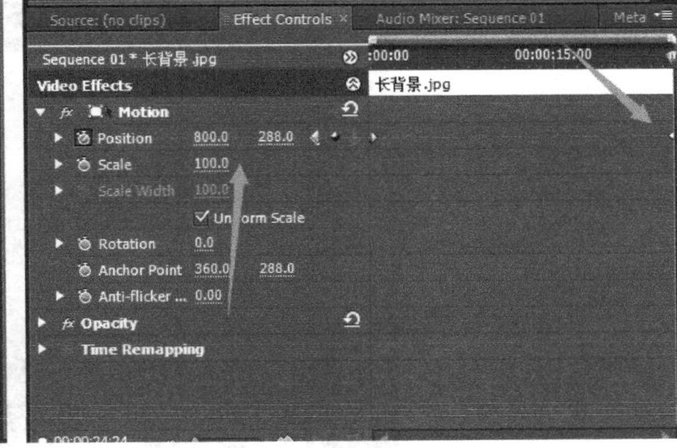

图6-49　设置25s时的位移参数

添加转场划像

步骤01　打开“Effect”窗口，展开“Video Transitions”下的“Wipe”，选择“Band Wipe”，将其拖至时间线上“01.bmp”的入点位置，为其添加一个划入的转场，如图6-50所示。

图6-50　添加划入转场

步骤02　查看划入效果，如图6-51～图6-53所示。

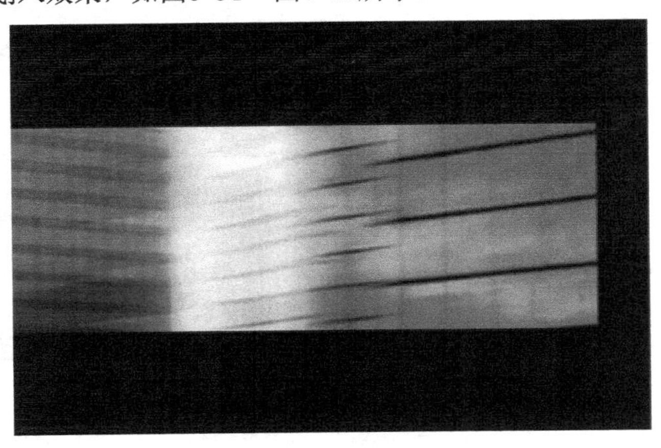

图6-51　效果图1

图6-52　效果图2

图6-53　效果图3

步骤03　选择“Barn Doors”，将其拖至“01.bmp”的出点位置，为其添加一个划出的转场，如图6-54所示。

图6-54　添加一个划出转场

步骤04　查看划出效果，如图6-55和图6-56所示。

图6-55　划出效果图1

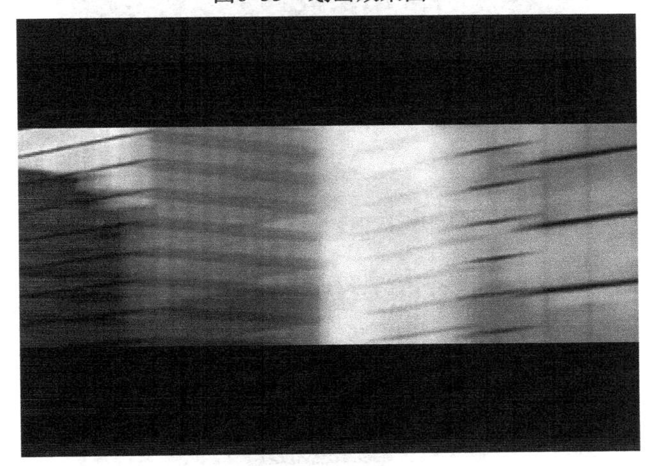

图6-56　划出效果图2

步骤05　同样，在“Video Transitions”的“Wipe”之下，为“02.bmp”至“05.bmp”添加划入和划出效果。这里为“02.bmp”添加“Checker Wipe”划入、“Checker Board”划出，为“03.bmp”添加“Pinwheel”划入、“Random Blocks”划出，为“04.bmp”添加“Random Wipe”划入、“Spiral Boxes”划出，为“05.bmp”添加“Venetian Blinds”划入，“Wipe”划出，如图6-57所示。

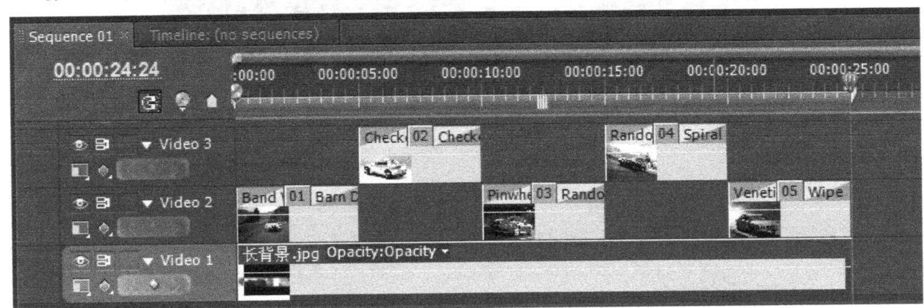

图6-57　为“02.bmp”至“05.bmp”添加划入和划出效果

步骤06　查看部分划像效果，如图6-58～图6-60所示。

图6-58　效果图1

图6-59　效果图2

图6-60　效果图3

单元小结

本单元主要学习了以下内容。

- 添加转场。
- 转场效果设置。

单元7　字　　幕

本单元主要介绍字幕的制作方法，并对字幕的创建、保存、字幕窗口中的各项功能及使用方法进行详细介绍。

活动1　制作带阴影效果的静态字幕

活动内容

1. 新建文件
2. 导入素材
3. 新建字幕
4. 制作并设置带阴影效果的静态字幕
5. 预览输出

操作步骤

步骤01　运行Premiere Pro CS5软件，在欢迎界面中单击“New Project”（新建项目）按钮，在“New Project”（新建项目）对话框中，选择项目的保存路径，对项目进行命名，单击“OK”（确定）按钮。

步骤02　弹出“New Sequence”（新建序列）对话框，在“Sequence Presets”（序列设置）选项卡下“Available Presets”（有效预置）区域中，展开“DV-24P”项，选择其下的“Standard 48kHz”选项，对“Sequence Name”（序列名称）进行设置，单击“OK”（确定）按钮。

步骤03　进入操作界面，在“Project”（项目）窗口中“Name”（名称）区域空白处双击，在打开的“Import”对话框中选择素材中的“Cha07/带阴影效果的字幕.jpg”文件，单击“打开”按钮，如图7-1所示。

步骤04　将导入的素材文件拖至“Timelines”（时间线）窗口Video1（视频1）轨道中，确定素材文件处于选中状态，单击鼠标右键，在弹出的快捷菜单中选择“Scale to Frame Size”（适配为当前画面大小）命令，如图7-2所示。

步骤05　按下<Ctrl+T>组合键，在弹出的对话框中使用默认命名，单击“OK”（确定）按钮，进入字幕窗口，选择“Title Tools”（字幕工具）栏中的“T”工具，在字幕设计栏中输入“幸福手牵手”，在“Title Properties”（字幕属性）栏中“Properties”（属性）区域中，设置“Font Family”（字体）为“Microsoft YaHei”，“Keming”（字距）设置为20，在“Fill”（填充）区域中将“Fill Type”（填充类型）设置为4色渐变，然后在“Color”（色彩）右侧，将左上方色彩的RGB值分别设置为193、93、20，右上方色彩的RGB值分别设置为203、205、23，左下方色彩设置为白色，右下方色彩的RGB值分别设置为244、149、36，如图7-3所示。在“Title Actions”（字幕动作）栏，分别单击“Center”按钮，将字幕居中对齐。

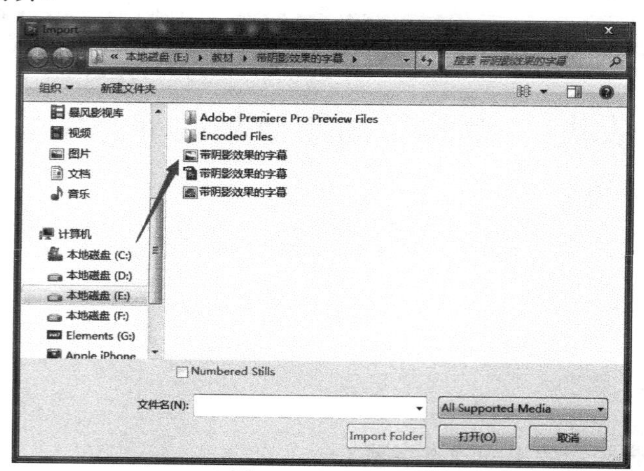

图7-1 打开文件

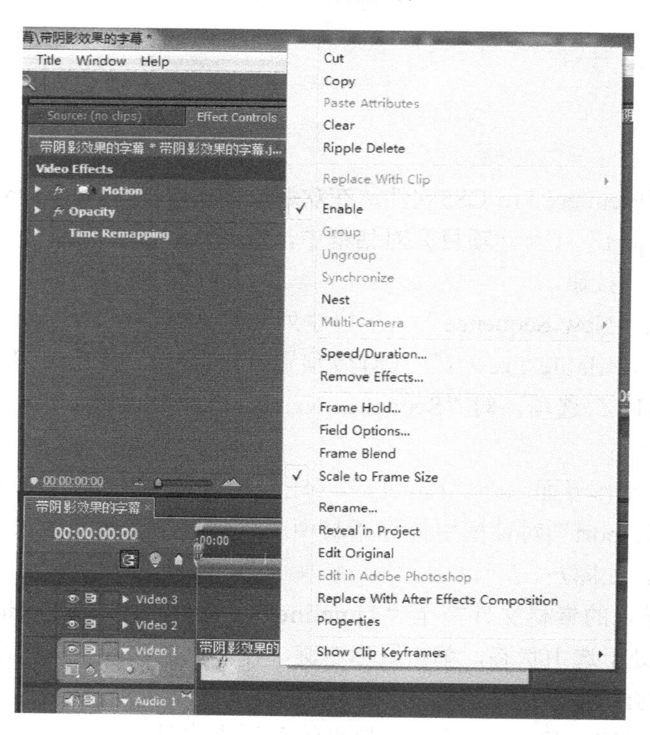

图7-2 “Scale to Frame Size”（适配为当前画面大小）命令

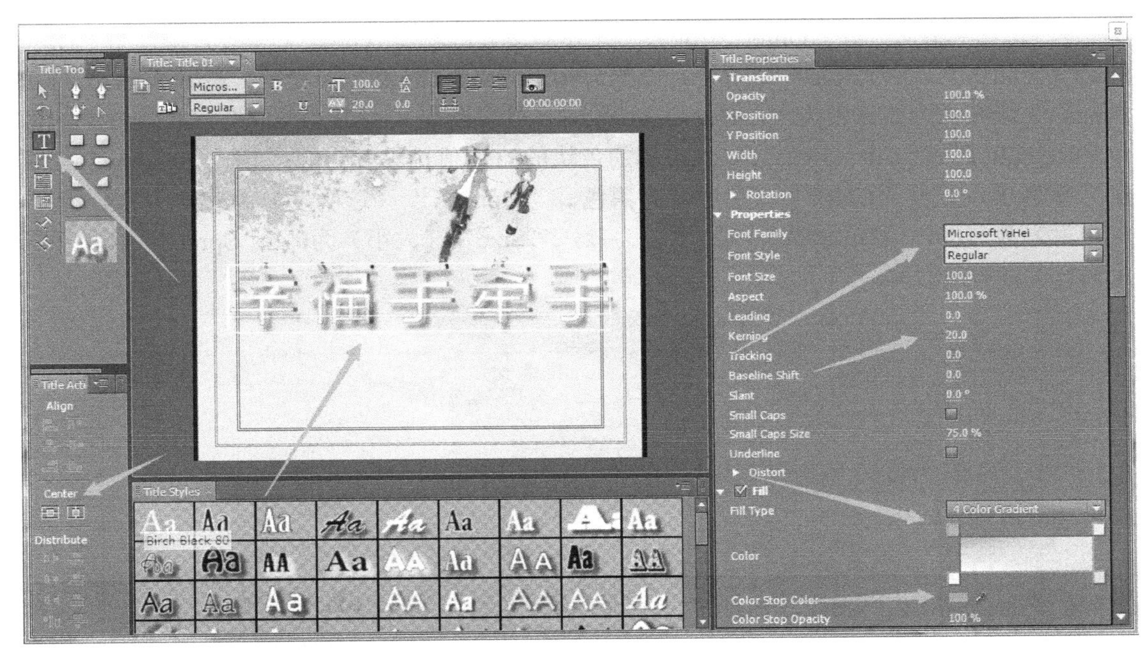

图7-3　创建字幕

步骤06　在“Fill”（填充）区域中勾选“Sheen”（光泽）复选框，设置“Size”（大小）为100，“Angle”（角度）设置为355。在“Strokes”（描边）区域中添加一个“Inner Strokes”（内侧边），将“Size”（大小）设置为5，“Fill Type”（填充类型）设置为线性渐变，设置“Color”（色彩）左侧的色块RGB值为130、240、247，设置“Color”（色彩）右侧色块的RGB值为94、2、8，如图7-4所示。

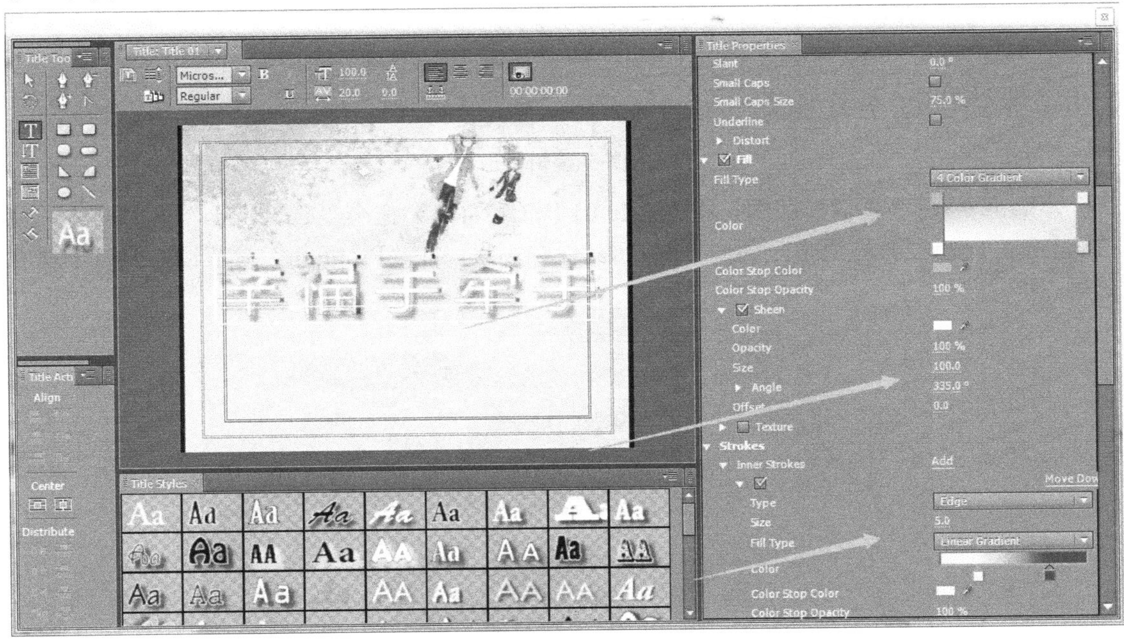

图7-4　编辑字幕

步骤07 添加一处“Outer Strokes”（外侧边），将“Type”（类型）设置为“Drop Face”（凹进），“Angle”（角度）设置为90，“Magnitude”（级别）设置为16，“Fill Type”（填充类型）设置为“Radial Gradient”（放射渐变），将“Color”（色彩）左侧的色块RGB值设置为140、145、145，右侧的色块的RGB值均设置为0，勾选“Shadow”（阴影）复选框，设置“Color”（色彩）为黑色，“Opacity”（透明度）为54%，“Angle”（角度）为-205，“Distance”（距离）为12，“Size”（大小）为0，“Spread”（扩散）为31，如图7-5所示。

图7-5 编辑字幕

步骤08 将字幕窗口关闭，将“Title 01”（字幕01）拖至“Timelines”（时间线）窗口Video 2（视频2）轨道中，如图7-6所示。保存场景，在“Program”（节目）窗口中观看效果。

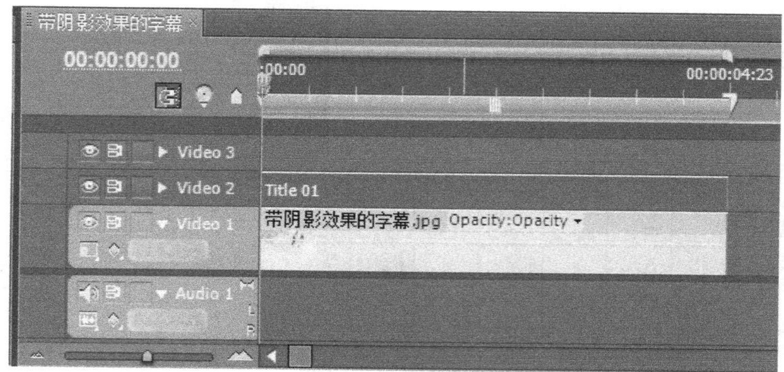

图7-6 预览

活动2　制作滚动字幕

活动内容

1. 新建文件
2. 导入素材
3. 新建字幕
4. 制作并设置水平滚动的字幕
5. 制作并设置垂直滚动的字幕
6. 预览输出

操作步骤

水平滚动的字幕

步骤01　运行Premiere Pro CS5，在欢迎界面中单击“New Project”（新建项目）按钮，在“New Project”（新建项目）对话框中，选择项目的保存路径，对项目进行命名，单击“OK”（确定）按钮。

步骤02　弹出“New Sequence”（新建序列）对话框，在“Sequence Presets”（序列设置）选项卡下“Available Presets”（有效预置）区域中，展开“DV-24P”项，选项其下的“Standard 48kHz”选项，对“Sequence Name”（序列名称）进行设置，单击“OK”（确定）按钮。

步骤03　进入操作界面，在“Project”（项目）窗口中“Name”（名称）区域空白处双击，在打开的Import对话框中选择素材中的“Cha07/水平滚动的字幕.jpg”文件，单击<打开>按钮，如图7-7所示。

步骤04　将导入的素材拖至“Timelines”（时间线）窗口Video1（视频1）轨道中，确定素材处于选中状态，单击鼠标右键，在弹出的快捷菜单中选择“Scale to Frame Size”（适配为当前画面大小）命令。

步骤05　按下<Ctrl+T>组合键，使用默认命名，单击“OK”（确定）按钮，进入字幕窗口，选择“Title Tools”（字幕工具）栏中TypeTool（文字工具）T，在字幕设计栏中输入文字。在“Title Properties”（字幕属性）栏“Properties”（属性）区域中，设置“Font Family”（字体）为“NSimSun”，“FontSize”（字体大小）为35。在“Fill”（填充）区域中将“Color”（色彩）设置为红色，勾选“Shadow”（阴影）复选框，将“Color”（色彩）设置为红色，“Opacity”（透明度）设置为50%，“Angle”（角度）设置为0，“Distance”（距离）设置为0，“Size”（大小）设置为30，“Spread”（扩散）设置为

10，在“Transform”（变换）区域中设置“X Position”（X位置）、“Y Position”（Y位置）分别设置为293.0、90.5，如图7-8所示。

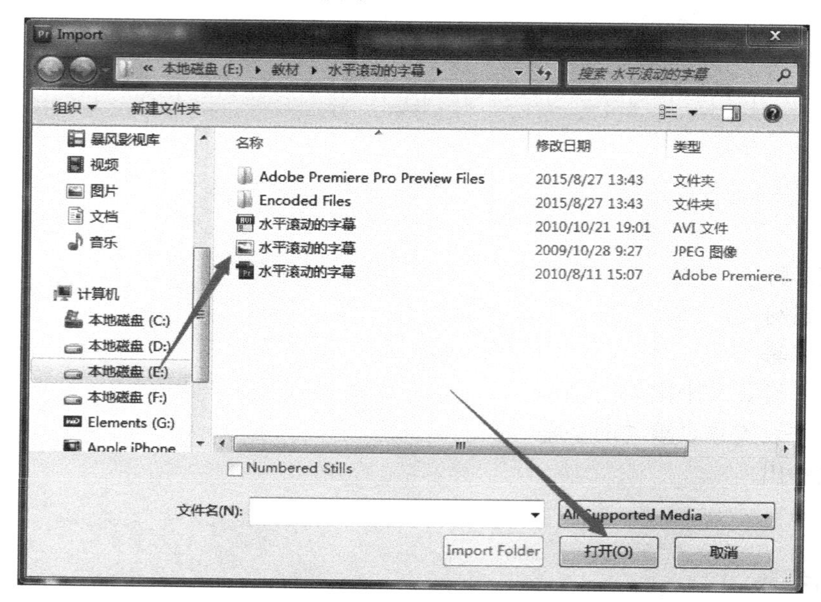

图7-7　打开文件

图7-8　编辑字幕

步骤06　在字幕窗口单击“Roll/Crawl Options”（滚动/游动选项）按钮，弹出“Roll/Crawl Options”（滚动/游动选项）对话框，选择“TitleType”（字幕类型）区域中的“CrawLeft”（左游动）单选按钮，勾选“Timing（Frames）”（时间（帧））区域中的“Start Off Screen”（开始于屏幕外）复选框，单击“OK”（确定）按钮，如图7-9所示。

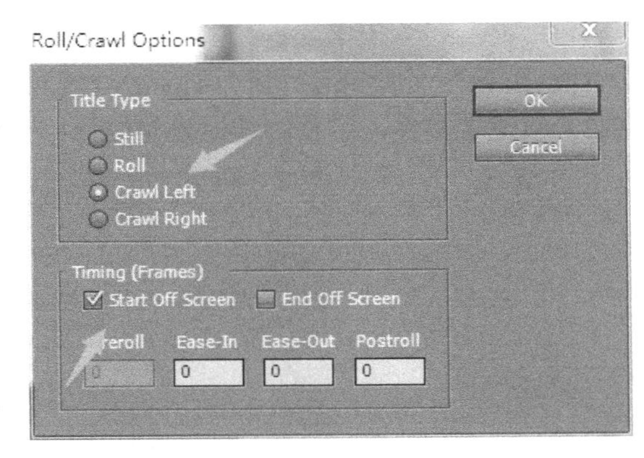

图7-9　设置滚动

步骤07　单击字幕窗口中的“New Title Based On Current Title”（新建字幕）按钮，新建Title02（字幕02），使用“Type Tool”（文字工具）按钮，将字幕设计栏中的文字删除，输入新的文字，在“Title Properties”（字幕属性）栏，将“Properties”（属性）区域中“Font Family”（字体）设置为“NSimSun”，“Font Size”（字体大小）设置为50，“Kerning”（字距）设置为2。“Fill”（填充）与“Shadow”（阴影）区域的参数设置与Title01（字幕01）一样，在“Transform”（交换）区域中，设置“X Position”（X 位置）、“Y Position”（Y位置）分别为510.0、399.0，如图7-10所示。

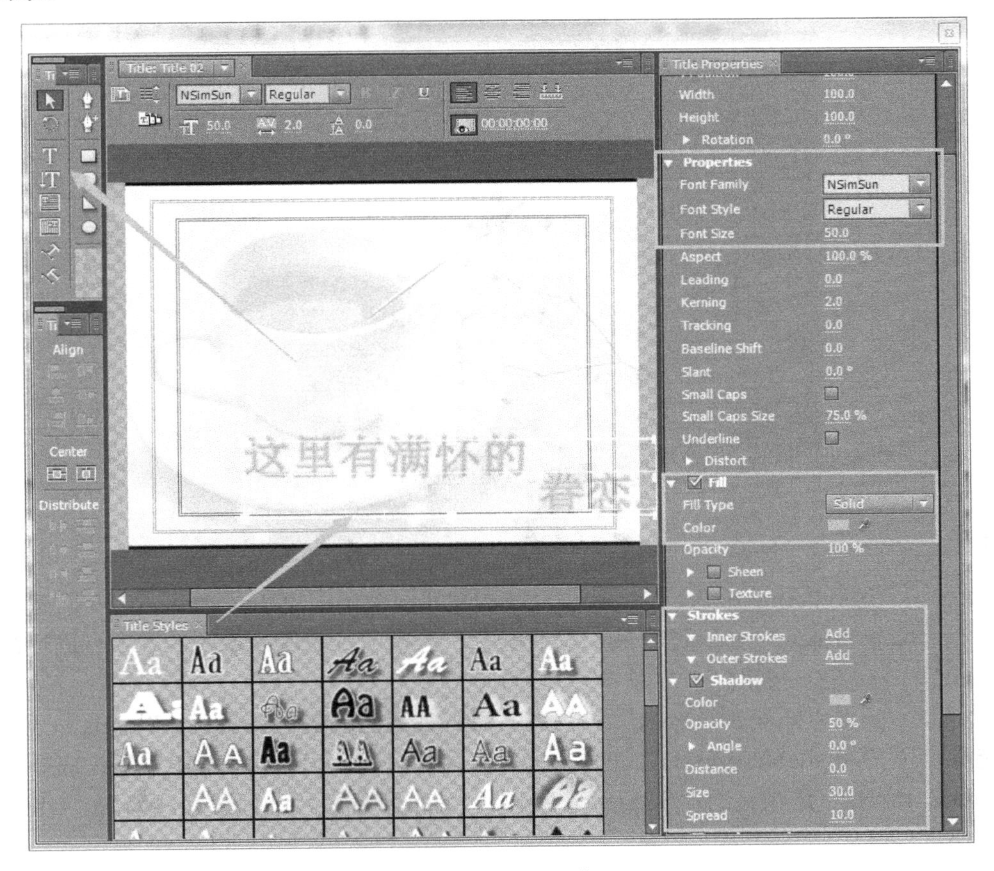

图7-10　新建字幕

步骤08　关闭字幕窗口，将当前时间设置为00:00:05:00，将Title01（字幕01）拖曳至“Timelines”（时间线）窗口Video2（视频2）轨道中，拖动Video1（视频1）、Video2（视频2）轨道中文件、字幕的结尾处与编辑标识线对齐，如图7-11所示。

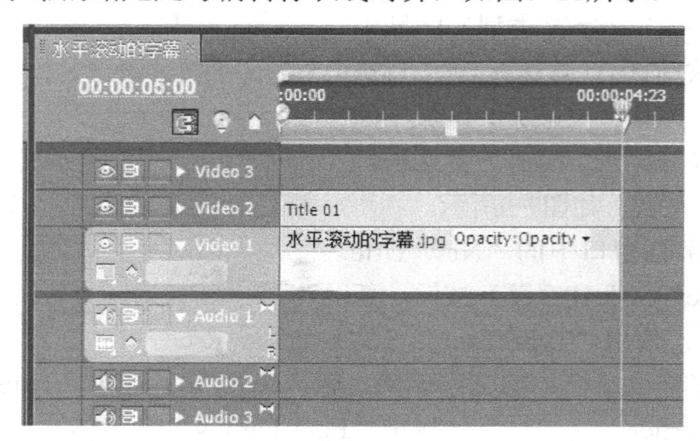

图7-11　调整位置1

步骤09　将当前时间设置为00:00:02:29，将Title02（字幕02）拖曳至“Timelines”（时间线）窗口Video3（视频3）轨道中，将其与编辑标识线对齐，并将其结尾处与其他文件的结尾处对齐，如图7-12所示。

图7-12　调整位置2

垂直滚动的字幕

步骤01　运行Premiere Pro CS5软件，在欢迎界面中单击“New Project”（新建项目）按钮，在“New Project”（新建项目）对话框中，选择项目的保存路径，对项目进行命名，单击“OK”（确定）按钮。

步骤02　弹出“New Sequence”（新建序列）对话框，在“Sequence Presets”（序列设置）选项卡下“Available Presets”（有效预置）区域中，展开“DV-24P”项，选择其下的“Standard 48kHz”选项，对“Sequence Name”（序列名称）进行设置，单击“OK”（确定）按钮。

步骤03　进入操作界面，在“Project”（项目）窗口中“Name”（名称）区域空白处双击，在打开的“Import”对话框中选择素材中的“Cha07/垂直滚动的字幕.jpg”文件，单击“打开”按钮，如图7-13所示。

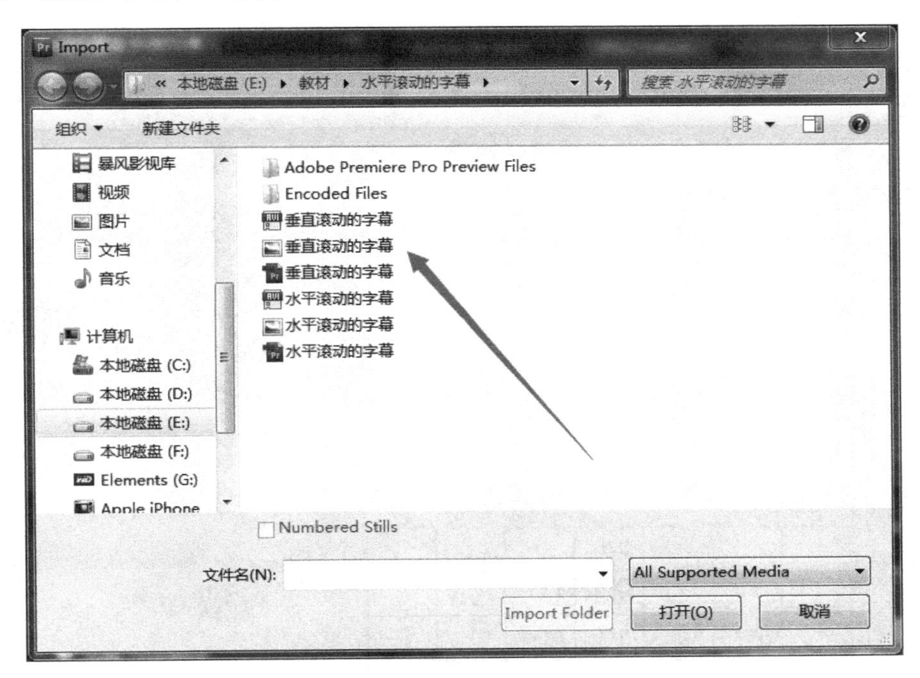

图7-13　打开文件

步骤04　将导入的素材拖至“Timelines”（时间线）窗口Video1（视频1）轨道中，如图7-14所示。

图7-14　将导入的素材拖至Timelines（时间线）窗口Video1（视频1）轨道中

步骤05　按下<Ctrl+T>组合键，使用默认命名，单击“OK”（确定）按钮，进入字幕窗口，选择“Title Tools”（字幕工具）栏中的“Type Tool”（文字工具）T，在字幕设计栏中输入文字。在“Title Properties”（字幕属性）栏“Properties”（属性）区域中，设置“Font Family”（字体）为“NSimSun”，“FontSize”（字体大小）为30，“Leading”（行距）为40。在“Fill”（填充）区域中将“Color”（色彩）设置为黑色，在

“Transform”（变换）区域中设置“X Position”（X位置）、“Y Position”（Y位置）分别设置为336.2、245.3，如图7-15所示。

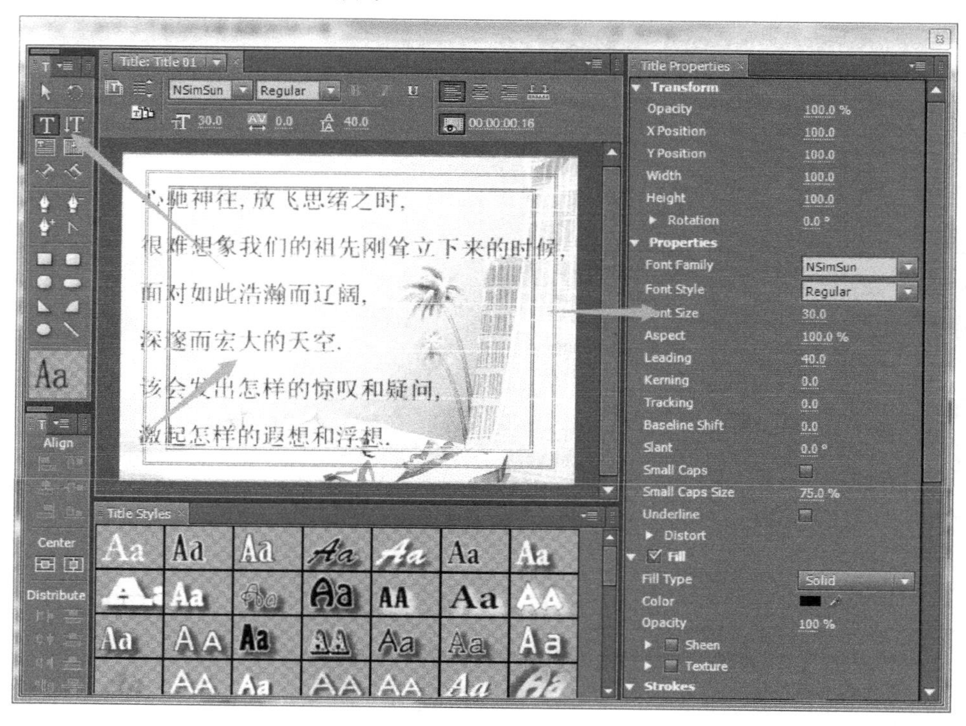

图7-15　创建字幕

步骤06　在字幕窗口单击“Roll/Crawl Options”（滚动/游动选项）按钮，弹出“Roll/Crawl Options”（滚动/游动选项）对话框，选择“Title Type”（字幕类型）区域中的“Roll”（滚动）单选按钮，勾选“Timing（Frames）”[时间（帧）]区域中的“Start Off Screen”（开始于屏幕外）和“End Off Screen”（结束于屏幕外）复选框，单击“OK”（确定）按钮，如图7-16所示。

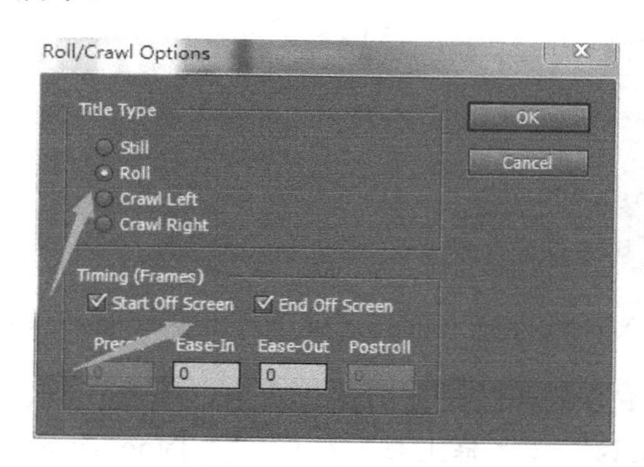

图7-16　设置滚动

步骤07　将Title01（字幕01）拖至“Timelines”（时间线）窗口Video2（视频2）轨道中，并将素材、字幕与其编辑线对齐，如图7-17所示。

图7-17 对齐素材

步骤08 选中Title01（字幕01），切换到“Effects”（特效）面板，选择“Video Effects”（视频特效）→“Transform”（变换）下面的“Crop”（裁剪）特效拖曳到Title01（字幕01）上，如图7-18所示。

图7-18 添加crop特效

步骤09 切换到“Effect Control”（特效控制台）窗口中，在“Crop”（裁剪）区域中将“Top”（顶部）设为12%，“Bottom”（底部）设为12%，如图7-19所示。

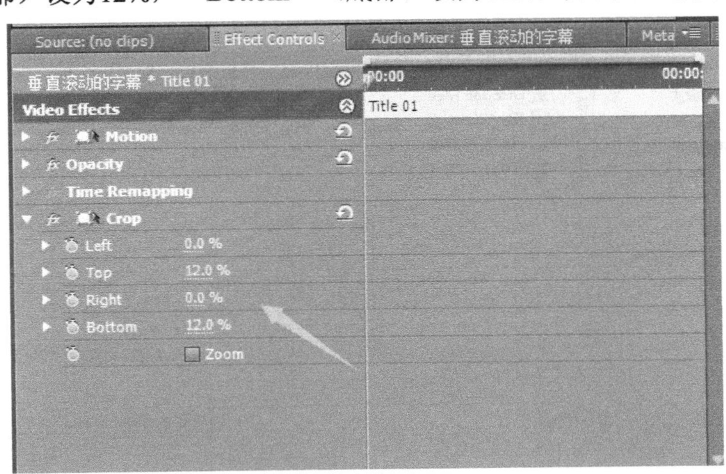

图7-19 设置crop参数

步骤10　保存场景，单击“Program”（节目）窗口中的播放按钮▶，观看效果。

活动3　制作逐字打出的字幕

活动内容

1. 新建文件
2. 导入素材
3. 新建字幕
4. 制作并设置逐字打出的字幕
5. 预览输出

操作步骤

步骤01　运行Premiere Pro CS5软件，在欢迎界面中单击“New Project”（新建项目）按钮，在“New Project”（新建项目）对话框中，选择项目的保存路径，对项目进行命名，单击“OK”（确定）按钮。

步骤02　弹出“New Sequence”（新建序列）对话框，在“Sequence Presets”（序列设置）选项卡下“Available Presets”（有效预置）区域中，展开“DV-24P”项，选择其下的“Standard 48kHz”选项，对“Sequence Name”（序列名称）进行设置，单击“OK”（确定）按钮。

步骤03　进入操作界面，在“Project”（项目）窗口中“Name”（名称）区域空白处双击，在打开的Import对话框中选择素材中“Cha07/逐字打出的字幕.jpg”文件，单击“打开”按钮，如图7-20所示。

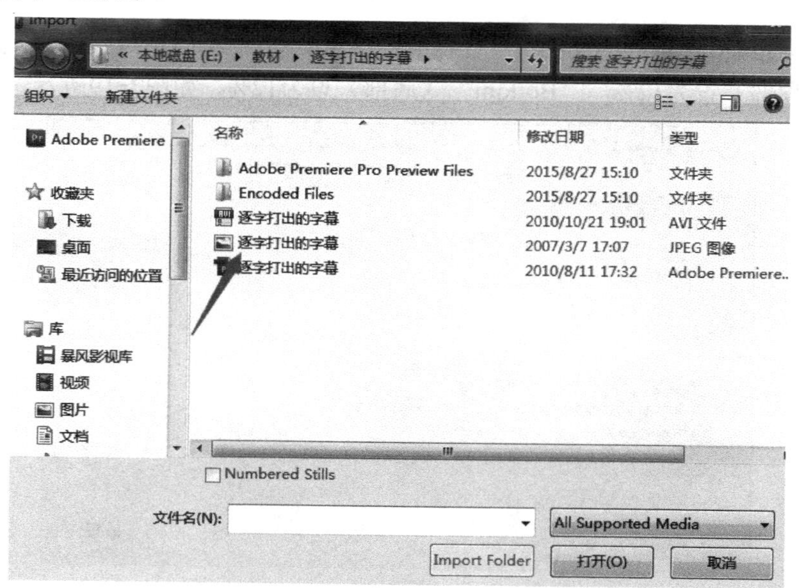

图7-20　打开文件

步骤04　将导入的素材拖至“Timelines”（时间线）窗口Video1（视频1）轨道中，确定素材处于选中状态，单击鼠标右键，在弹出的快捷菜单中选择“Scale to Frame Size”（适配为当前画面大小）命令。

步骤05　按下<Ctrl+T>组合键，使用默认字幕名称，进入字幕窗口，使用“Title Tools”（字幕工具）栏中“Type Tool”（文字工具）T，在字幕设计栏中输入“天使之恋”，设置“Font Family”（字体）为“DFKai-SB”，“Font Size”（字体大小）为90。在“Title Properties”（字幕属性）栏“Fill”（填充）区域中设置“Fill Type”（填充类型）为“Linear Gradient”（线性渐变），将“Color”（色彩）左侧色块的RGB值设置为255、216、0，右侧色块的RGB值设置为255、60、0，勾选“Sheen”复选框，设置Size（大小）为100。在“Strokes”（描边）区域中添加“Outer Strokes”（外侧边），设置“Type”（类型）为“Depth”（凸出），在“Transform”（变换）区域中设置“X Position”（X位置）、“Y Position”（Y位置）分别设置为280.1、158.2，如图7-21和图7-22所示。

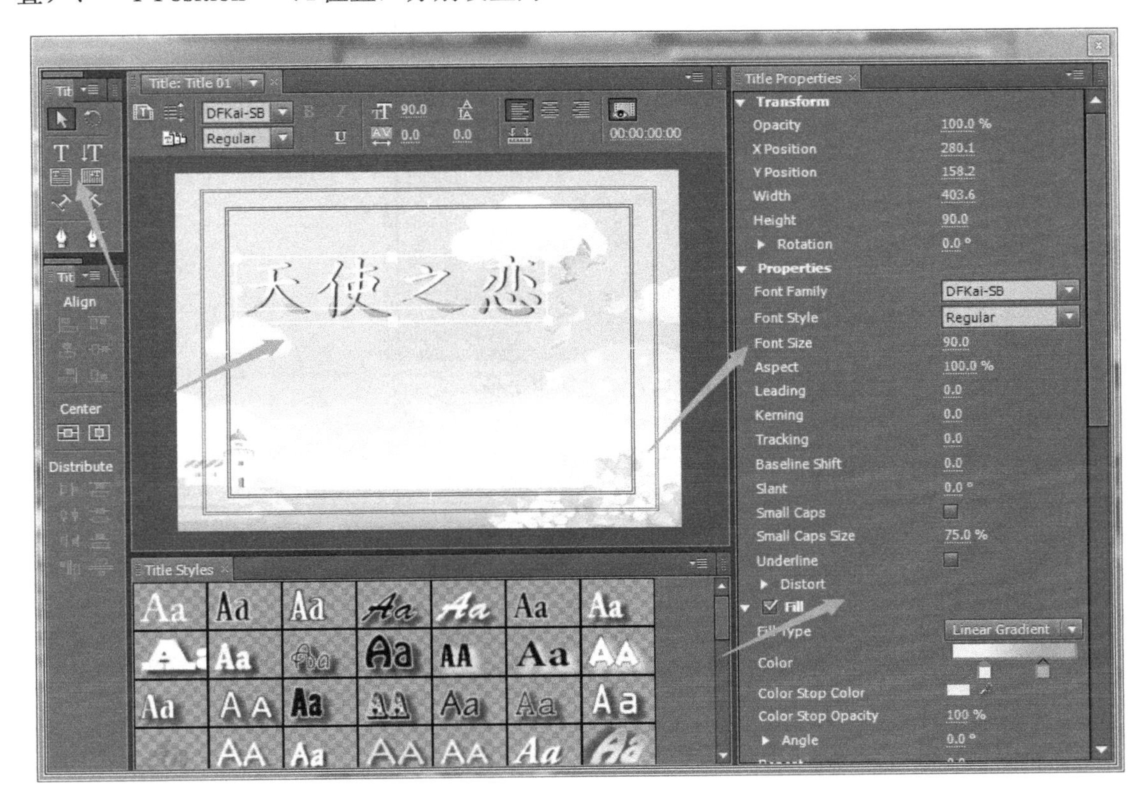

图7-21　创建字幕

步骤06　使用“Type Tool”（文字工具）T，在字幕设计栏中输入“TIAN SHI ZHI LIAN”，在字幕栏中，设置“Font Family”（字体）为“Arial”，“Font Size”（字体大小）为56。在“Title Properties”（字幕属性）栏“Fill”（填充）区域中，设置“Fill Type”（填充类型）为线性渐变，“Color”（色彩）左侧色标的RGB值设置为0、0、225，右侧色标的RGB值设置为255、60、0，勾选“Sheen”（光泽）复选框，将“Size”（大小）为100。在“Strokes”（描边）区域中添加“Outer Strokes”，设置“Type”（类型）

为“Depth”（凸出），在“Transform”（变换）区域中设置“X Position”（X位置）、“Y Position”（Y位置）分别设置为281.6、237.3，如图7-23和图7-24所示。

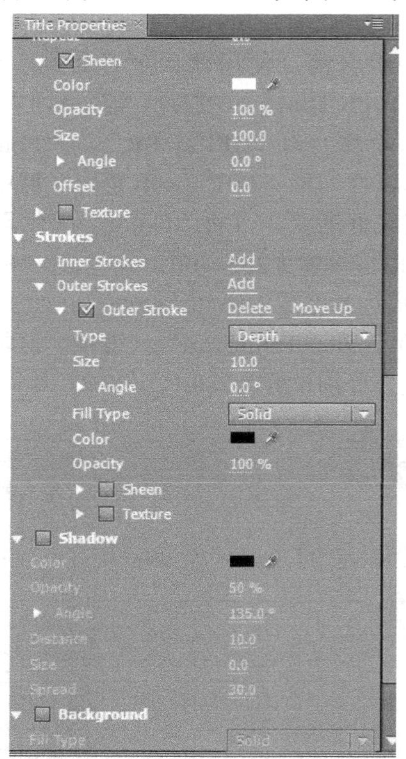

图7-22　编辑字幕

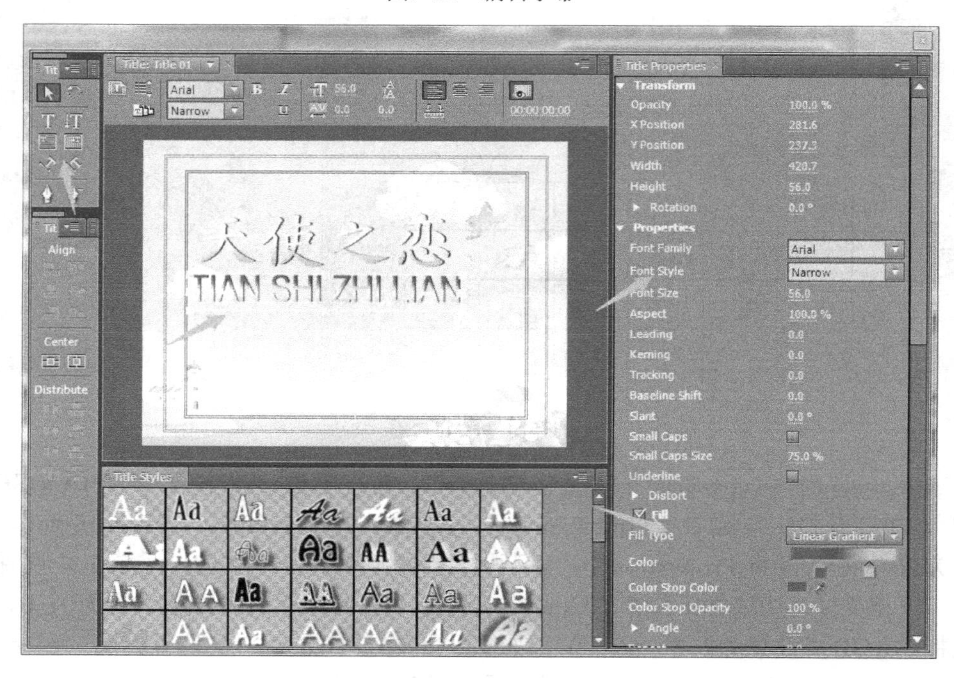

图7-23　创建字幕

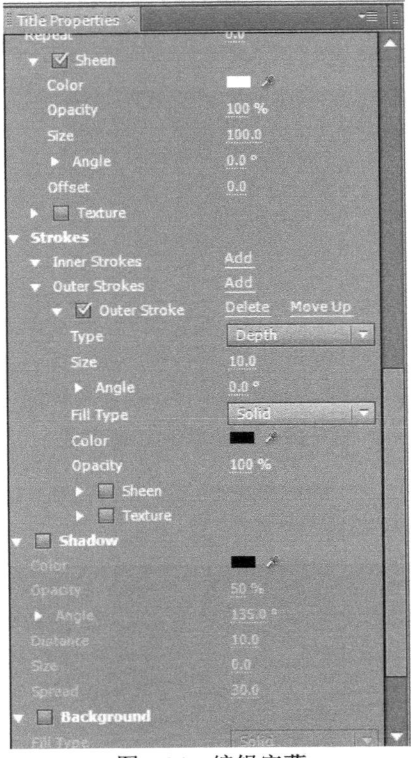

图7-24　编辑字幕

步骤07　关闭字幕窗口，将Title01（字幕01）拖至“Time lines”（时间线）窗口Video2（视频2）轨道中，并调整其与Video1（视频1）对齐，然后为其添加“Crop”（裁剪）特效，如图7-25所示。

图7-25　添加Crop裁剪特效

步骤08　确定当前时间为00:00:00:00，激活“Effect Controls”（特效控制台）面板，设置“Crop”（裁剪）区域中的“Right”（右侧）为89，并单击其左侧的“Toggle Animation”（动画切换）按钮，如图7-26所示。

步骤09　设置当前时间为00:00:00:11，在“Effect Controls”（特效控制台）面板，设置“Crop”（裁剪）区域中的“Right”（右侧）为72，如图7-27所示。

图7-26　设置0帧时Crop参数

图7-27　设置11帧时Crop参数

步骤10　将当前时间设置为00:00:00:18，在“Effect Controls”（特效控制台）面板，单击“Crop”（裁剪）区域下的“Right”（右侧）右侧的“Add/Remove Key frame”（添加/删除关键帧）按钮，添加一处关键帧，如图7-28所示。

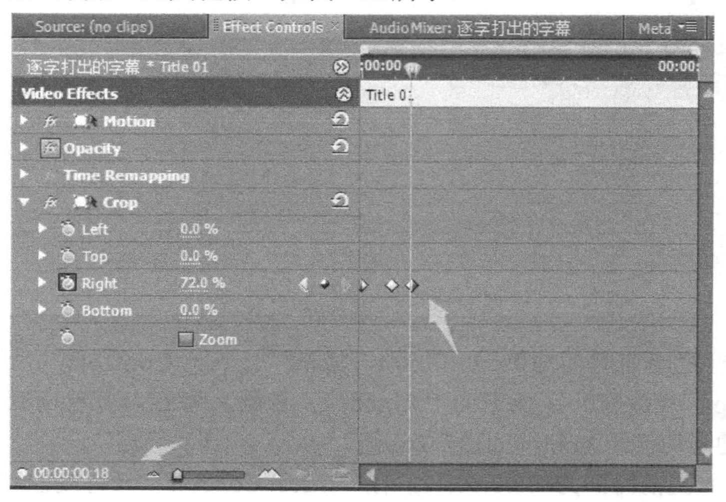

图7-28　设置18帧时Crop参数

步骤11　将当前时间设置为00:00:01:05，在“Effect Controls”（特效控制台）面板，设置“Crop”（裁剪）区域中的“Right”（右侧）为56，如图7-29所示。

图7-29　设置1s05帧时Crop参数

步骤12　将当前时间设置为00:00:01:12，在“Effect Controls”（特效控制台）面板，单击“Crop”（裁剪）区域中的“Right”（右侧）右侧的“Add/Remove Key frame”（添加/删除关键帧）按钮，添加一处关键帧，如图7-30所示。

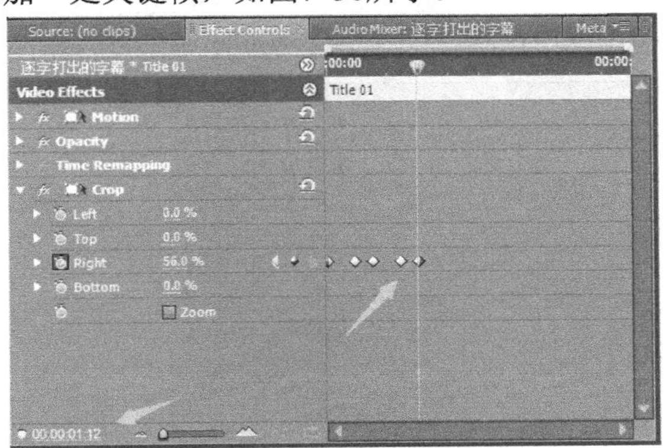

图7-30　设置1s12帧时添加关键帧

步骤13　将当前时间设置为00:00:01:23，在“Effect Controls”（特效控制台）面板，设置“Crop”（裁剪）区域中的“Right”（右侧）为40，如图7-31所示。

图7-31　设置1s23帧时Crop参数

步骤14　将当前时间设置为00:00:02:06，在“Effect Controls”（特效控制台）面板，单击“Right”（右侧）右侧的“Add/Remove Key frame”（添加/删除关键帧）按钮，添加一处关键帧，如图7-32所示。

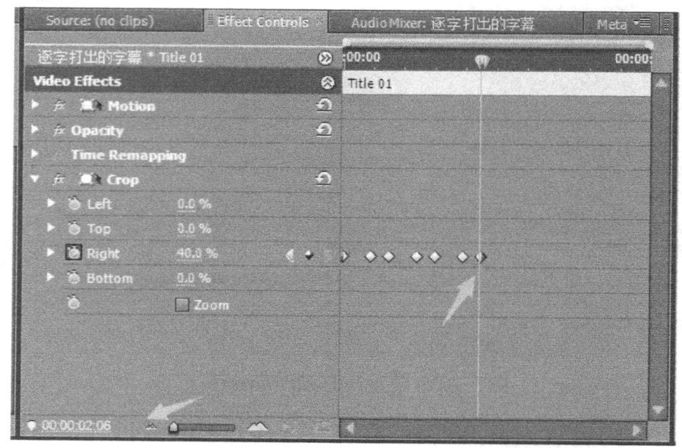

图7-32　设置2s06帧时添加关键帧

步骤15　将当前时间设置为00:00:02:17，在“Effect Controls”（特效控制台）面板，设置“Crop”（裁剪）区域中的“Right”（右侧）为25，如图7-33所示。

图7-33　设置2s27帧时Crop参数

步骤16　保存场景，单击“Program”（节目）窗口中的播放按钮▶，观看效果。

活动4　制作远处飞来的文字

活动内容

1. 新建文件
2. 导入素材
3. 新建字幕
4. 制作并设置远处飞来的文字字幕

5．预览输出

操作步骤

步骤01 运行Premiere Pro CS5软件，在欢迎界面中单击“New Project”（新建项目）按钮，在“New Project”（新建项目）对话框中，选择项目的保存路径，对项目进行命名，单击“OK”（确定）按钮。

步骤02 弹出“New Sequence”（新建序列）对话框，在“Sequence Presets”（序列设置）选项卡下“Available Presets”（有效预置）区域中，展开“DV-24P”项，选择其下的“Standard 48kHz”选项，对“Sequence Name”（序列名称）进行设置，单击“OK”（确定）按钮。

步骤03 进入操作界面，在“Project”（项目）窗口中“Name”（名称）区域空白处双击，在打开的Import对话框中选择素材中“Cha07/文字从远处飞来.jpg”文件，单击“打开”按钮，如图7-34所示。

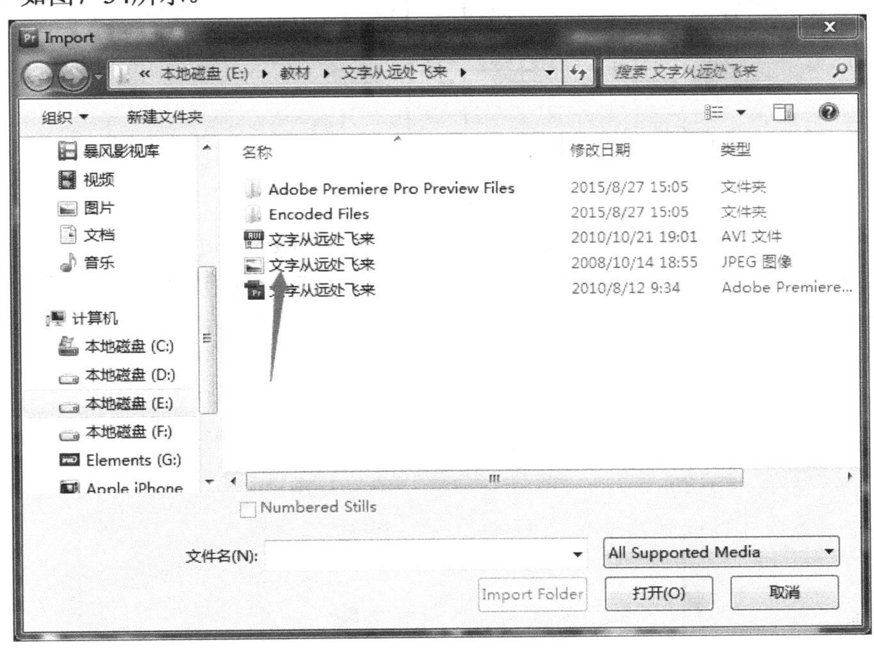

图7-34 打开文件

步骤04 将导入的素材拖至“Timelines”（时间线）窗口Video1（视频1）轨道中，确定素材处于选中状态，单击鼠标右键，在弹出的快捷菜单中选择“Scale to Frame Size”（适配为当前画面大小）命令。

步骤05 按下<Ctrl+T>组合键，使用默认字幕名称，进入字幕窗口，使用“Title Tools”（字幕工具）栏中“Type Tool”（文字工具）T，在字幕设计栏中输入文字。在“Title Properties”（字幕属性）栏，设置“Properties”（属性）区域中的“Font Family”（字体）为“Simsun”，“Font Size”（字体大小）为50，“Title Style”（字幕样式）为“Hobo Medium Gold 58”。在“Transform”（变换）区域中设置“Rotation”（旋转）为

21.0，“X Position”（X位置）、“Y Position”（Y位置）分别设置为424.6、102.8，如图7-35所示。

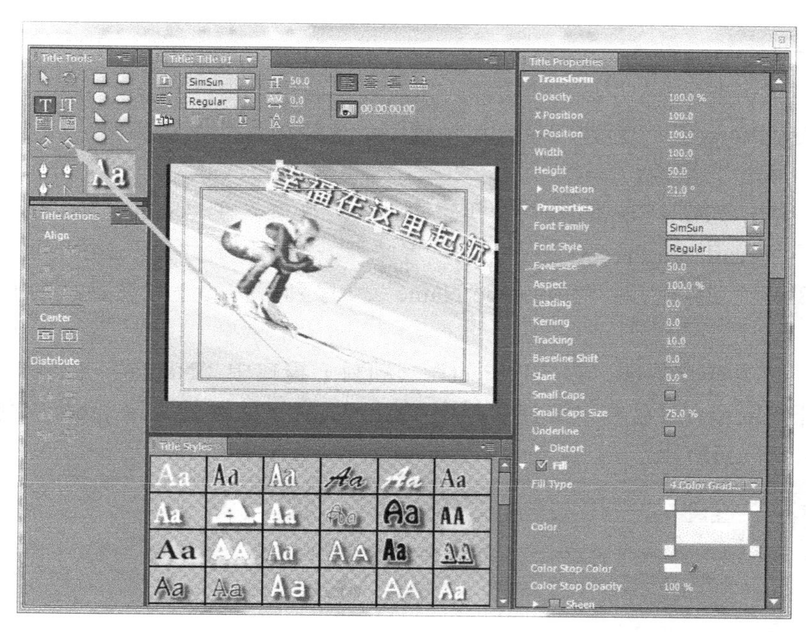

图7-35　创建字幕

步骤06　单击字幕窗口中的“New Title Based On Current Title”（新建字幕）按钮，新建Title02（字幕02），字体和字幕1相同。在“Transform”（变换）区域中设置“Rotation”（旋转）为335.0，“X Position”（X位置）、“Y Position”（Y位置）分别设置为408.8、354.2，如图7-36所示。

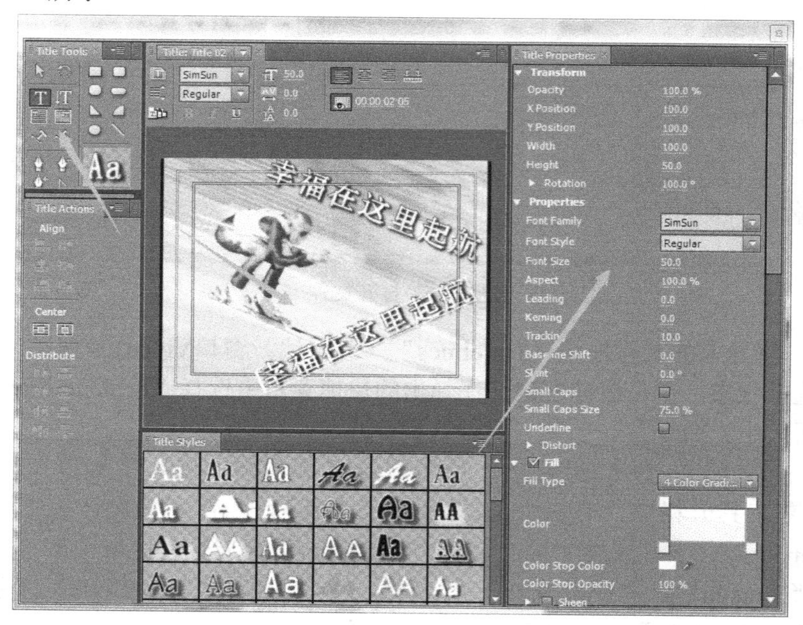

图7-36　创建字幕

步骤07　单击字幕窗口中“New Title Based On Current Title”（新建字幕）按钮，新建Title03（字幕03），字体和Title01（字幕01）相同。在“Transform”（变换）区域中设置“Rotation”（旋转）为98.0，“X Position”（X位置）、“Y Position”（Y位置）分别设置为65.0、228.8，如图7-37所示。

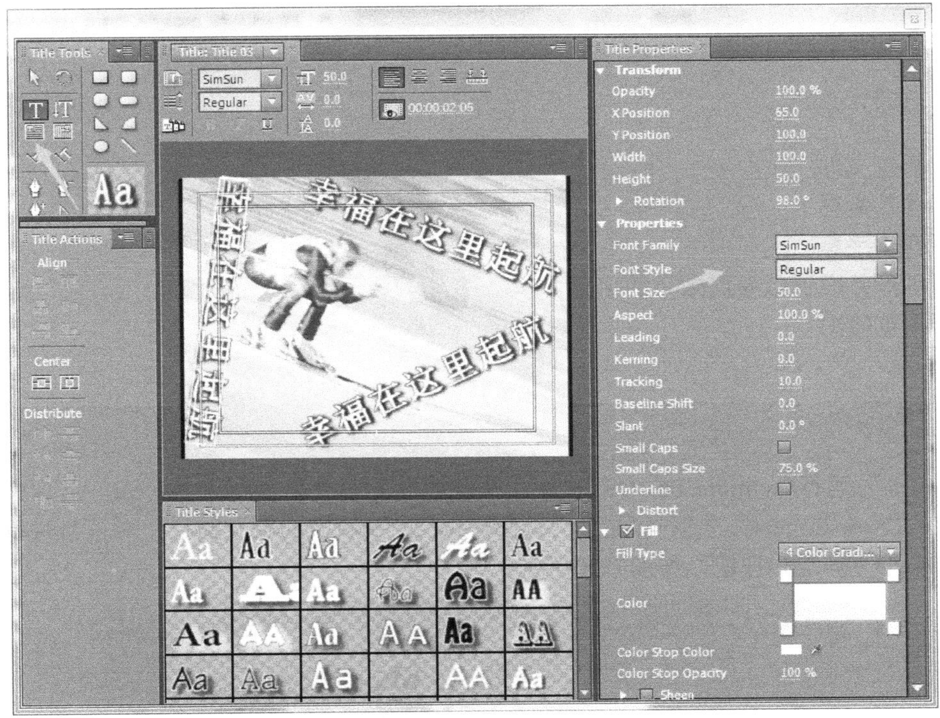

图7-37　创建字幕

步骤08　关闭字幕窗口，分别将Title01（字幕01）、Title02（字幕02）、Title03（字幕03）拖至“Timelines”（时间线）窗口Video2（视频2）、Video3（视频3）、Video4（视频4）轨道中，并将其对齐，分别为三个字幕添加“Spin Away”（旋转离开）效果，如图7-38所示。

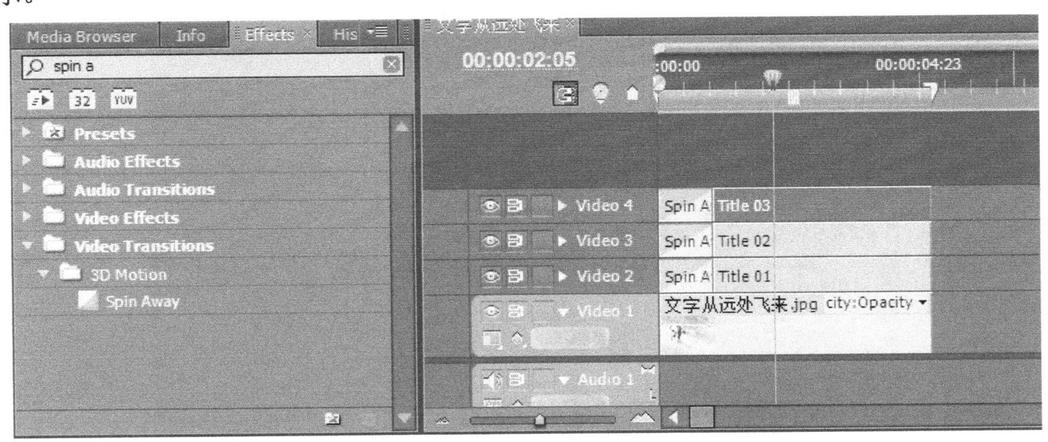

图7-38　为三个字幕添加Spin Away（旋转离开）效果

步骤09　保存场景，单击“Program”（节目）窗口中的播放按钮▶，观看效果。

活动5　制作带卷展效果的字幕

活动内容

1．新建文件
2．导入素材
3．新建字幕
4．制作并设置带卷展效果的字幕
5．预览输出

操作步骤

步骤01　运行Premiere Pro CS5软件，在欢迎界面中单击“New Project”（新建项目）按钮，在“New Project”（新建项目）对话框中，选择项目的保存路径，对项目进行命名，单击“OK”（确定）按钮，如图7-39所示。

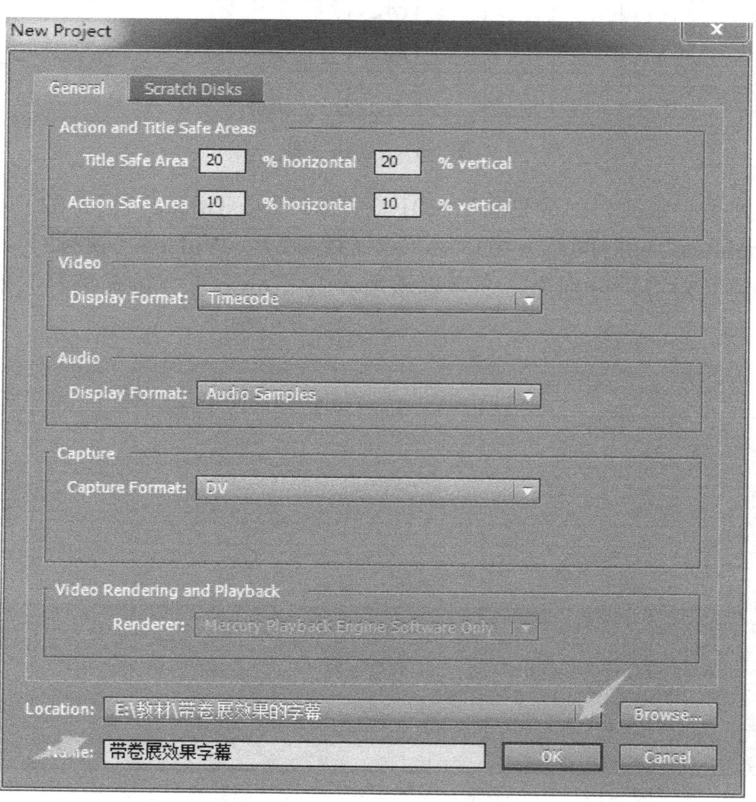

图7-39　新建项目

步骤02 弹出“New Sequence”（新建序列）对话框，在“Sequence Presets”（序列设置）选项卡下“Available Presets”（有效预置）区域中，展开“DV-24P”项，选择其下的“Standard 48kHz”选项，对“Sequence Name”（序列名称）进行设置，单击“OK”（确定）按钮，如图7-40所示。

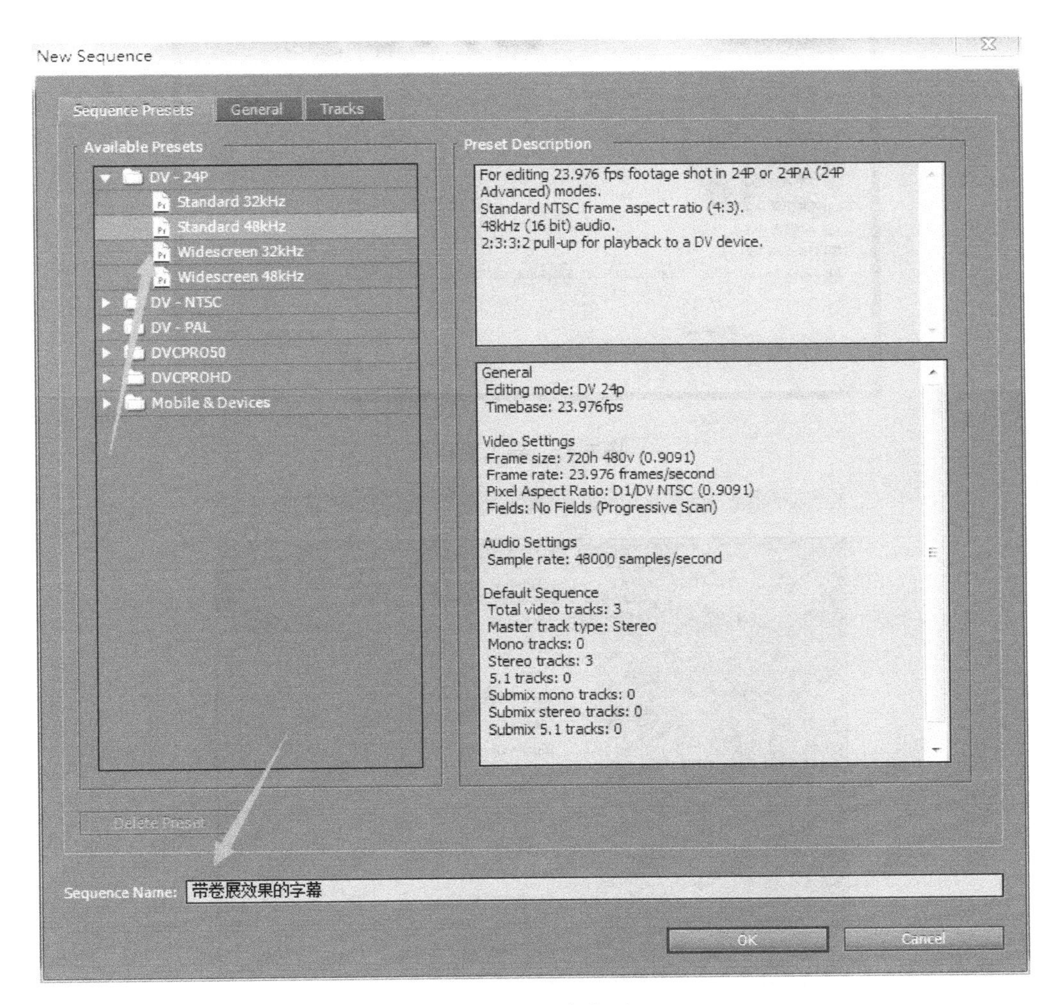

图7-40 新建序列

步骤03 进入操作界面，在“Project”（项目）窗口中“Name”（名称）区域空白处双击，在打开的Import对话框中选择素材中的“Cha07/带卷展效果的字幕.jpg”文件，单击“打开”按钮，如图7-41所示。

步骤04 由于导入的素材中含有分层文件，弹出“Import Layered File”（导入分层文件）对话框，设置“Import As”（导入为）“Individual Layers”（单个图层），单击“OK”（确定）按钮，将素材文件导入到“Project”（项目）窗口中。

步骤05 将导入的“带卷展效果的字幕02.psd”文件拖至“Timelines”（时间线）窗口Video1（视频1）轨道中，在素材文件上单击鼠标右键，在弹出的快捷菜单中选择“Scale to

Frame Size”（适配为当前画面大小）命令，如图7-42所示。

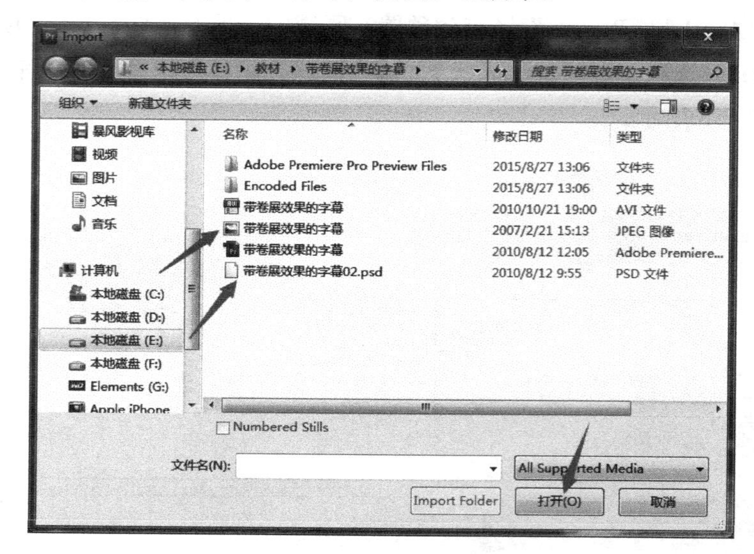

图7-41　导入素材

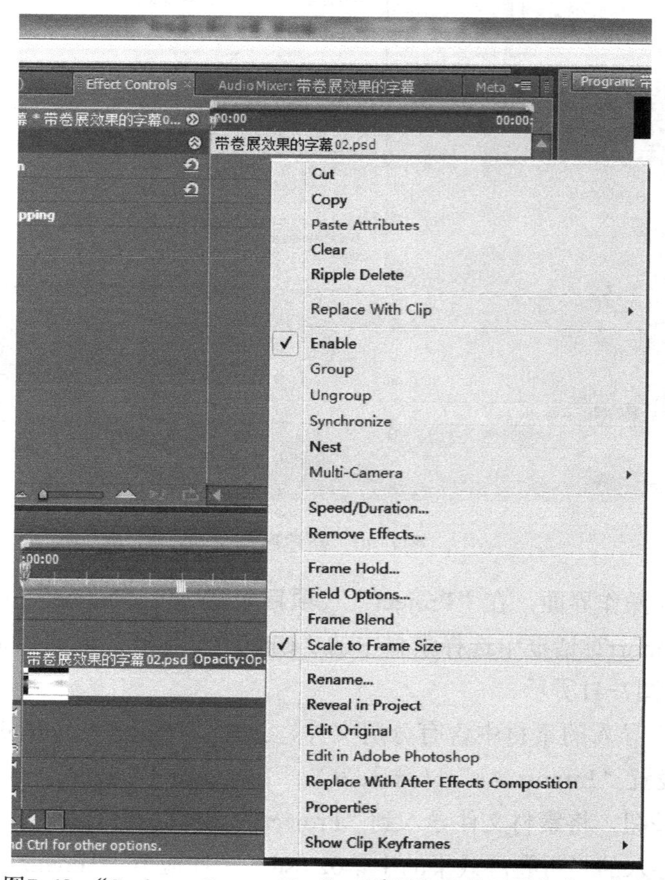

图7-42　“Scale to Frame Size”（适配为当前画面大小）命令

步骤06　为“带卷展效果的字幕02.psd”文件添加“Roll Away”（卷走）切换效果，如图7-43所示。

图7-43　添加Roll Away（卷走）切换效果

步骤07　确定“Roll Away”（卷走）切换效果处于选中状态，激活“Effect Controls”（特效控制台）面板，勾选“Reverse”（反转）复选框，如图7-44所示。

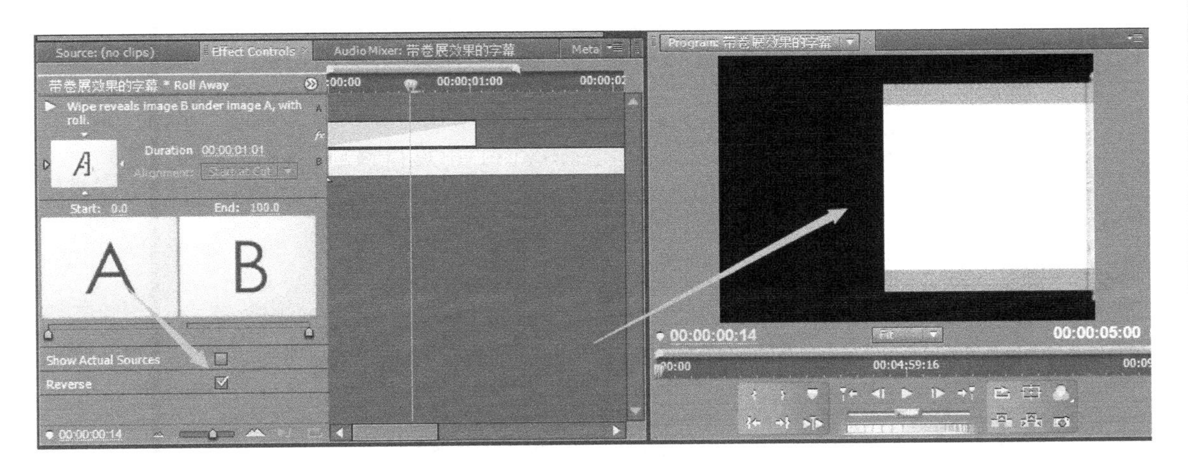

图7-44　设置切换效果

步骤08　将当前时间设置为00:00:01:06，将“带卷展效果的字幕.jpg”文件拖至“Timelines”（时间线）窗口Video2（视频2）轨道中，与编辑标识线对齐，并单击鼠标右键，在弹出的快捷菜单中选择“Scale to Frame Size”（适配为当前画面大小）命令，如图7-45所示。将“带卷展效果的字幕.jpg”文件的结尾与Video1（视频1）轨道中文件的结尾处对齐，为其添加“Roll Away”（卷走）切换效果，确定切换效果处于选中状态，在“Effect Controls”（特效控制台）面板中，勾选“Reverse”（反转）复选框。

步骤09　确定“带卷展效果的字幕.jpg”文件处于选中状态，激活“Effect Controls”（特效控制台）面板，在“Motion”（运动）区域中，取消勾选“Uniform Scale”（等比缩放）复选框，设置“Scale Height”（缩放高度）、“Scale Width”（缩放宽度）分别为82、

89，“Position”（位置）为（357，240）。

步骤10　按下<Ctrl+T>组合键，新建Title01（字幕01），进入字幕窗口，使用“Type Tool”（文字工具）T，在字幕设计栏中输入“枫桥夜泊　张继”，选中“枫桥夜泊”，在“Title Properties”（字幕属性）栏“Properties”（属性）区域中设置“Font Family”（字体）为“SimSun”，“Font Size”（字体大小）为30，“Leading”（行距）为5。在“Fill”（填充）区域中将“Color”（色彩）设置为“黑色”，如图7-46所示。选中“张继”，在“Title Properties”（字幕属性）栏中设置“Font Size”（字体大小）为20，其他参数与“枫桥夜泊”相同。

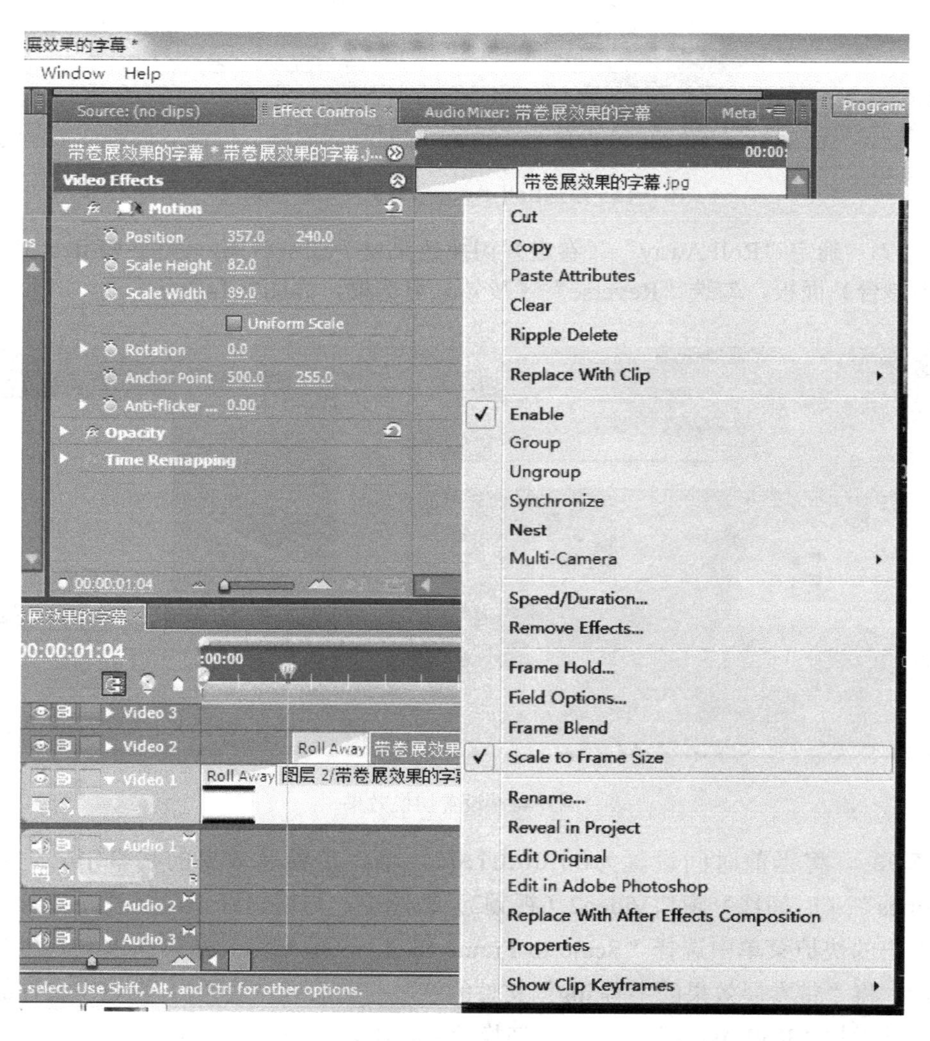

图7-45　Scale to Frame Size（适配为当前画面大小）命令

步骤11　使用“Type Tool”（文字工具）T，在字幕设计栏中输入诗句，在“Title Properties”（字幕属性）栏，设置“Properties”（属性）区域中的“Font Family”（字体）为“SimSun”，“Font Size”（字体大小）为25，“Leading”（行距）为18。在

"Fill"（填充）区域中，设置"Color"（色彩）为黑色，如图7-47所示，调整所有文本的位置，关闭字幕窗口。

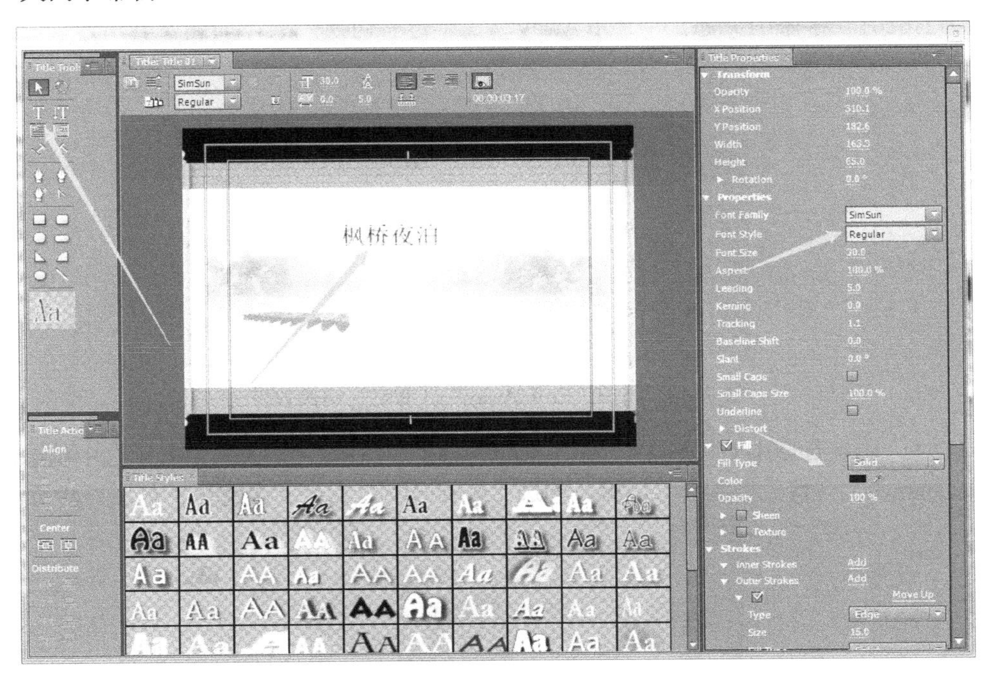

图7-46　新建字幕

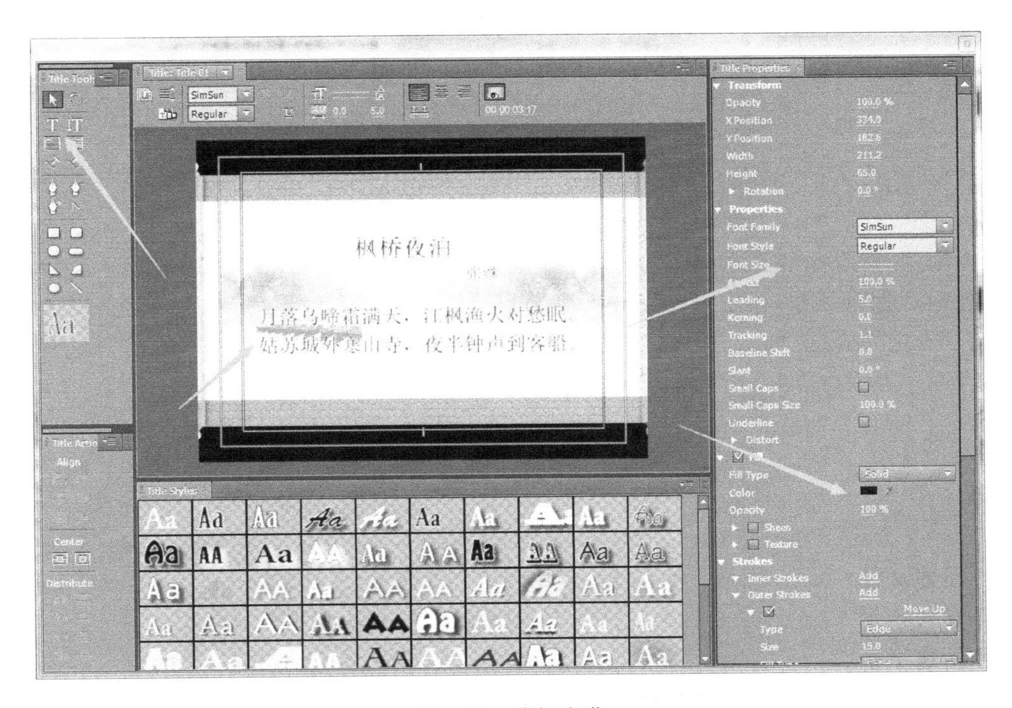

图7-47　编辑字幕

步骤12　将当前时间设置为00:00:02:12，将Title01（字幕01）拖至“Timelines”（时间线）窗口Video3（视频3）轨道中，与编辑标识线对齐，并将其结尾处与其他文件的结尾处对齐，为Title01（字幕01）添加“Roll Away”（卷走）切换效果，如图7-48所示。

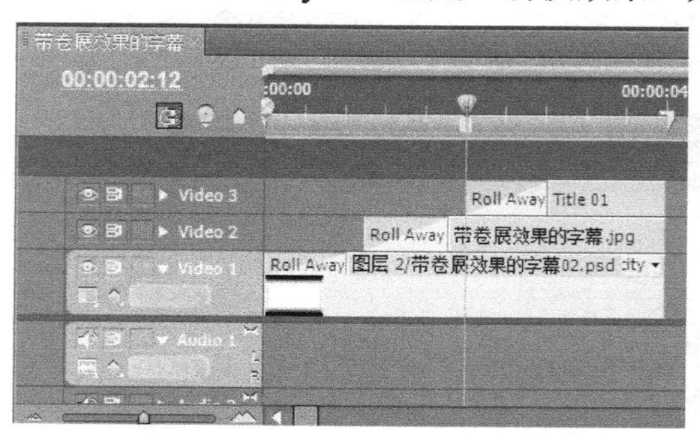

图7-48　添加“Roll Away”（卷走）切换效果

步骤13　确定Title01（字幕01）上的“Roll Away”（卷走）切换效果处于选中状态，激活“Effect Controls”（特效控制台）面板，勾选“Reverse”（反转）复选框，如图7-49所示。

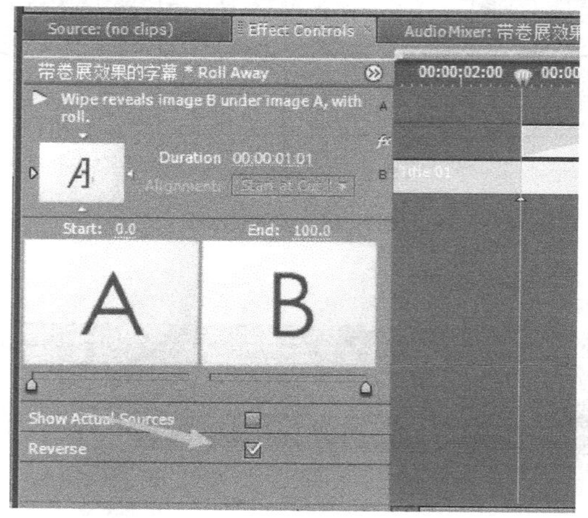

图7-49　设置切换效果

步骤14　保存场景，在“Program”（节目）窗口中观看效果。

活动6　制作沿自定义路径运动的字幕

活动内容

1. 新建文件
2. 导入素材
3. 新建字幕
4. 制作并设置沿自定义路径运动的字幕
5. 预览输出

操作步骤

步骤01　运行Premiere Pro CS5软件，在欢迎界面中单击“New Project”（新建项目）按钮，在“New Project”（新建项目）对话框中，选择项目的保存路径，对项目进行命名，单击“OK”（确定）按钮。

步骤02　弹出“New Sequence”（新建序列）对话框，在“Sequence Presets”（序列设置）选项卡下“Available Presets”（有效预置）区域中，展开“DV-24P”项，选择其下的“Standard 48kHz”选项，对“Sequence Name”（序列名称）进行设置，单击“OK”（确定）按钮。

步骤03　进入操作界面，在“Project”（项目）窗口中“Name”（名称）区域空白处双击，在打开的Import对话框中选择素材中的“Cha07/沿路径运动的字幕.jpg”文件，单击“打开”按钮，如图7-50所示。

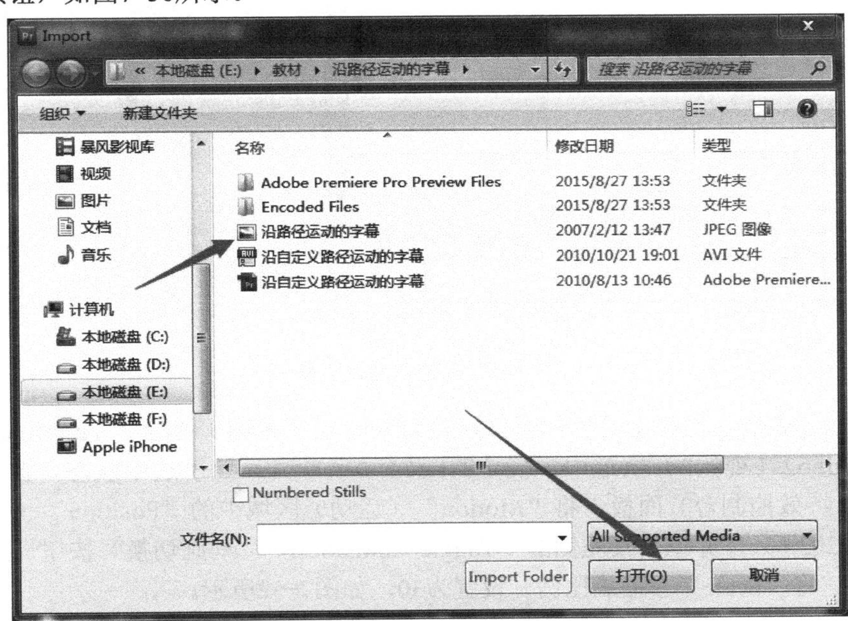

图7-50　导入素材

步骤04　将导入的素材拖至“Timelines”（时间线）窗口Video1（视频1）轨道中，并单击鼠标右键素材文件，在弹出的快捷菜单中选择“Scale to Frame Size”（适配为当前画面大小）命令。

步骤05　按下<Ctrl+T>组合键，使用默认命名，进入字幕窗口，使用“Type Tool”（文字工具）T，在字幕设计栏中输入“爱”，并将其选中，在“Title”（字幕）栏中设置“Font Family”（字体）为“DFKai-SB”，“Font Size”（字体大小）为120。在“Title Properties”（字幕属性）栏，将“Properties”（属性）区域中的“Tracking”（跟踪）设置为1。在“Fill”（填充）区域中，将“Fill Type”（填充类型）设置为“Bevel”（斜角边），“Highlight Color”（高亮颜色）的RGB设置为255、231、11，“Shadow Color”（阴影颜色）RGB值设置为192、0、46。“Size”（大小）设置为36，勾选“Lit”（变亮）复选框，将“Light Magnitude”（亮度级别）设置为72。勾选“Shadow”（阴影）复选框，将“Color”（色彩）设置为黑色，“Opactiy”（透明度）设置为96%，“Angle”（角度）

设置为0，“Distance”（距离）设置为5，“Size”（大小）设置为0，“Spread”（扩散）设置为60，如图7-51所示，调整文本的位置。采用同样的方法设置其他三个字幕。

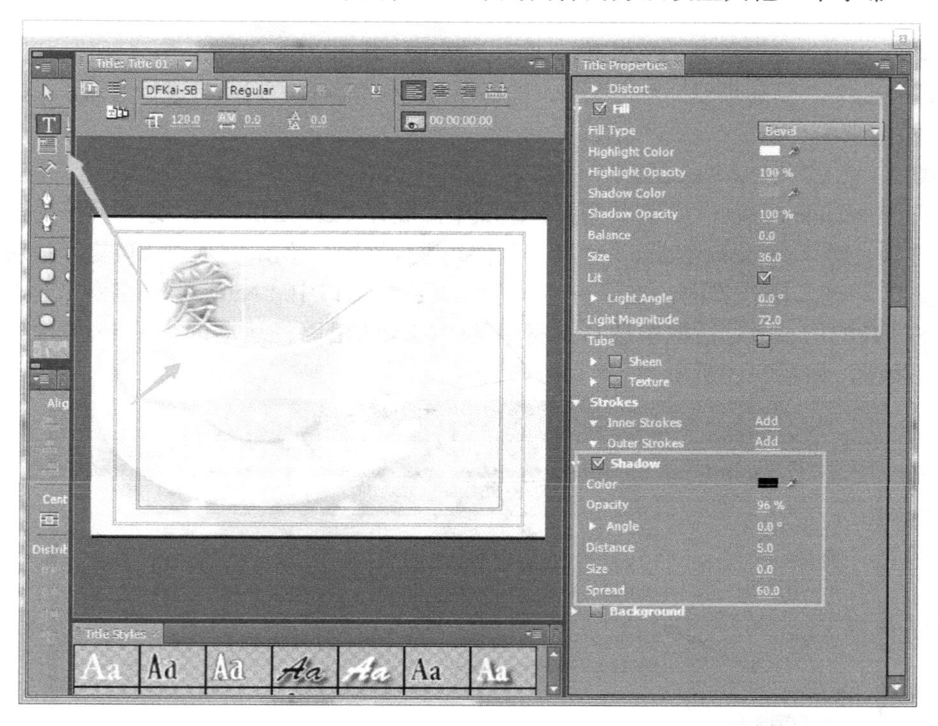

图7-51　创建并编辑字幕

步骤06　设置完成后关闭字幕窗口，将Title01（字幕01）拖至“Timelines”（时间线）窗口Video2（视频2）轨道中，确定Title01（字幕01）处于选中状态，激活“Effect Controls”（特效控制台）面板，将“Motion”（运动）区域中的“Position”（位置）设置为（141.2，203.6），并单击其左侧的“Toggle Animation”（动画切换）按钮，打开动画关键帧的记录，将“Scale”（缩放比例）设置为30，如图7-52所示。

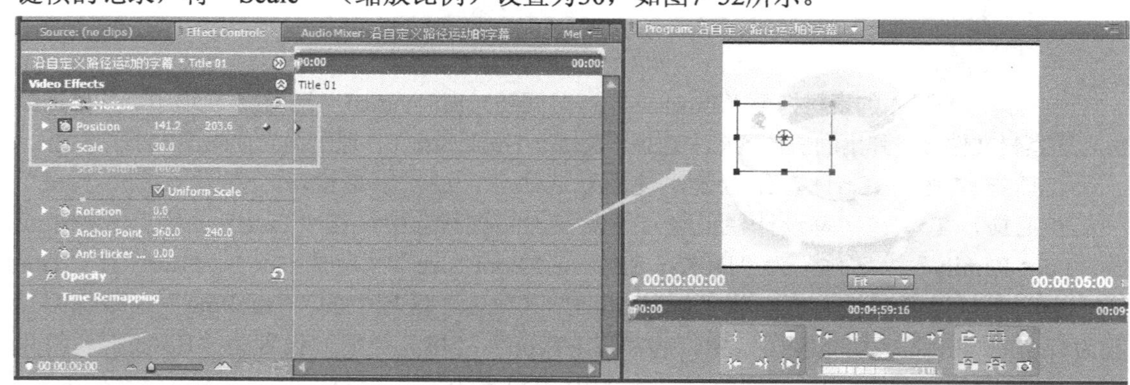

图7-52　设置0帧时的缩放比例

步骤07　将当前时间设置为00:00:00:18，激活“Effect Controls”（特效控制台）面板，设置“Position”（位置）设置为（360.0，122.1），如图7-53所示，在“Program”（节

目）窗口中调整关键帧路径。

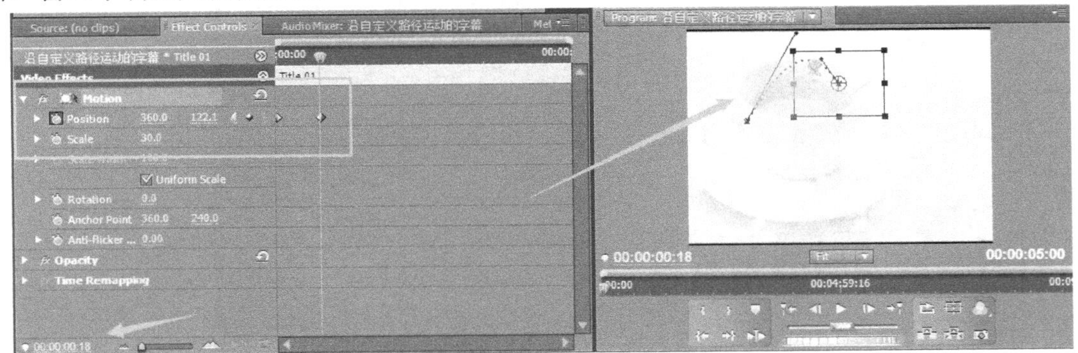

图7-53　设置18帧时的位移参数

步骤8　将当前时间设置为00:00:01:11，在“Effect Controls”（特效控制台）面板中“Motion”（运动）区域中的“Position”（位置）设置为（360，240），如图7-54所示。

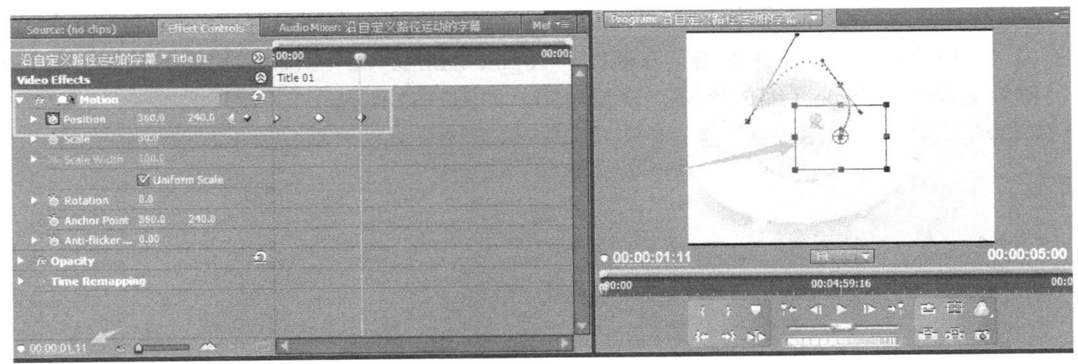

图7-54 设置1s11帧时的位移参数

步骤09　设置当前时间为00:00:01:10，在“Effect Controls”（特效控制台）面板中“Motion”（运动）区域中单击“Scale”（缩放比例）左侧的“Toggle animation”（动画切换）按钮，打开动画关键帧记录。将当前时间设置为00:00:01:11，将“Motion”（运动）区域中的“Scale”（缩放比例）设置为100，如图7-55和图7-56所示。

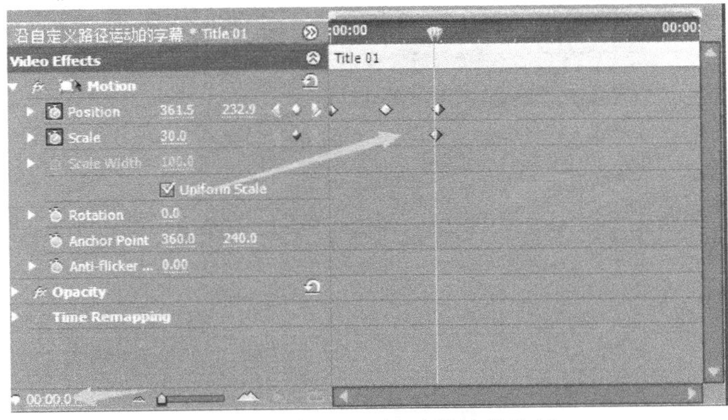

图7-55　设置1s10帧时的缩放比例

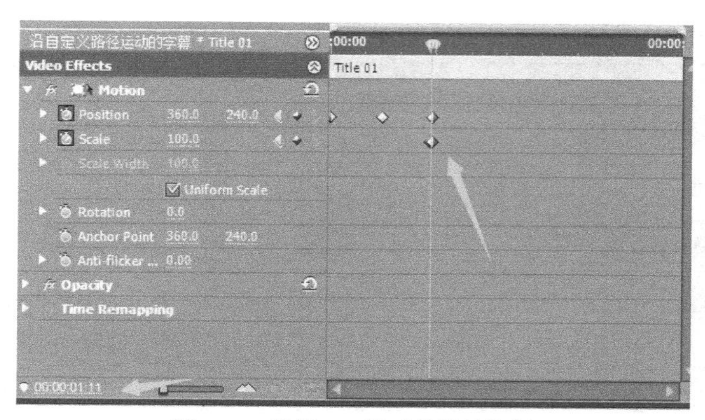

图7-56　设置1s11帧时的缩放比例

步骤10　将Title02（字幕02）拖至“Timelines”（时间线）窗口Video3（视频3）轨道中，将当前时间设置为00:00:00:09，确定Title02（字幕02）处于选中状态，激活“Effect Controls”（特效控制台）面板，在“Motion”（运动）区域中，设置“Position”（位置）设置为（110.6，165.0），并单击其左侧的“Toggle Animation”（动画切换）按钮，打开动画关键帧记录，将Scale（缩放比例）设置为30，如图7-57所示。

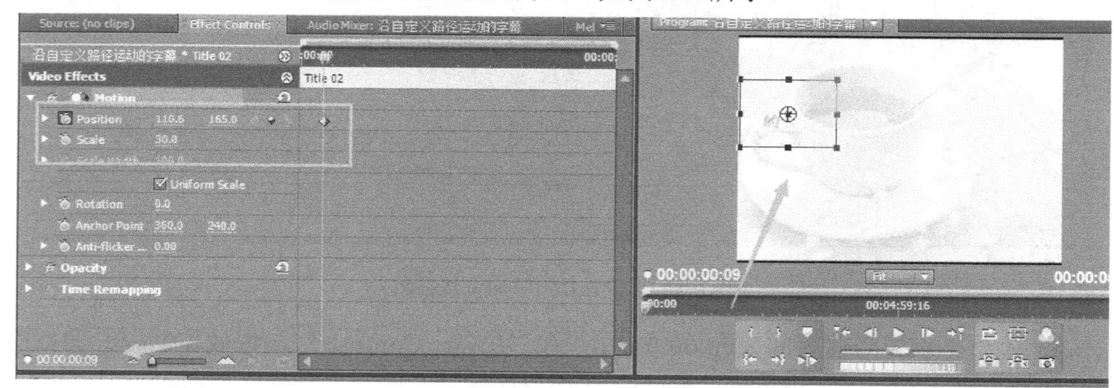

图7-57　设置9帧时的缩放比例和位移参数

步骤11 将当前时间设置为00:00:00:21，在“Effect Controls”（特效控制台）面板中，设置“Position”（位置）设置为（388.2，188.6），如图7-58所示。

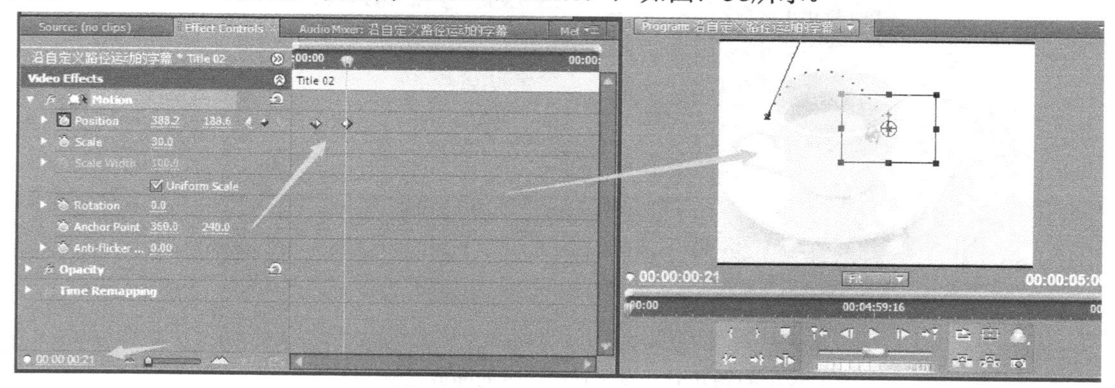

图7-58　设置21帧时的位移参数

步骤12　将当前时间设置为00:00:01:10，在“Effect Controls”（特效控制台）面板中，设置“Position”（位置）设置为（360，240），如图7-59所示。

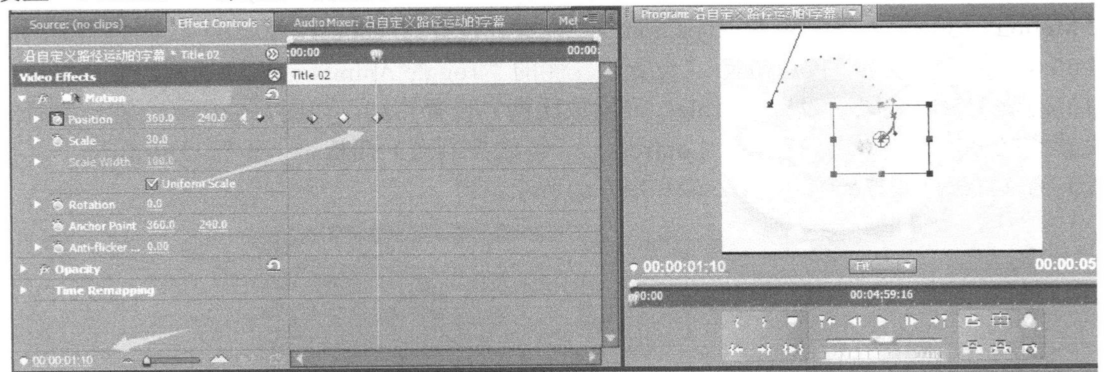

图7-59　设置1s10帧时的位移参数

步骤13　将当前时间设置为00:00:01:09，在“Effect Controls”（特效控制台）面板，单击“Motion”（运动）区域中单击“Scale”（缩放比例）左侧的“Toggle Animation”（动画切换）按钮，打开动画关键帧记录。将当前时间设置为00:00:01:10，在“Effect Controls”（特效控制台）面板中，将“Scale”（缩放比例）设置为100，如图7-60和图7-61所示。

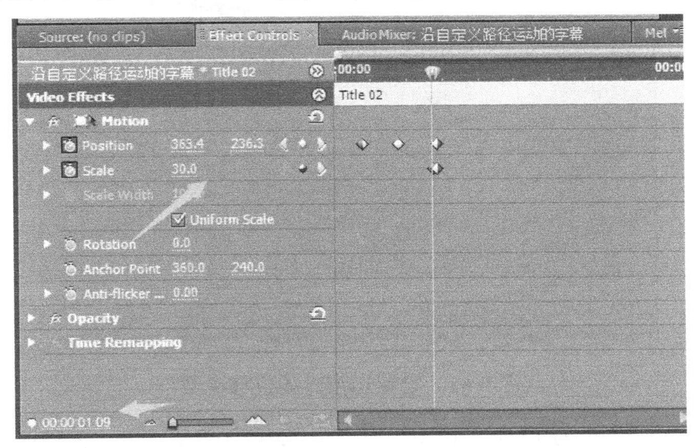

图7-60　设置1s09帧时添加缩放动画

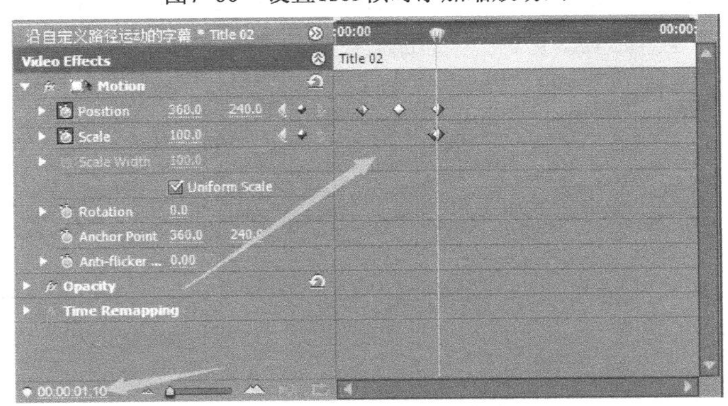

图7-61　设置1s10帧时的缩放比例

步骤14　将Title03（字幕03）拖至“Timelines”（时间线）窗口Video4（视频4）轨道中，确定Title03（字幕03）处于选中状态，激活“Effect Controls”（特效控制台）面板，将“Motion”（运动）区域中的“Position”（位置）设置为（600.7，172.0），确定当前时间为00:00:00:00，单击“Position”（位置）左侧的“Toggle Animation”（动画切换）按钮，打开动画关键帧记录，设置“Scale”（缩放比例）设置为30，如图7-62所示。将当前时间设置为00:00:00:18，在“Effect Controls”（特效控制台）面板中，设置“Position”（位置）为（305.9，177.9），如图7-62和图7-63所示。

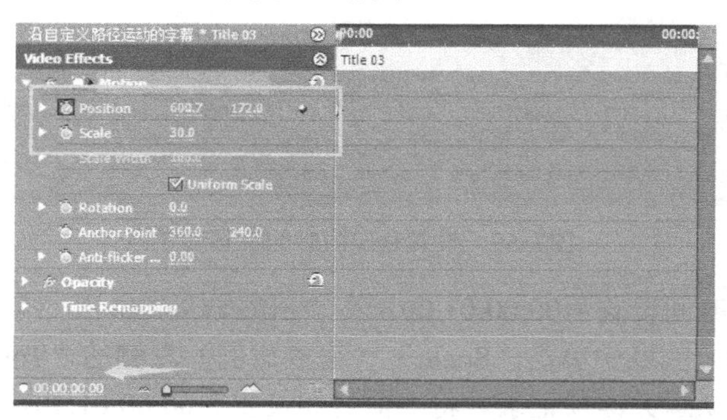

图7-62　设置0帧时的位移参数和缩放比例

图7-63　设置18帧时的位移参数

步骤15　设置当前时间为00:00:01:10，在“Effect Controls”（特效控制台）面板中，将“Motion”（运动）区域中的“Position”（位置）设置为（360，240），如图7-64所示。

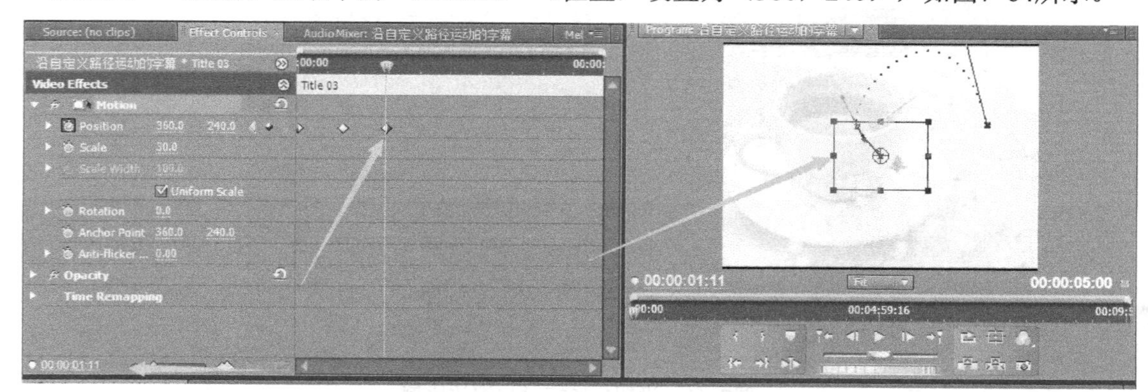

图7-64　设置1s10帧时的位移参数

步骤16　将当前时间设置为00:00:01:10，在“Effect Controls”（特效控制台）面板中，单击“Scale”（缩放比例）左侧的“Toggle Animation”（动画切换）按钮，打开动画关键帧记录。将时间设置为00:00:01:11，将“Scale”（缩放比例）设置为100，如图7-65和图7-66所示。

图7-65　设置1s10帧时的缩放比例

图7-66　设置1s11帧时的缩放比例

步骤17　将Title04（字幕04）拖至“Timelines”（时间线）窗口Video5（视频5）轨道中，确定处于选中状态，激活“Effect Controls”（特效控制台）面板，设置“Position”（位置）为（555.4，310.3），并单击左侧的“Toggle Animation”（动画切换）按钮，打开动画关键帧记录，将“Scale”（缩放比例）设置为30，如图7-67所示。设置当前时间为00:00:00:21，在“Effect Controls”（特效控制台）面板中，设置“Position”（位置）为（294.1，235.7），如图7-68所示。

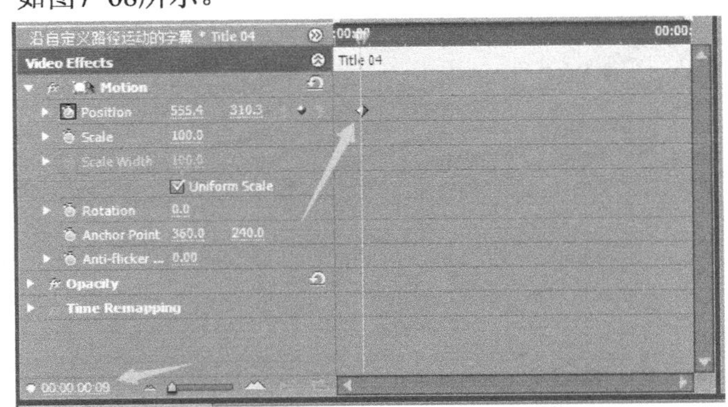

图7-67　设置9帧时的位移参数和缩放比例

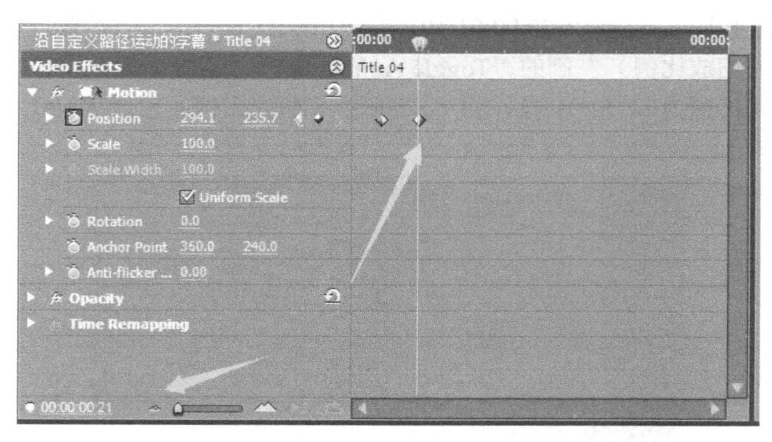

图7-68　设置21帧时的位移参数

步骤18　将当前时间设置为00:00:01:10，在“Effect Controls”（特效控制台）面板，设置“Motion”（运动）区域中的“Position”（位置）设置为（360，240），如图7-69所示。将当前时间设置为00:00:01:09，单击“Scale”（缩放比例）左侧的“Toggle Animation”（动画切换）按钮，打开动画关键帧记录，如图7-70所示。

图7-69 设置1s10帧时的位移参数

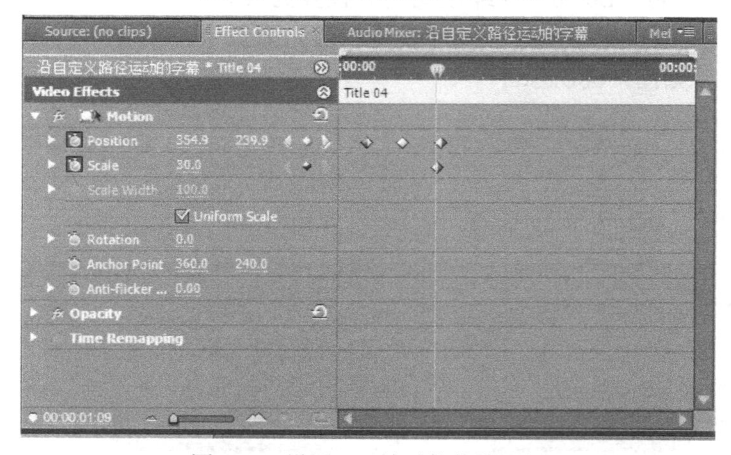

图7-70　设置1s09帧时的缩放比例

步骤19　将当前时间设置为00:00:01:10，在“Motion”（运动）区域中设置“Scale”（缩放比例）为100，如图7-71所示。

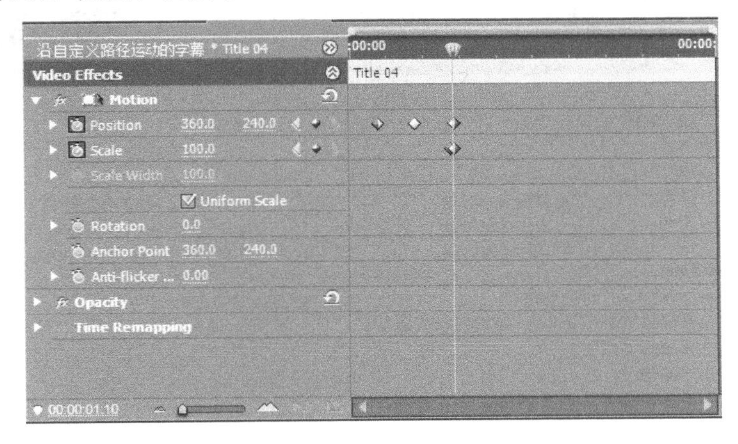

图7-71　设置1s10帧时的缩放比例

步骤20　保存场景，在“Program”（节目）窗口中观看效果。

活动7　制作动态旋转字幕

活动内容

1. 新建文件
2. 导入素材
3. 新建字幕
4. 制作并设置动态旋转字幕
5. 预览输出

操作步骤

步骤01　运行Premiere Pro CS5，在欢迎界面中单击“New Project”（新建项目）按钮，在“New Project”（新建项目）对话框中，选择项目的保存路径，对项目进行命名，单击“OK”（确定）按钮。

步骤02　弹出“New Sequence”（新建序列）对话框，在“Sequence Presets”（序列设置）选项卡下“Available Presets”（有效预置）区域中，展开“DV-24P”项，选择其下的“Standard 48kHz”选项，对“Sequence Name”（序列名称）进行设置，单击“OK”（确定）按钮。

步骤03　进入操作界面，在“Project”（项目）窗口中“Name”（名称）区域空白处双击，在打开的Import对话框中选择素材中的“Cha07/动态旋转字幕.jpg”文件，单击“打开”按钮，如图7-72所示。将导入的素材拖至“Timelines”（时间线）窗口Video1（视频1）轨道中，然后单击鼠标右键，在弹出的快捷菜单中选择“Scale to Frame Size”（适配为当前画面大小）命令，如图7-73所示。

图7-72　导入素材

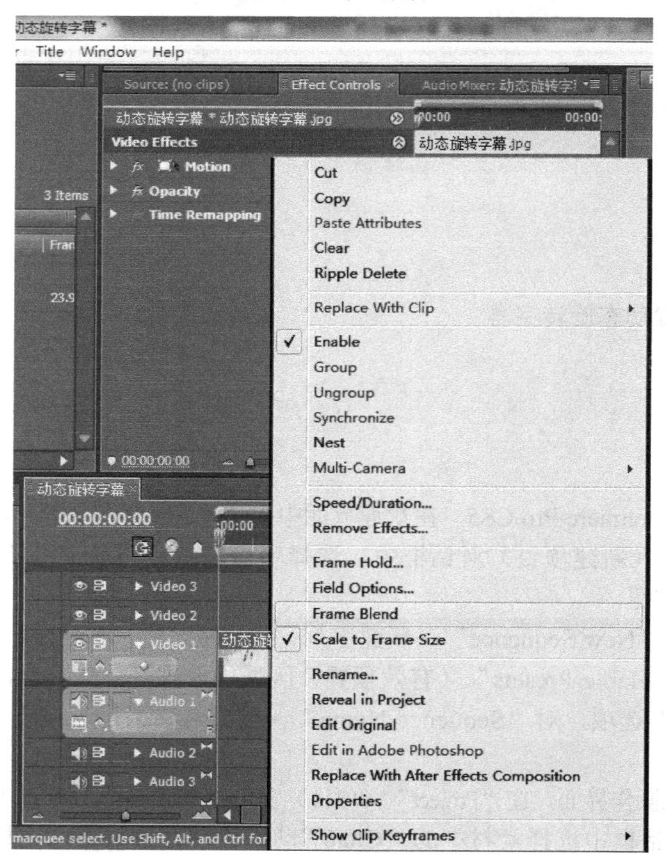

图7-73　选择“Scale to Frame Size”（适配为当前画面大小）命令

步骤04 按下<Ctrl+T>组合键，使用默认命名，进入字幕窗口，使用文字路径工具，在字幕设计栏中绘制文字的路径，然后沿所画的路径，使用文字工具输入文字。在“Title Properties”（字幕属性）栏设置“Properties”（属性）区域中，设置“Font Family”（字体）为“SimHei”，“Font Size”（字体大小）为20，将“Fill”（填充）区域中“Color”（色彩）设置为红色，如图7-74所示，将数字放置在合适的位置。

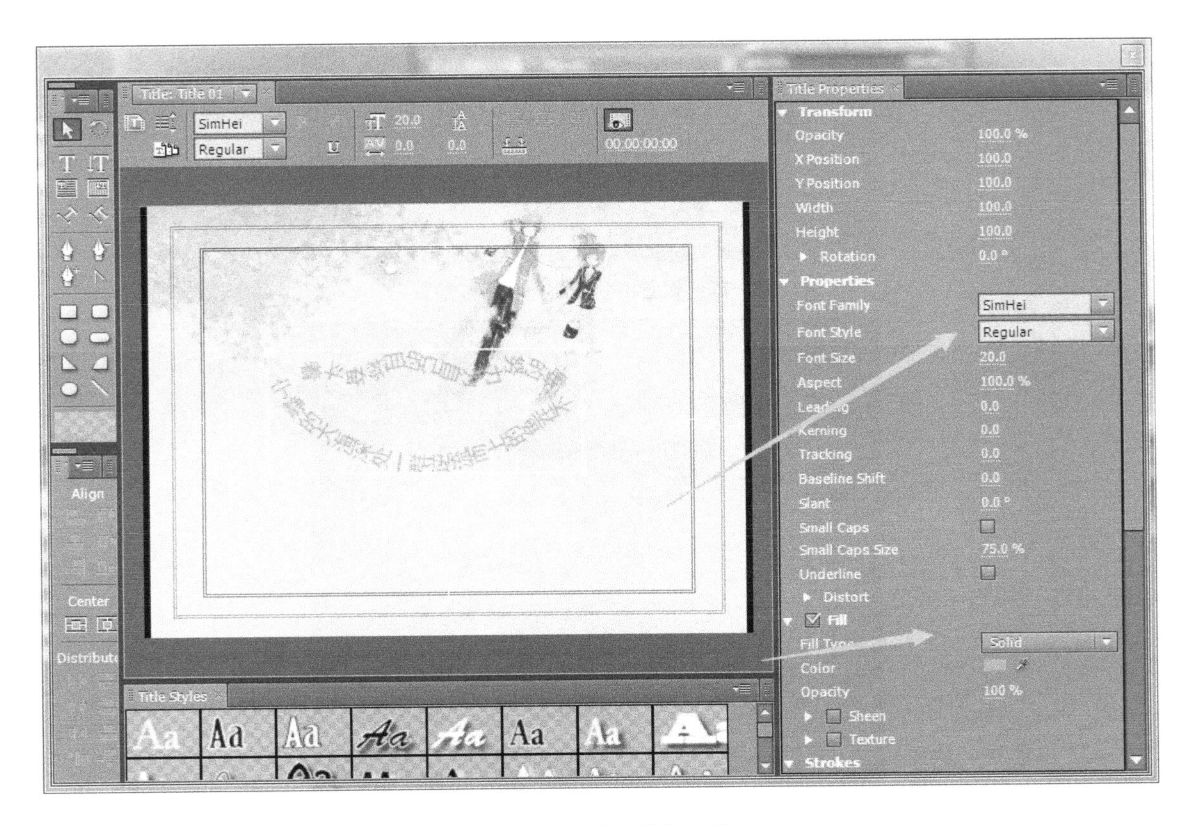

图7-74 创建并编辑字幕

步骤05 将Title01（字幕01）拖至“Timelines”（时间线）窗口Video2（视频2）轨道中，在00:00:00:00处激活“Effect Controls”（特效控制台）面板，将“Motion”（运动）区域中的“Position”（位置）设置为（885.8，239.1），单击其左侧的“Toggle Animation”（动画切换）按钮，打开动画关键帧的记录，如图7-75所示。

步骤06 在00:00:02:03处激活“Effect Controls”（特效控制台）面板，将“Motion”（运动）区域中的“Position”（位置）设置为（360.0，240.0），单击“Rotation”（旋转）左侧的“Toggle Animation”（动画切换）按钮，打开动画关键帧的记录，将“Rotation”（旋转）设为-18.4，如图7-76所示。

步骤07 在00:00:03:14处激活“Effect Controls”（特效控制台）面板，将“Rotation”（旋转）设为0，如图7-77所示。

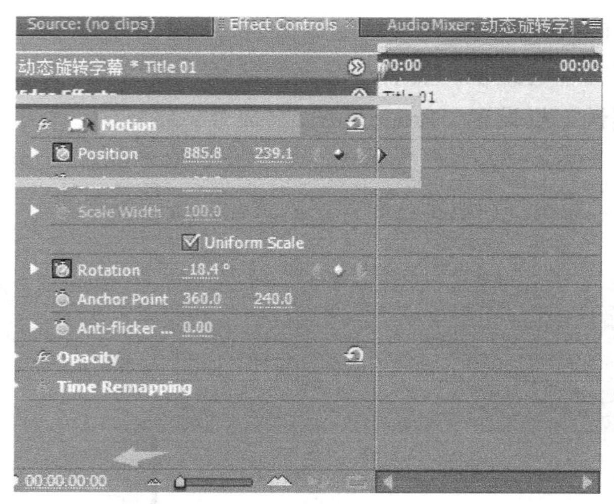

图7-75　设置0帧处的字幕位移参数

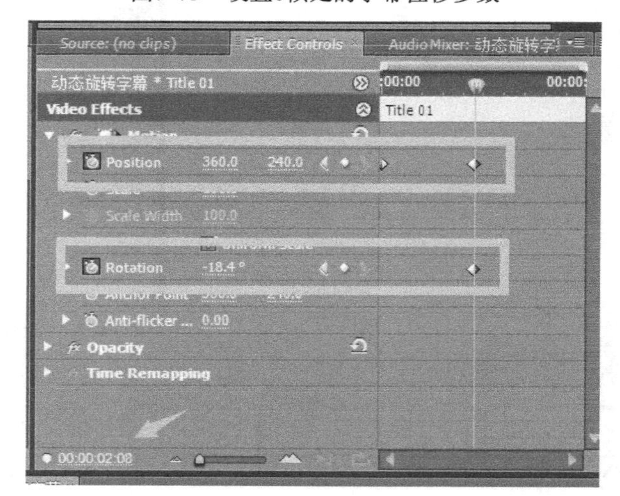

图7-76　设置2s06帧处的动画

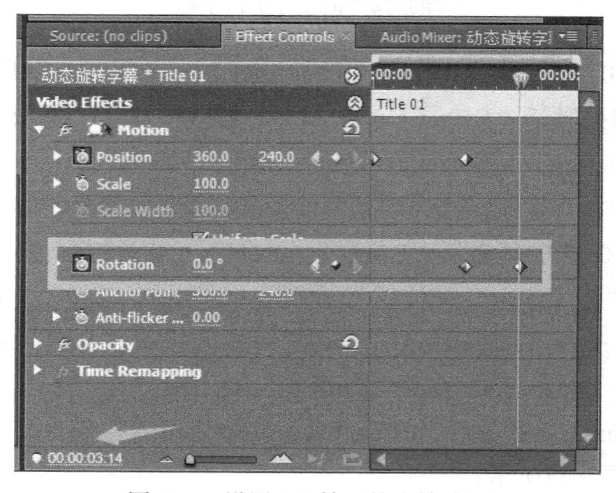

图7-77　设置3s14帧处的旋转动画

步骤08　在00:00:04:23处激活"Effect Controls"（特效控制台）面板，将"Rotation"（旋转）设为17.9，如图7-78所示。

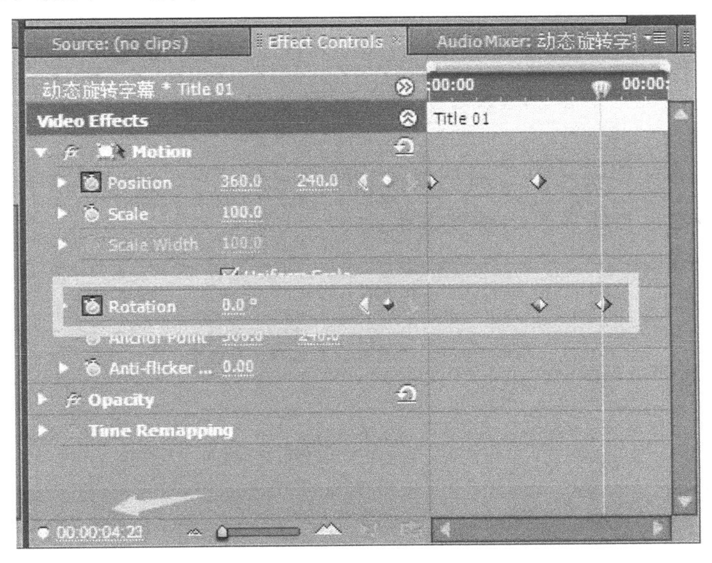

图7-78　设置4s23帧处的旋转动画

步骤09　保存场景，在Program（节目）窗口中观看效果。

本单元主要学习了以下内容。

- 字幕编辑面板。
- 创建字幕文字对象。
- 编辑与修饰字幕文字。
- 插入标识。
- 创建动态字幕。

单元8 视频特效

本单元主要介绍在视频中添加视频特效的方法和技巧。通过对本单元内容的学习可以随心所欲地创作出丰富多彩的视觉效果。

活动1 制作倒计时

活动内容

1．新建文件
2．建立黑白背景
3．新建字幕
4．建立数字
5．添加转场效果
6．制作其他的倒计时数字
7．预览输出

操作步骤

新建工程文件

步骤01 启动Premiere Pro软件，单击“New Project”按钮新建一个工程文件。

步骤02 在“New Project”对话框中，展开“DV-PA”，选择国内电视制式通用的“DV-PAL Standard 48kHz”。在“Location”项的右侧单击“Browse”按钮，打开“浏览文件夹”对话框，新建或选择存放工程文件的目标文件夹，这里为Chap08。在“New Project”对话框的“Name”文本框中填入所建工程文件的名称，这里为“倒计时”，单击“OK”按钮，完成工程文件的建立。

建立黑白背景

步骤01 选择“Edit”→“Preferences”→“General”命令，打开“Preferences”对话框，并单击左侧列表中的General，将其中的“Video Transition Default Duration”项的数值修改为25帧，即1s，同样将“Still Image Default Duration”项的数值改为25帧，即1s，然后单击“OK”按钮，如图8-1所示。

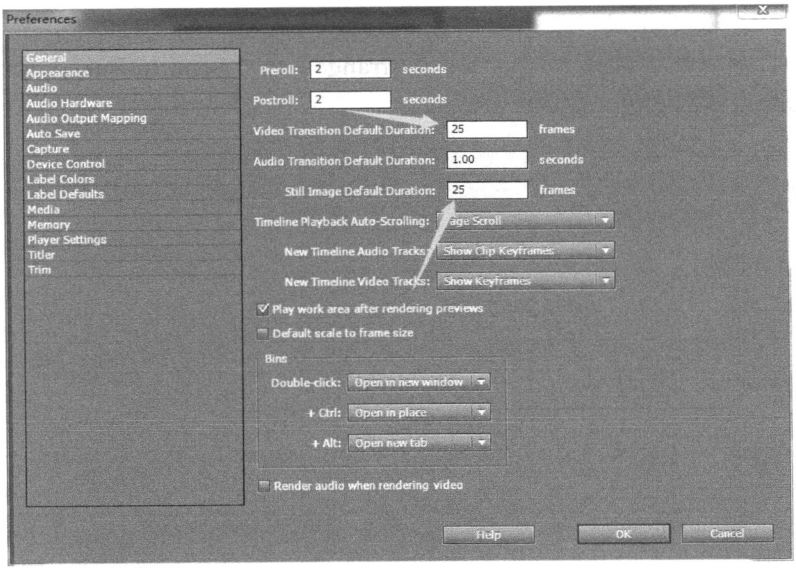

图8-1 设置素材时长

步骤02 选择“File”→“New”→“Title”命令（或按<F9>键），打开一个“New Title”对话框，要求输入字幕名称，这里将其命名为“背景图形白色”，单击“OK”按钮，打开字幕窗口。

步骤03 从左侧的工具栏中选择“椭圆工具”的同时按住<Shift>键绘制一个圆形，取消其颜色的填充，为其设置一个黑色的轮廓。然后再复制一个圆形并缩小一些。将这两个圆都居中放置。

步骤04 从左侧的工具栏中选择“直线工具”的同时按住<Shift>键绘制一条水平的直线和一条垂直的直线段，将其填充颜色设为黑色，如图8-2所示。

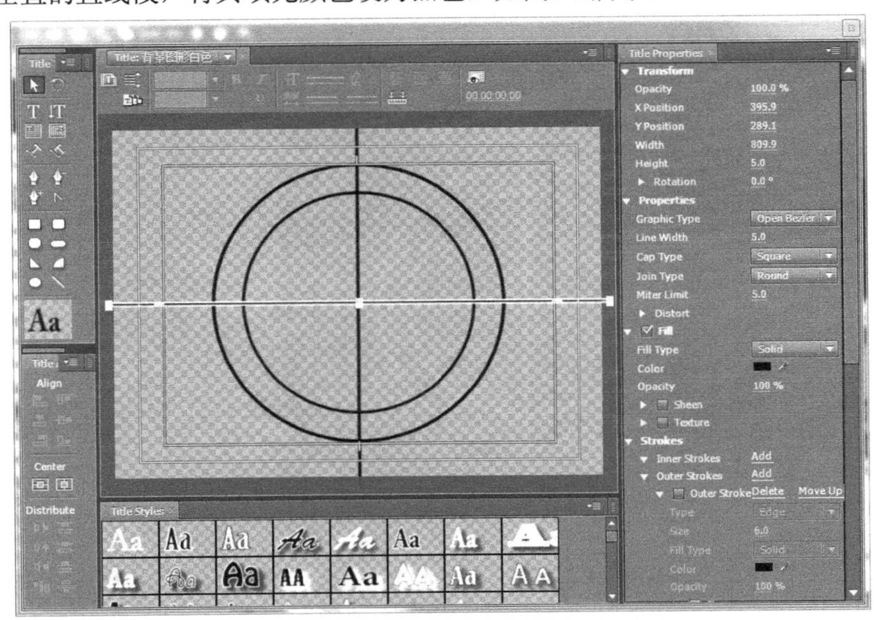

图8-2 创建字幕并编辑

步骤05　从左侧的工具栏中选择“矩形工具”再绘制一个大的矩形，充满屏幕，将其填充颜色设为白色。然后选择“Title”→“Arrange”→“Send to Back”命令将其移至最后，作为圆形和直线的底色，如图8-3所示。

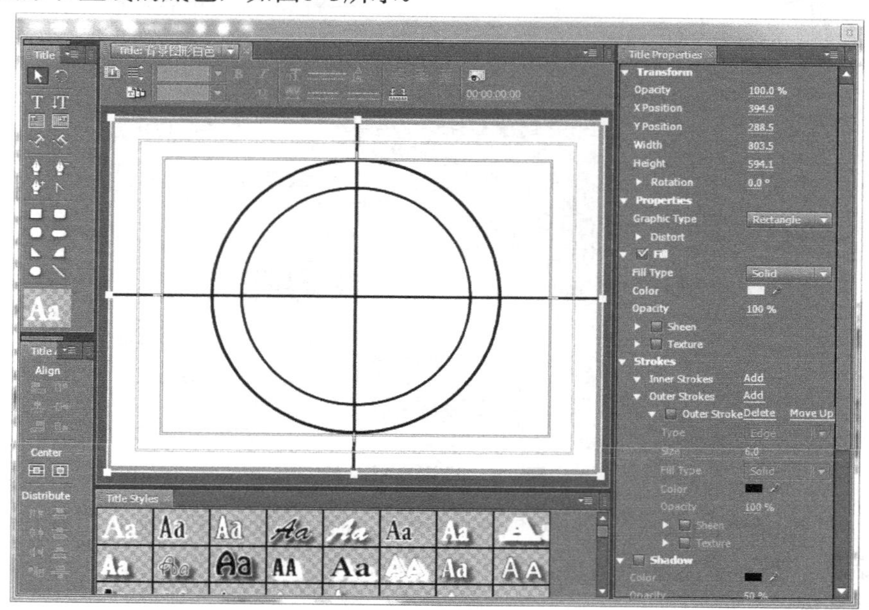

图8-3　调整顺序

步骤06　单击字幕窗口左上角的“New Title Base on Current Title”（基于当前字幕创建一个新字幕）按钮，打开一个“New Title”对话框，输入字幕名称为“背景图形黑色”，单击“OK”按钮。将圆形的轮廓颜色设为白色，将直线的填充颜色设为白色，将大矩形的填充颜色设为黑色。这样与“背景图形白色”正好相反，如图8-4所示。

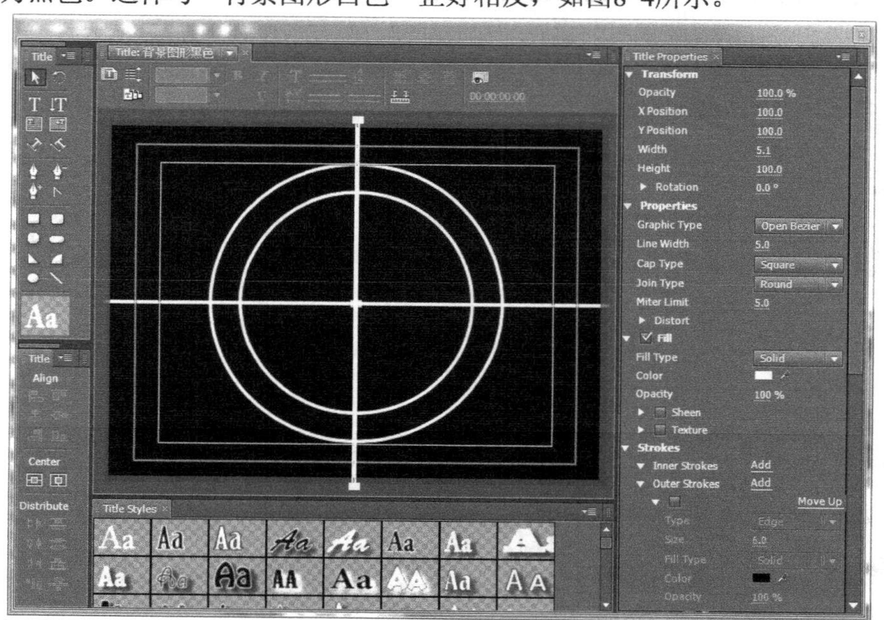

图8-4　创建字幕并编辑

建立数字

步骤01　选择“File”→“New”→“Title”命令（或按<F9>键），打开一个“New Title”对话框，要求输入字幕名称，这里将其命名为“5”，单击“OK”按钮，打开字幕窗口。

步骤02　从左侧的工具栏中选择文字工具在字幕窗口中建立一个“5”字，设置合适的字体和尺寸，这里“Font”设为“Arial Black”，“FontSize”设为330，“Slant”设为15°，将其居中放置，如图8-5所示。

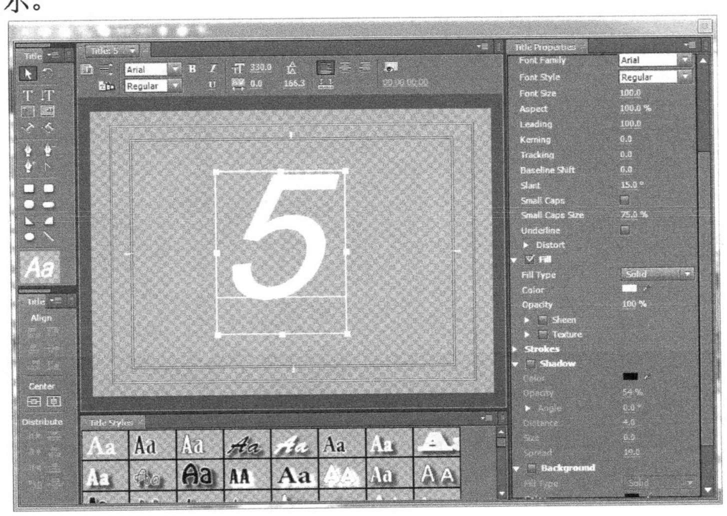

图8-5　创建数字字幕

步骤03　为其“Fill”设置一个渐变颜色，选择“Fill Type”为“4Color Gradient”，设置“Color”如下：左上角为RGB（150，150，255），右上角为RGB（15，180，255），左下角为RGB（250，100，255），右下角为RGB（255，255，255）

步骤04　为其设置一个立体的效果。展开其“Strokes”，单击“Outer Strokes”后的“Add”添加一个“Outer Stroke”，将其“Type”设为“Depth”，“Size”为45，“Angle”为300°，“Fill Type”为“Linear Grandient”。在其下设置其左侧的颜色为RGB（100，0，255），其右侧的颜色为RGB（180，0，255），“Angle”为90°，如图8-6所示。

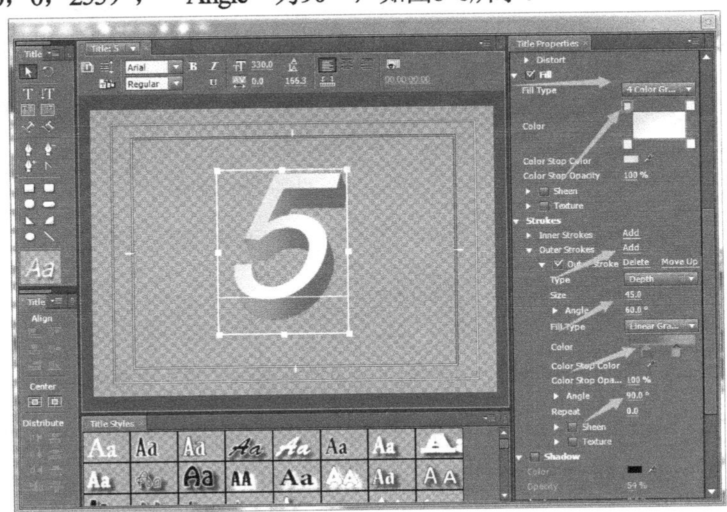

图8-6　编辑数字字幕

步骤05　制作完第一个数字后，其他的数字就好制作了。单击字幕窗口左上角的“New Title Base on Current Title”（基于当前字幕创建一个新字幕）按钮，打开一个“New Title”对话框，输入字幕名称为“4”，单击“OK”按钮。将字幕窗口中原来的“5”字更改为“4”即可，如图8-7所示。

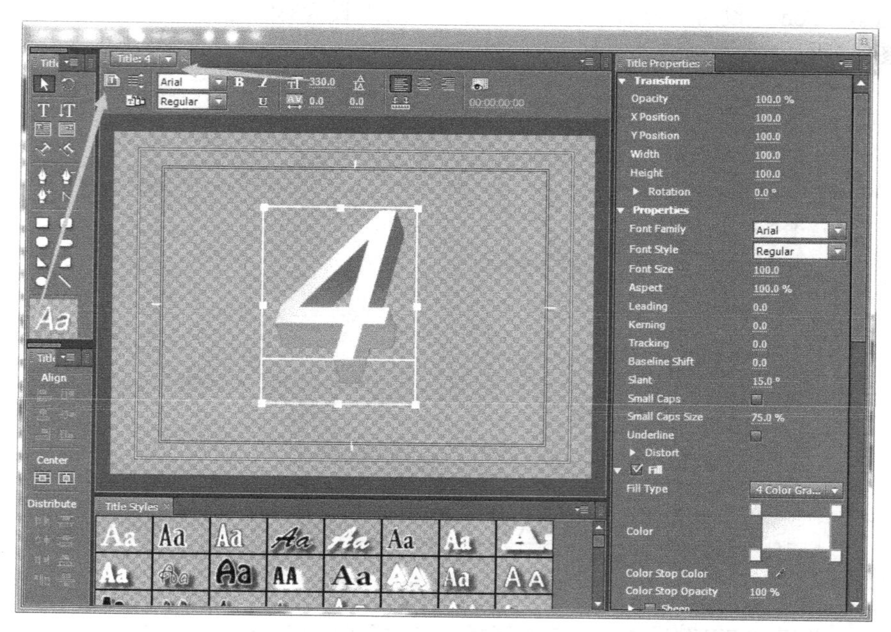

图8-7　基于当前字幕创建一个新字幕

步骤06　同样，在当前字幕的基础上依次建立字幕“3”“2”“1”。在素材窗口中可以看出这样的素材长度都为1s。

添加转场效果

步骤01　从素材窗口中，将“背景图形白色”拖至时间线的Video1轨道中，将“背景图形黑色”拖至时间线Video2轨道中，将“5”拖至时间线的Video3轨道中，如图8-8所示。

图8-8　将“背景图形白色”和“背景图形黑色”两个字幕拖入轨道

步骤02　打开“Effects”窗口，展开“Video Transitions”下的“Wipe”，选择“Clock Wipe”，将其拖至Video2轨道中的“背景图形黑色.prtl”上，为其添加一个“Clock Wipe”转场，如图8-9所示。

图8-9　添加一个Clock Wipe 转场

步骤03　预览转场效果，如图8-10和图8-11所示。

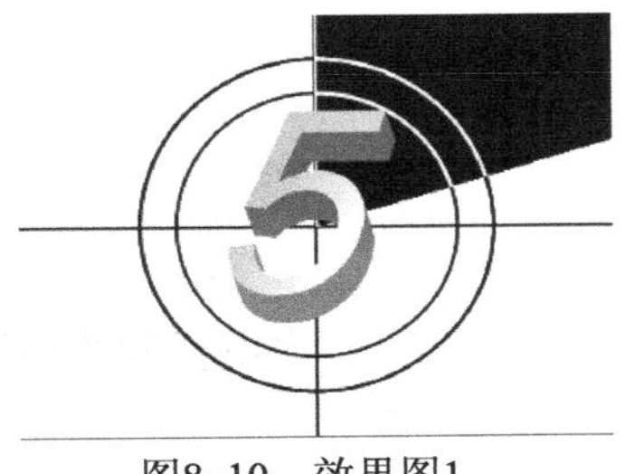

图8-10　效果图1

图8-11　效果图2

制作其他的倒计时数字

步骤01　选择Video1轨道中的“背景图形黑色.prtl”和Video2轨道中的“背景图形白色.prtl”，按<Ctrl+C>组合键复制，然后按<End>键将时间移至尾部并按<Ctrl+V>组合键粘贴。这样连续按<End>键和按<Ctrl+V>组合键粘贴，到第5s结束，如图8-12所示。

图8-12　复制粘贴素材

步骤02　从素材窗口中将其他几个数字依次放置到Video3轨道中的“5.Prtl”之后，这样便完成了倒计时的制作，如图8-13所示。

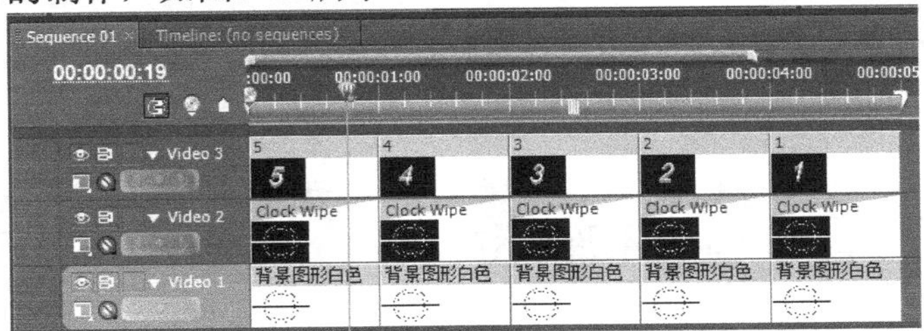

图8-13　将其他几个数字依次放置

活动2　制作展开折扇效果

活动内容

1．新建文件
2．导入素材
3．建立遮罩
4．设置扇面遮罩动画
5．制作设置扇尾遮罩动画
6．预览输出

操作步骤

新建工程文件

步骤01　启动Premiere Pro软件，单击“New Project”按钮，新建一个工程文件。

步骤02　在“New Project”对话框中展开“DV-PA”，选择国内电视制式通用的“DV-PAL Standard 48kHz”。在“Location”项的右侧单击“Browse”按钮，打开“浏览文件夹”对话框，新建或选择存放工程文件的目标文件夹。在“New Project”对话框最下方的“Name”文本框中填入所建工程文件的名称，这里为“展开折扇”，单击“OK”按钮，完成工程文件的建立。准备进入下一步的操作。

导入素材文件

步骤01　选择“File”→“Import”命令（或按<Ctrl+I>组合键）导入素材，在弹出的“Import”对话框中，选择素材“折扇.psd”文件，单击“打开”按钮弹出“Import Layered File”对话框，将“Import As”使用“Footage”方式，单击“OK”按钮将文件导入到素材窗口中，如图8-14和图8-15所示。

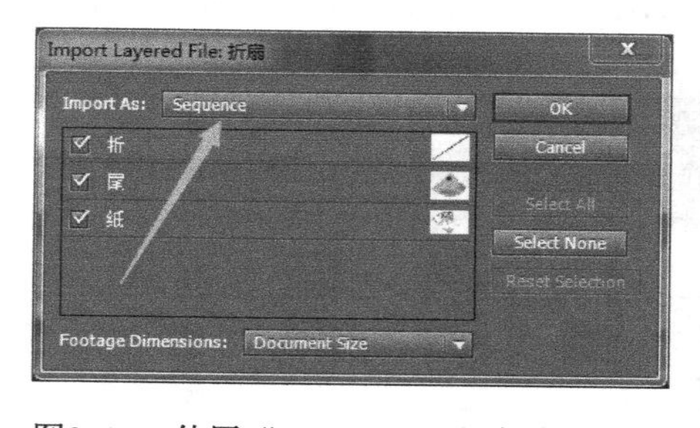

图8-14　使用“Sequence”方式导入素材

图8-15　使用“Sequence”方式导入后的情况

步骤02　在素材窗口中可以看到导入的是一个包含有三个图层PSD文件，有一个“折扇”文件夹，其下有三个PSD文件图层和一个“折扇”时间线。双击“折扇”时间线，将其打开，如图8-16所示。打开后的监视器界面，如图8-17所示。

步骤03　可以单独显示查看其中的“尾/折扇.psd”“纸/折扇.psd”和“折/折扇.psd”三个图层，如图8-18～图8-20所示。

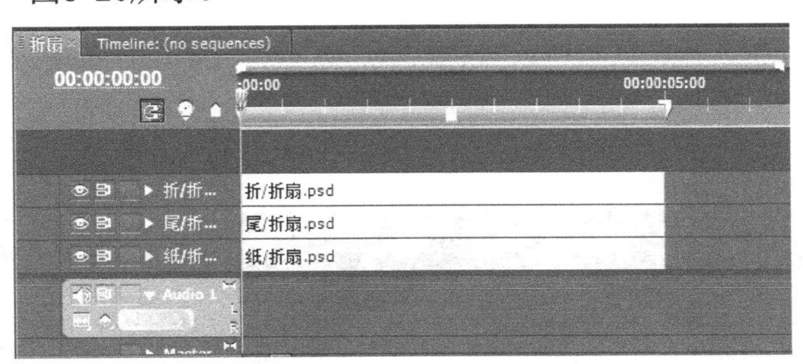

图8-16　打开“折扇”Sequence

图8-17　打开后的监视器界面

图8-18　尾

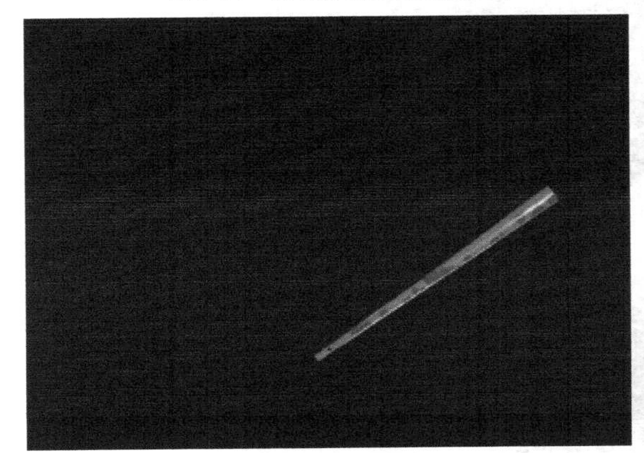

图8-19　折

图8-20　扇

建立遮罩

步骤01　在素材窗口中双击Sequence01打开其时间线窗口，将“纸/折扇.psd”拖至时间线的Video1轨道中，长度设为5s。

步骤02　选择“File”→“New”→“Title”命令（或按<F9>键），打开一个“New Title”对话框，要求输入字幕名称，这里将其命名为“扇形Matte”，单击“OK”按钮，打开字幕窗口。

步骤03　在字幕窗口中确认将“Show Video”勾选，显示“纸/折扇.psd”的画面。从左侧的工具栏中选择“圆弧工具”绘制一个弧形，为了便于查看，暂时将其设置一个蓝颜色的轮廓线。这个弧形的旋转中心点与“纸/折扇.psd”图形中扇形的旋转点对齐，弧形的半径长度大于“纸/折扇.psd”图形中的扇形，如图8-21所示。

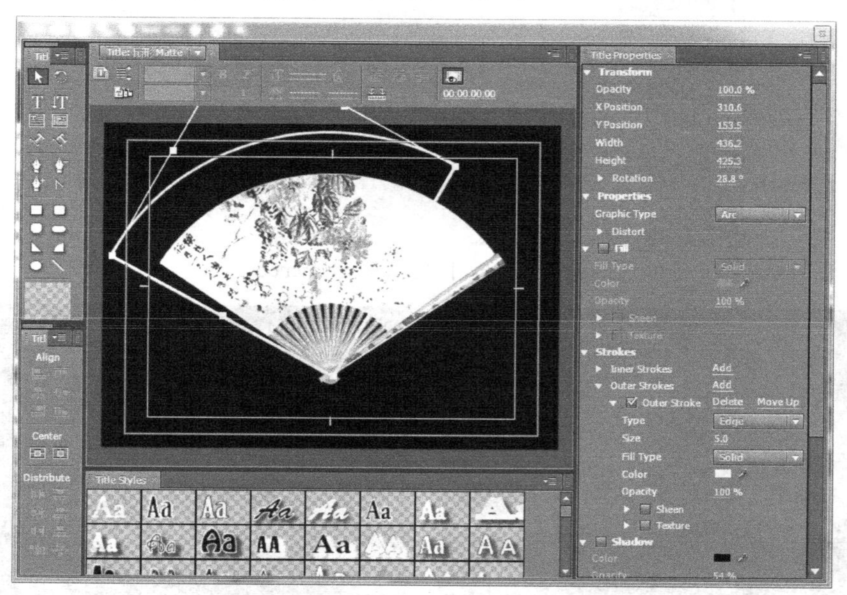

图8-21　绘制弧形

步骤04　选中绘制的弧形，按<Ctrl+C>组合键复制，再按<Ctrl+V>组合键粘贴，并将其向右旋转一些，这样用两个弧形将“纸/折扇.psd”图形中扇形遮挡，如图8-22所示。

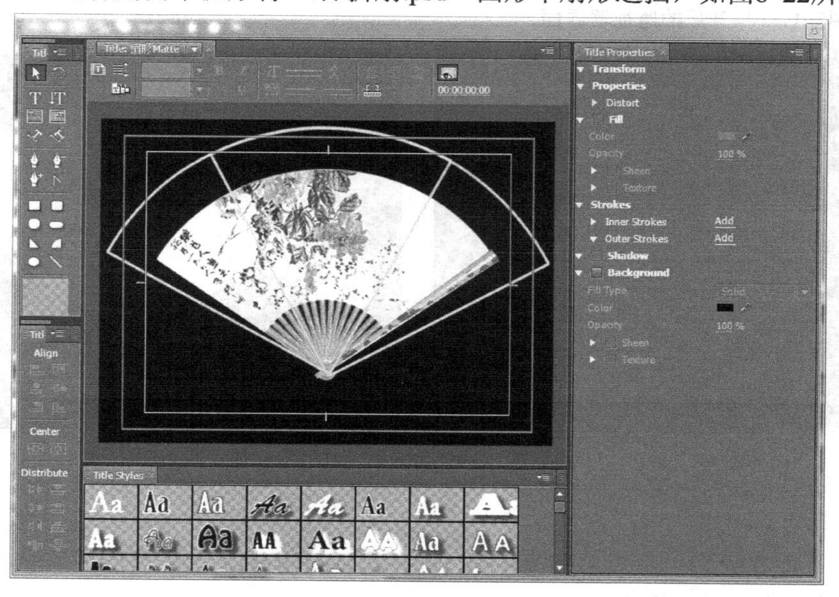

图8-22　复制弧形并向右旋转

步骤05 取消两个弧形的轮廓线，将其填充颜色，如图8-23所示。

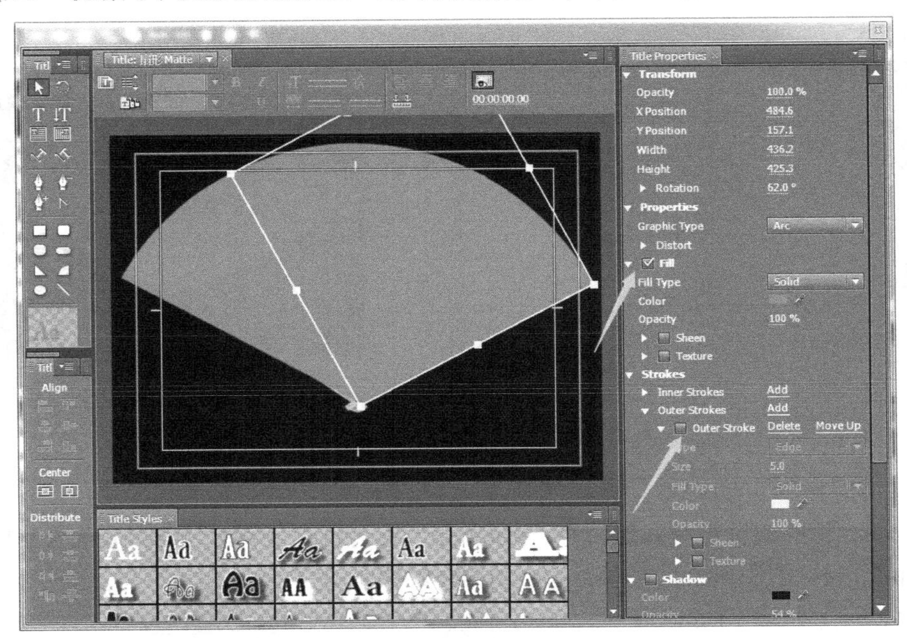

图8-23 取消形的轮廓线，填充颜色

设置扇面遮罩动画

步骤01 从素材窗口中将“扇形Matte”拖至时间线Sequence01的Video2轨道中，设置长度与Video1轨道中的“纸/折扇.psd”相同。

步骤02 打开“Effects”窗口，展开“Video Effects”下的“Distort”，从中将“Transform”拖至“扇形Matte”上，如图8-24所示。

图8-24 添加一个“Distort”特效

步骤03 在“Effect Controls”窗口中，对“Transform”进行设置。将“Anchor Point”设为（360，440），将“Position”设为（360，440）。这样将轴心点移至扇形的旋转中心

处。在第0帧时，单击“Rotation”前面的码表，打开其动画关键帧记录，当前值为0度，如图8-25所示。

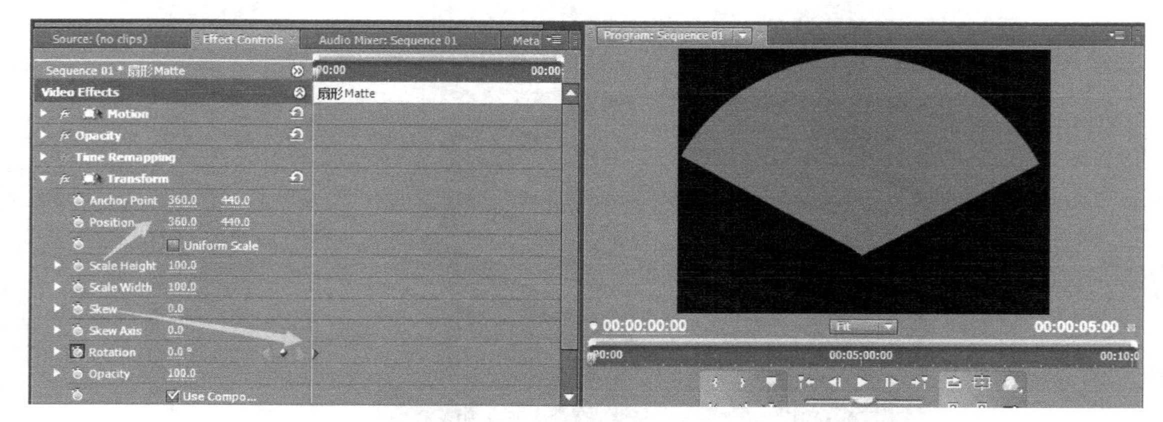

图8-25　调整位置并制作0帧时的旋转动画

步骤04　将时间移至第3s处，将“Rotation”设为116°，使“扇形Matte”旋转到右侧将“纸/折扇.psd”的图形全部显示出来，如图8-26所示。

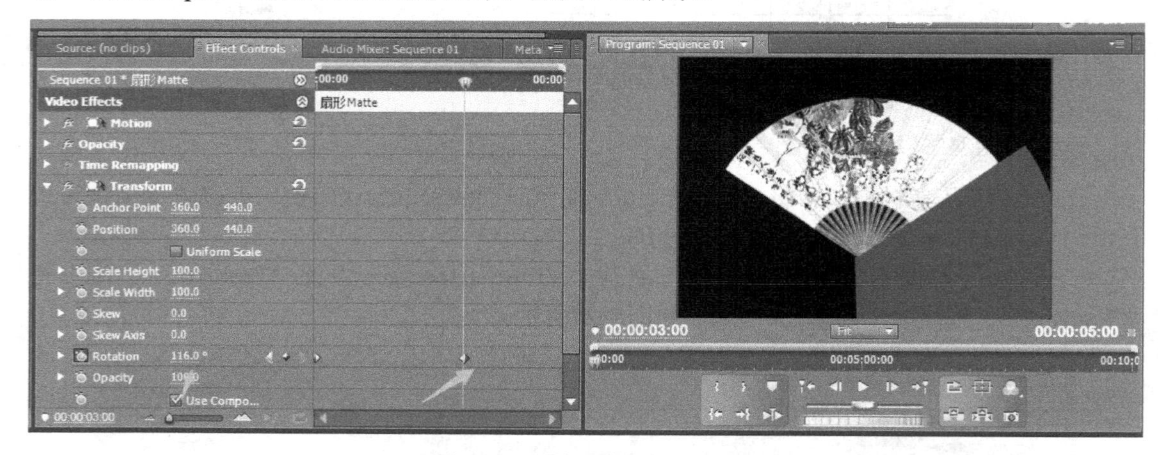

图8-26　制作3s时的旋转动画

步骤05　打开“Effects”窗口，展开“Video Effects”下的“Keying”，从中将“Track Matte Key”拖至“纸/折扇.psd”上，如图8-27所示。

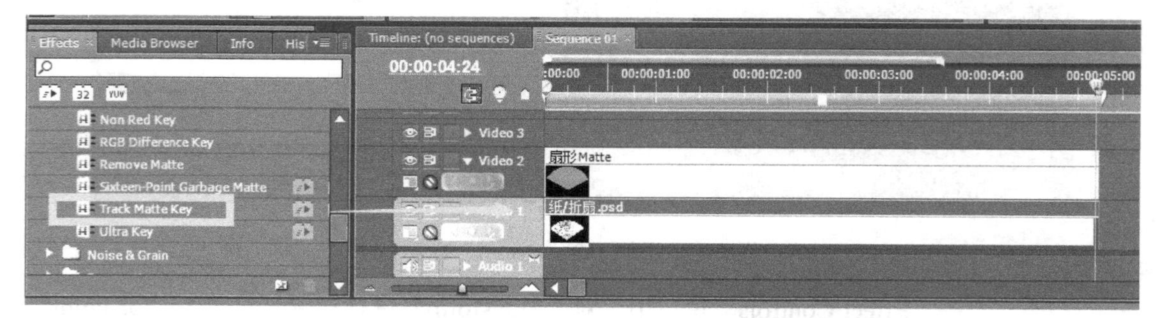

图8-27　添加一个“Track Matte Key”特效

步骤06　在“Effect Controls”窗口中，对“Track Matte Key”进行设置。将“Matte”设为Video2，将“Composite Using”设为“Matte Alpha”，勾选“Reverse”复选框，如图8-28所示。

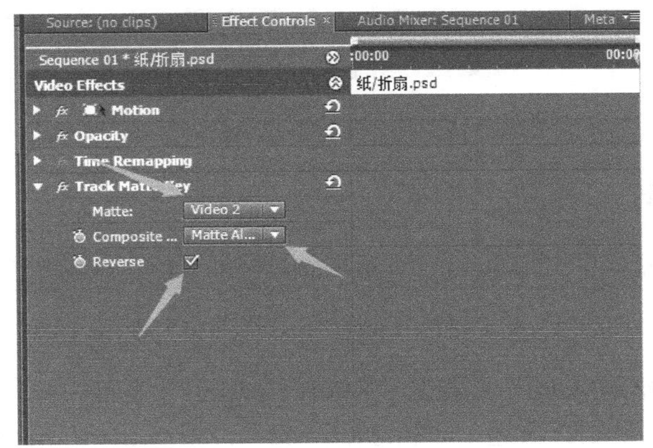

图8-28　设置“Track Matte Key”特效

步骤07　播放预览动画效果，如图8-29和图8-30所示。

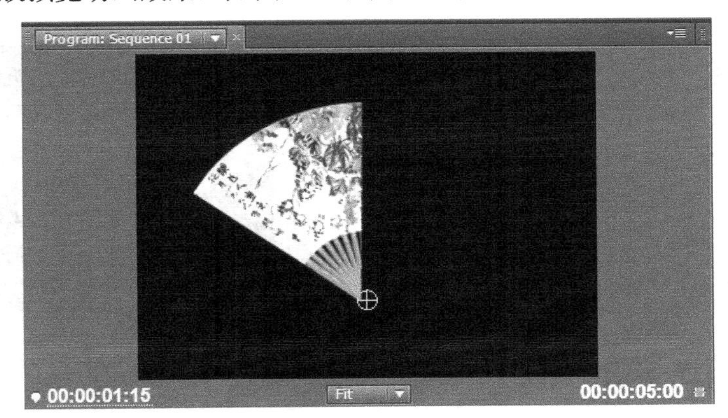

图8-29　效果图1

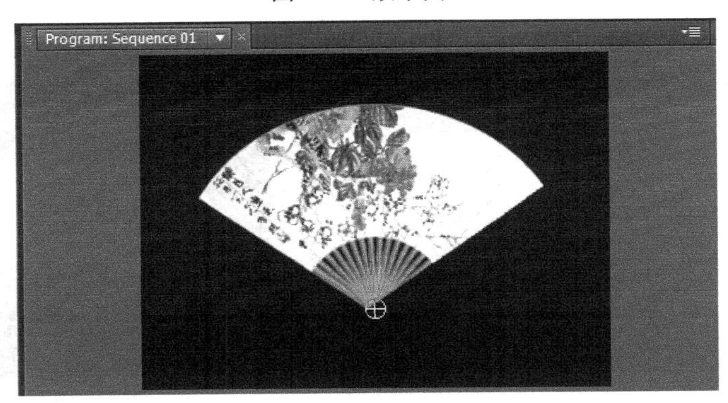

图8-30　效果图2

步骤08　从素材窗口中将“尾/折扇.psd”拖至时间线Sequence01的Video3轨道中，设置长度与Video1轨道中的“纸/折扇.psd”相同。

步骤09　再从素材窗口中将“折/折扇.psd”拖至时间线Sequence01的Video3轨道上方的空白处，会自动增加一个Video4轨道放置“折/折扇.psd”，设置长度与Video1轨道中的“纸/折扇.psd”相同，如图8-31所示。

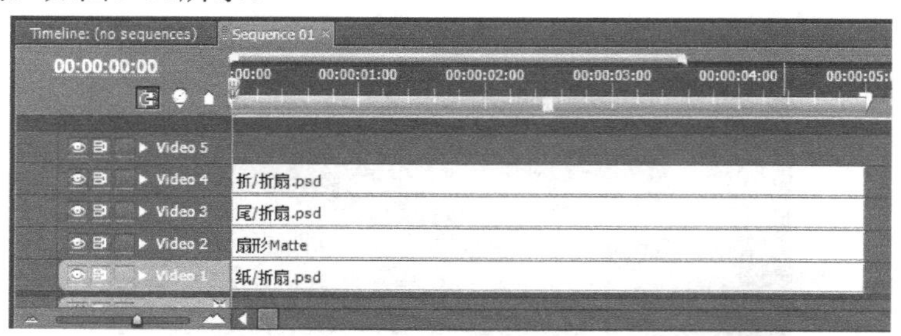

图8-31　从素材窗口中将“折/折扇.psd”拖至时间线

步骤10　选中“扇形Matte”，在其“Effect Controls”窗口中单击“Transform”将其选中，按<Ctrl+C>组合键复制。再选中“折/折扇.psd”，按<Ctrl+V>组合键粘贴，应用相同的“Transform”，并在“Effect Controls”窗口中对其“Rotation”的动画关键帧进行修改。第0帧时将“Rotation”设为-116，如图8-32所示。

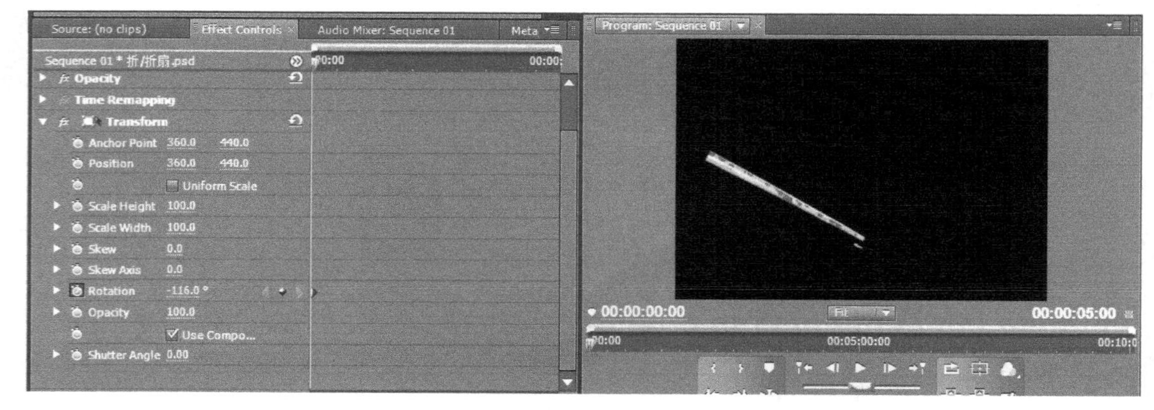

图8-32　设置第0帧时的旋转动画

步骤11　第3s时将“Rotation”设为0，如图8-33所示。

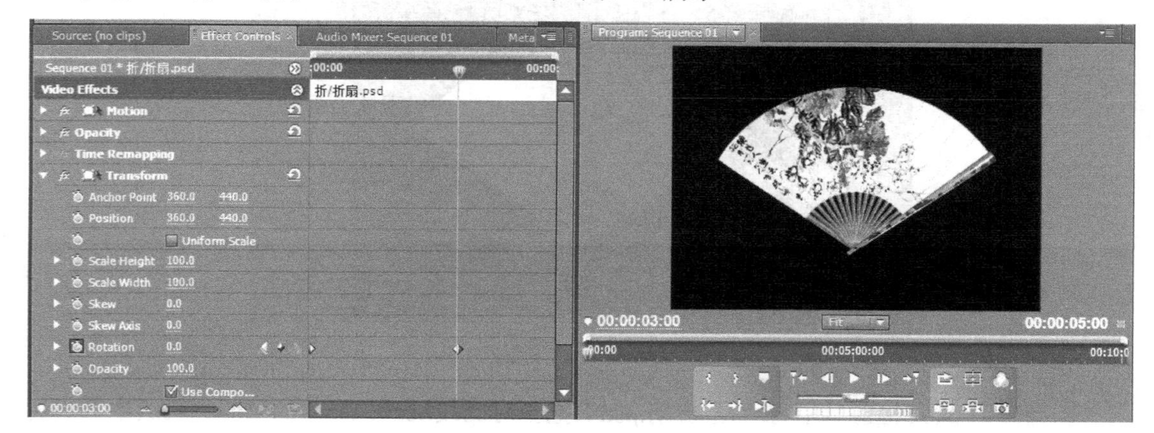

图8-33　设置第3s时的旋转动画

步骤12　播放预览动画效果，只剩下扇尾部分还要作进一步处理了，如图8-34～8-36所示。

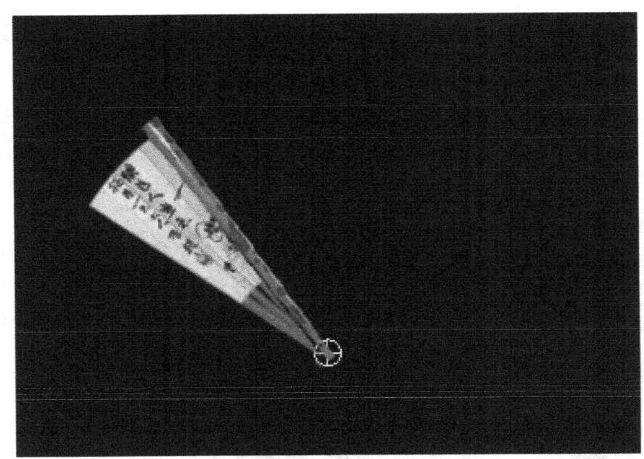

图8-34　效果图1

图8-35　效果图2

图8-36　效果图3

制作设置扇尾遮罩动画

步骤01　将时间移至第0帧处，选择“File”→“New”→“Title”命令（或按<F9>键），打开一个“New Title”对话框，要求输入字幕名称，这里将其命名为“扇尾Matte”，单击“OK”按钮，打开字幕窗口。

步骤02　在字幕窗口中确认将“Show Video”勾选，显示当前轨道中的画面。从左侧的工具栏中选择“矩形工具”绘制一个小的矩形，移动其位置并旋转其角度，将其放置到扇子的底部并遮挡住当前时间不应出现的扇尾部分，如图8-37所示。

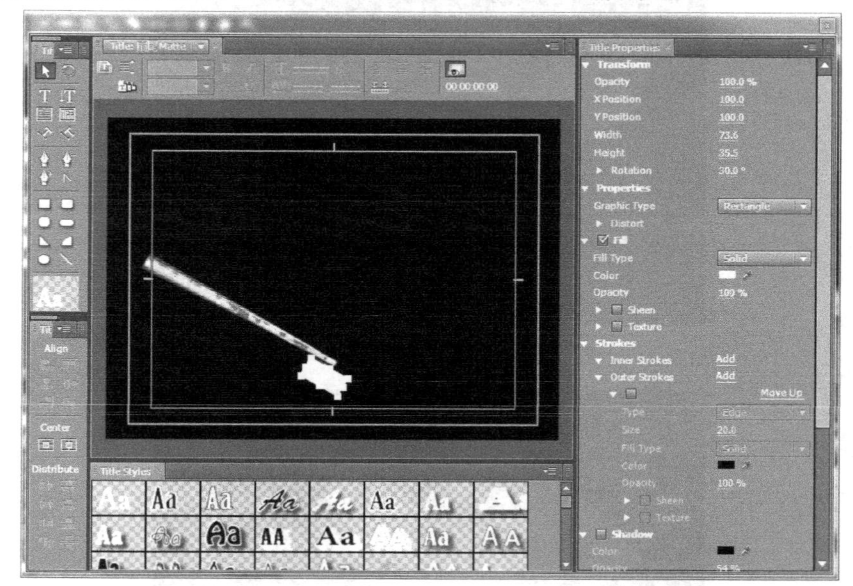

图8-37　绘制并设置小矩形

步骤03　将“扇形Matte”拖至时间线中Video5轨道上，并与下面的素材长度一致。选中Video2轨道中的“扇形Matte”，在其“Effect Controls”窗口中单击“Transform”将其选中，按<Ctrl+C>组合键复制。再选中“扇尾Matte”按<Ctrl+V>组合键粘贴，应用相同的“Transform”。这样播放动画时，“扇尾Matte”跟随着“折/折扇.psd”作一致的旋转，如图8-38所示。

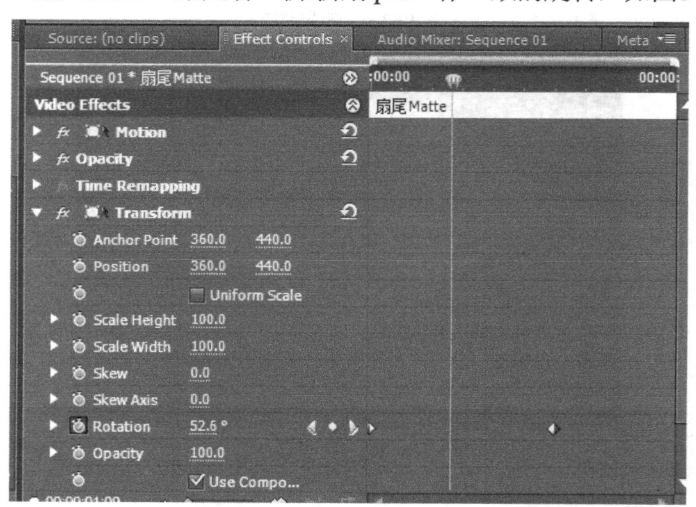

图8-38　复制“扇形Matte”上的“Transform”特效到“扇尾Matte”

步骤04　选中Video1轨道中“纸/折扇.psd”，在其“Effect Controls”窗口中单击“Track Matte Key”将其选中，按<Ctrl+C>组合键复制。再选中Video3轨道中的“尾/折扇.psd”，按

<Ctrl+V>组合键粘贴，并在“Effect Controls”窗口中将“Matte”选择为Video5，如图8-39所示。

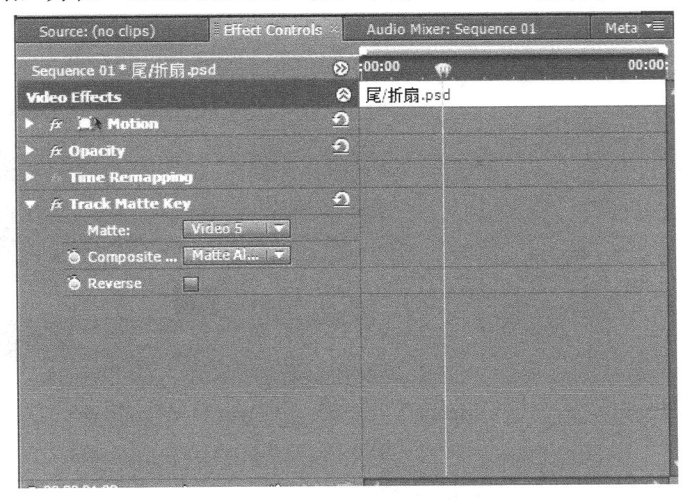

图8-39　复制“扇形Matte”上的“Track Matte Key”特效到“扇尾Matte”

步骤05　播放预览动画效果，扇尾部分已得到修正，完成制作。

活动3　制作转动大奖

活动内容

1. 新建文件
2. 建立动态色彩背景
3. 建立字幕圆形
4. 设置透视效果
5. 预览输出

操作步骤

新建工程文件

步骤01　启动Premiere Pro软件，单击“New Project”按钮新建一个工程文件。

步骤02　在“New Project”对话框中，展开“DV-PA”，选择国内电视制式通用的“DV-PAL Standard 48kHz”。在“Location”项的右侧单击“Browse”按钮，打开“浏览文件夹”对话框，新建或选择存放工程文件的目标文件夹。在“New Project”窗口的“Name”文本框中填入所建工程文件的名称，这里为“转动大奖”，单击“OK”按钮完成工程文件的建立。

建立动态色彩背景

步骤01　选择“File”→“New”→“Color Matte”命令新建一个任意颜色的遮罩，其名称为“Color Matte”，将其从素材窗口中拖至时间线的Video1轨道中，并将长度设为10s。

步骤02　打开“Effects”窗口，展开“Video Effects”下的“Render”，从中将“4-Color

Gradient”拖至Video1轨道中的“Color Matter”上，为其添加一个“4-Color Gradient”效果，如图8-40、8-41所示。

图8-40　在“Color Matter”上添加一个“4-Color Gradient”效果

图8-41　效果图

步骤03　在时间线中选中“Color Matte”，在其“Effect Controls”窗口对“4-Color Gradient”进行设置。将Color1设为RGB（255，255，0），将Color2设为RGB（255，100，0），将Color3设为RGB（255，0，0），将Color4设为RGB（250，180，0）。设置Point1位置为（570，260），如图8-42所示。

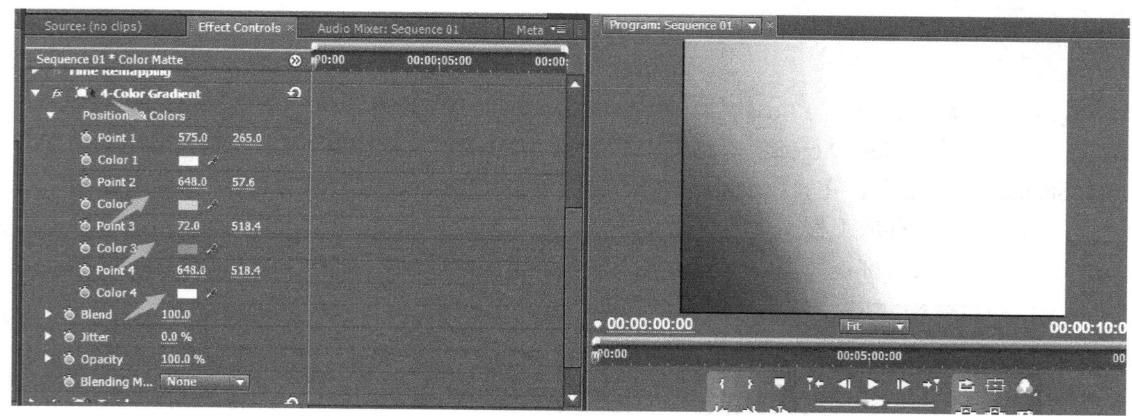

图8-42　对“4-Color Gradient”进行设置

步骤04　在“Effect”窗口中，展开“Video Effect”下的“Distort”，从中将“Twirl”拖至Video1轨道中的“Color Matte”上，为其添加一个转动效果，如图8-43所示。

步骤05　在时间线中选中“Color Matte”，在其“Effect Controls”窗口中对“Twirl”进行设置。将“Angle”设为3×0.0°，将“Twirl Radius”设为50。设置Point1位置为（570，260），如图8-44所示。

图8-43　为“Color Matte”添加一个“Twirl”特效

图8-44　设置“Twirl”特效

步骤06　再为其设置一个转动的动画，并将其放大。将“Scale”设为165，将时间移至第0帧处，单击打开“Rotation”前面的码表，当前值为0。时间移至第9s24帧，将“Rotation”设为2×0.0°，如图8-45所示。

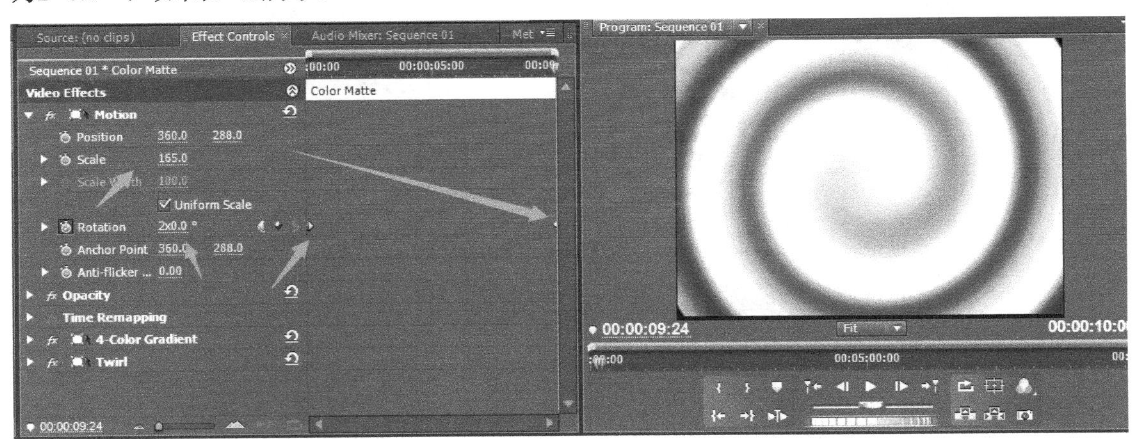

图8-45　设置旋转并放大的动画

建立字幕圆形

步骤01　选择“File”→“New”→“Title”命令（或按<F9>键）新建一个名称为“大奖图形”的字幕文件，在字幕窗口中，从左侧的工具栏中选择文字工具，在字幕窗口中建立一个“奖”字，设置合适的字体和尺寸，这里“Font”为大黑体，“Font Size”为150，居中放置，如图8-46所示。

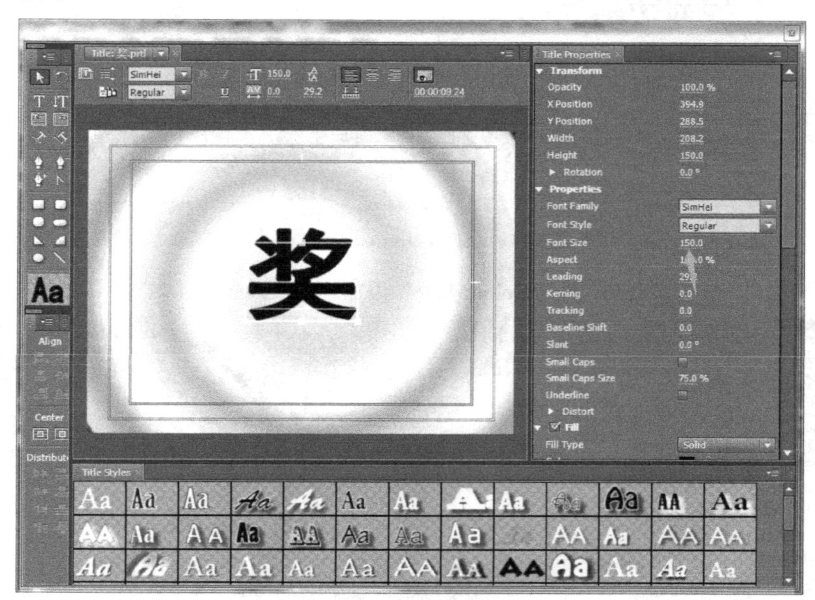

图8-46　创建字幕

步骤02　在字幕窗口中左侧的工具栏中选择“椭圆工具”，按<Shift>键建立一个正圆形，取消“Fill”前面的勾选状态，展开“Strokes”，单击“Outer Strokes”后的“Add”为其添加一个外轮廓，将其“Size”设为20，将颜色设为黑色，也将其居中放置，如图8-47所示。

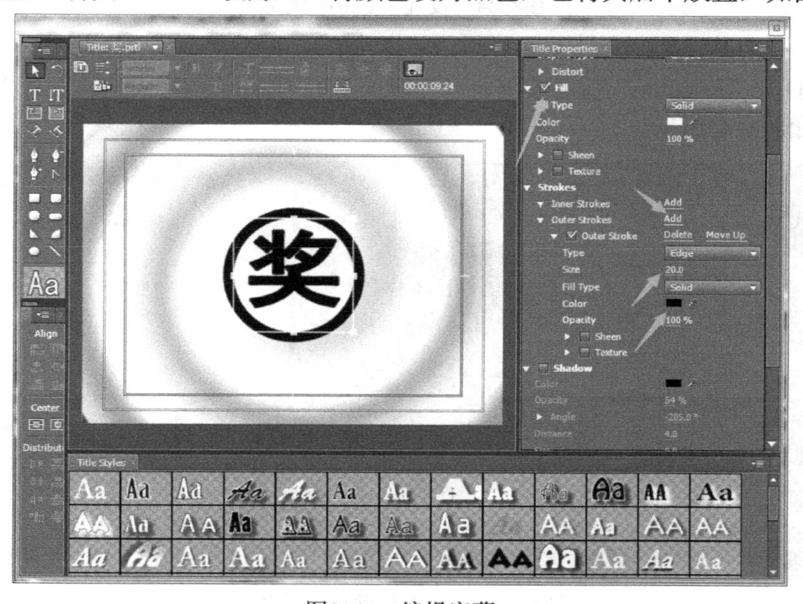

图8-47　编辑字幕

步骤03　在字幕窗口中选择“Title”→“Logo”→“Inset Logo”命令，打开“Import Image as Logo”对话框，选择“奖品01.jpg”，单击“打开”按钮，将这个图片导入到字幕窗口中。确认“Fill”不勾选，将其“Outer Strokes”下的“Size”设为10，颜色为黑色，如图8-48所示。

图8-48　插入图标并设置

步骤04　用同样的方法，选择“Title”→“Logo”→“Inset Logo”命令导入“奖品02.jpg”至“奖品08.jpg”7个图片，并且缩放至合适的大小，旋转合适的角度，分别放置在文字和圆形的周围，如图8-49所示。

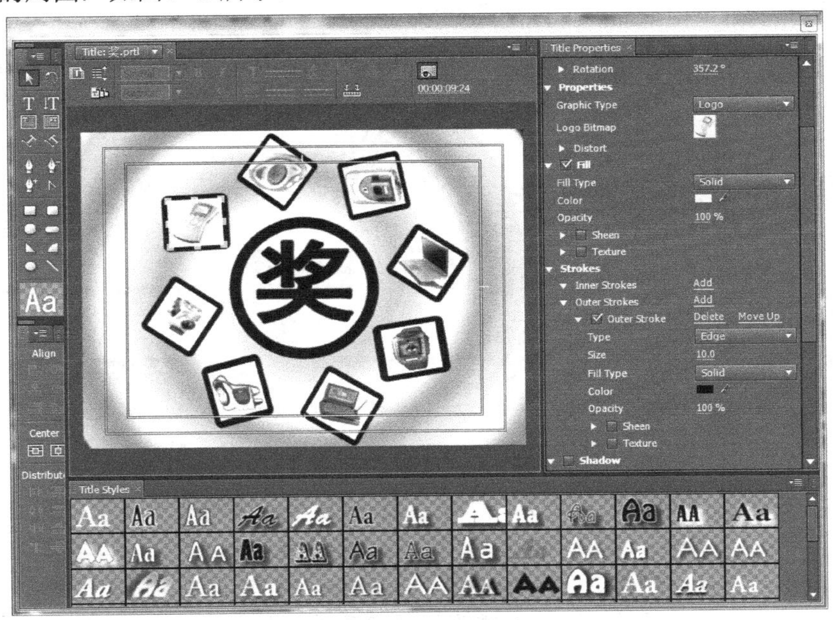

图8-49　插入图标后的效果图

设置透视效果方法一

步骤01　选择“File”→“New”→“Sequence”命令（或按<Ctrl+N>组合键）新建一个新的时间线Sequence02。

步骤02　从素材窗口中将“大奖图形”拖至Sequence02时间线的Video1轨道中，并将长度设置为10s。

步骤03　在时间线中将时间移至第0帧，选中“大奖图形”，在其“Effect Controls”窗口中的“Motion”下，单击打开“Rotation”前面的码表，记录动画关键帧。在第0帧处为0度，第3s处为–30°，第4s处为360°即1×0.0°，第9s24帧处为315°，如图8-50所示。

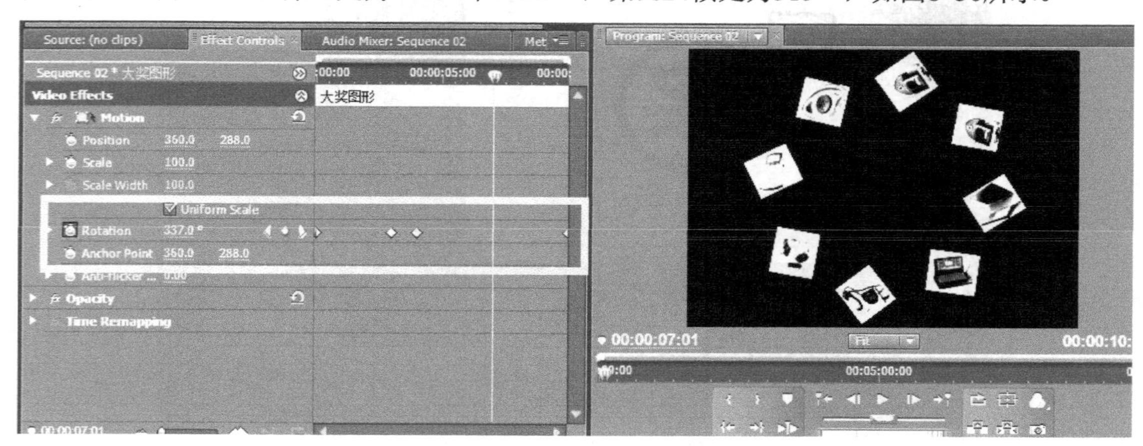

图8-50　制作旋转动画

步骤04　返回到Sequence01时间线窗口中，从素材窗口中将Sequence02拖至Video2轨道中。

步骤05　打开“Effects”窗口，展开“Video Effects”下的“Transform”，将“Camera View”拖至Video2轨道中的素材上，如图8-51所示。

图8-51　为Video2轨道中的素材添加Camera View特效

步骤06　在预览窗口中可以看到，“大奖图形”有不透明的黑底色，在时间线中选中“大奖图形”，在其“Effect Controls”窗口中的“Camera View”下，单击其右侧的按钮，打开“Camera View Setup”窗口，将“Fill Alpha Channel”前面的勾选取消掉，单击“OK”按钮，如图8-52和图8-53所示。这样不透明的黑底色被消除，如图8-54所示。

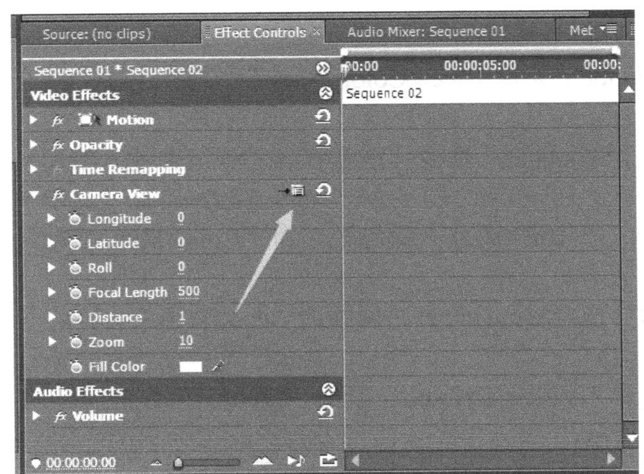

图8-52　设置“Camera View”特效

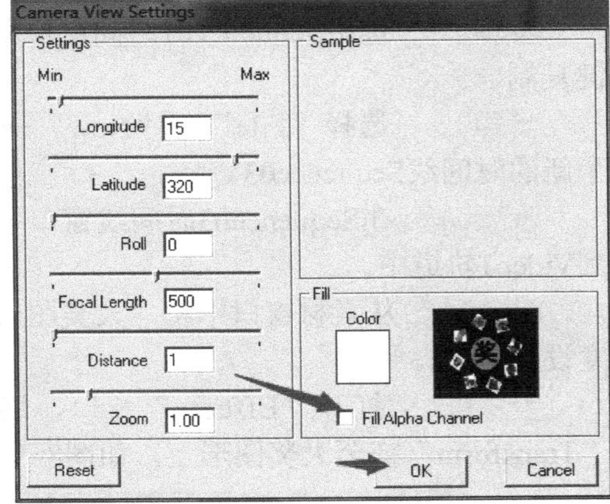

图8-53　设置“Camera View”特效

图8-54　效果图

步骤07　在“Effects Controls”窗口中的“Camera View”下，将“Longitude”设为15°，将“Latitude”设为320°，使“大奖图形”有一个透视的角度。此时预览动画效果，“大奖图形”在保持透视的角度下旋转，如图8-55所示。

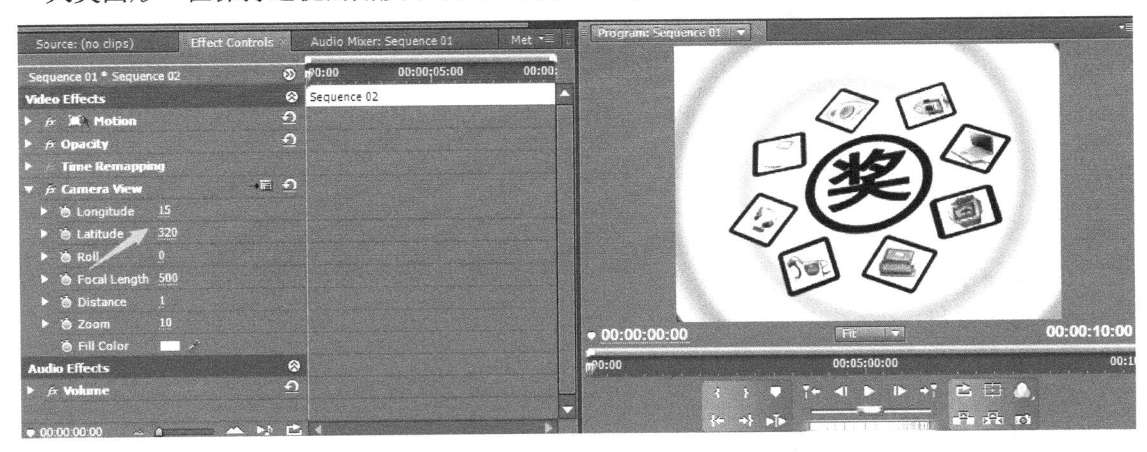

图8-55　设置Camera View中的透视角度

设置透视效果方法二

步骤01　选中Sequence01时间窗口中Video1轨道中的“Color Matte”，按<Ctrl+C>组合键复制。

步骤02　选择“File”→“New”→“Sequence”命令（或按<Ctrl+N>组合键）新建一个新的时间线Sequence03。

步骤03　在Sequence03时间线窗口中，按<Ctrl+V>组合键粘贴，将“Color Matte”粘贴到Video1轨道中。

步骤04　从素材窗口中将“大奖图形”拖至Sequence03时间线的Video2轨道中，并将长度设置为10s。

步骤05　打开“Effects”窗口，展开“Video Effects”下的“Distort”，在其下将“Transform”拖至大奖图形上，如图8-56所示。

图8-56　为大奖图形添加一个“Distort”特效

步骤06　在时间线中将时间移至第0帧，选中“大奖图形”，在其“Effect Controls”窗口中的“Transform”下，单击打开“Rotation”前面的码表，记录动画关键帧。在第0帧处为0°，第3s处为–30°，第4s处为360°即1×0.0°，第9s24帧处为315°。

步骤07　打开“Effects”窗口，展开“Video Effects”下的“Perspective”，将“Basic 3D”拖至Video2轨道中的素材上。

步骤08　在“Effect Controls”窗口中的“Basic 3D”下，将“Swivel”设为15°，将“Title”设为330°，使“大奖图形”有一个透视的角度。此时预览动画效果，“大奖图形”在保持透视的角度下旋转。

活动4　制作电子像册

活动内容

1. 新建文件
2. 导入素材
3. 建立“装饰图片”时间线
4. 为图片进行装饰
5. 建立“翻动相册”时间线
6. 设置相册翻动的动画

7．设置封面内侧的空白页
8．设置封底的背面
9．设置封面和封底的位移动画
10．建立宠物相册时间线
11．预览输出

操作步骤

新建工程文件

步骤01　启动Premiere Pro软件，单击“New Project”按钮新建一个工程文件，打开“New Project”对话框。

步骤02　在“New Project”对话框中，展开“DV-PAL”，选择国内电视制式通用的“DV-PAL Standard 48kHz”。在“Location”项的右侧单击“Browse”按钮，打开“浏览文件夹”对话框，新建或选择存放工程文件的目标文件夹。在“New Project”对话框的“Name”文本框中输入所建工程文件的名称，这里为“电子像册”，单击“OK”按钮完成工程文件的建立，进入“Premiere Pro”的编辑界面。

导入素材文件

步骤01　先选择“Edit”→“Preferences”→“General”命令，打开“Preferences”对话框，并单击左侧列表中的General，将“Still Image Default Duration”项的数值（静态图片的默认长度）修改为125帧，即5s，然后单击“OK”按钮，如图8-57和图8-58所示。

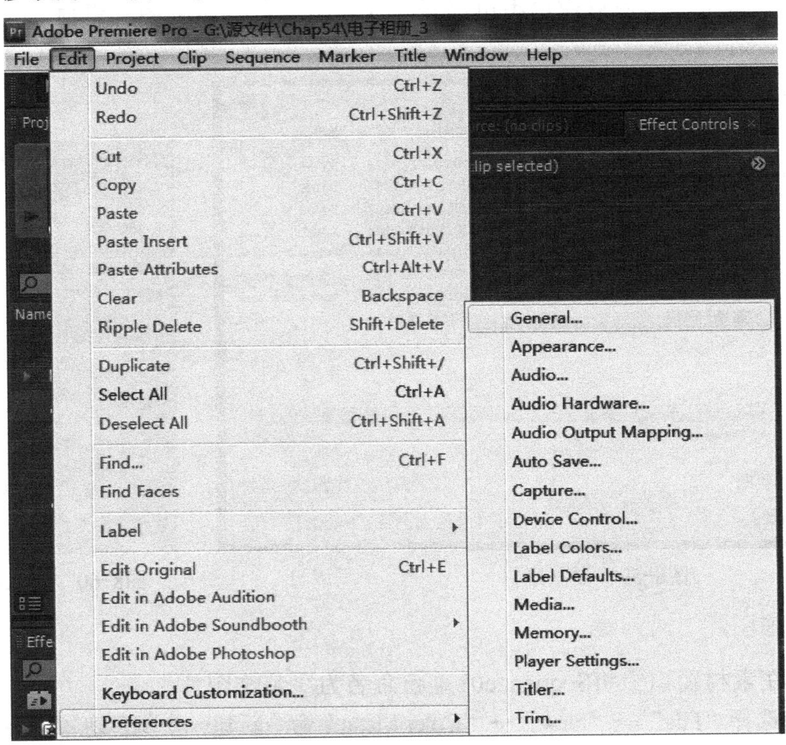

图8-57　设置素材默认长度1

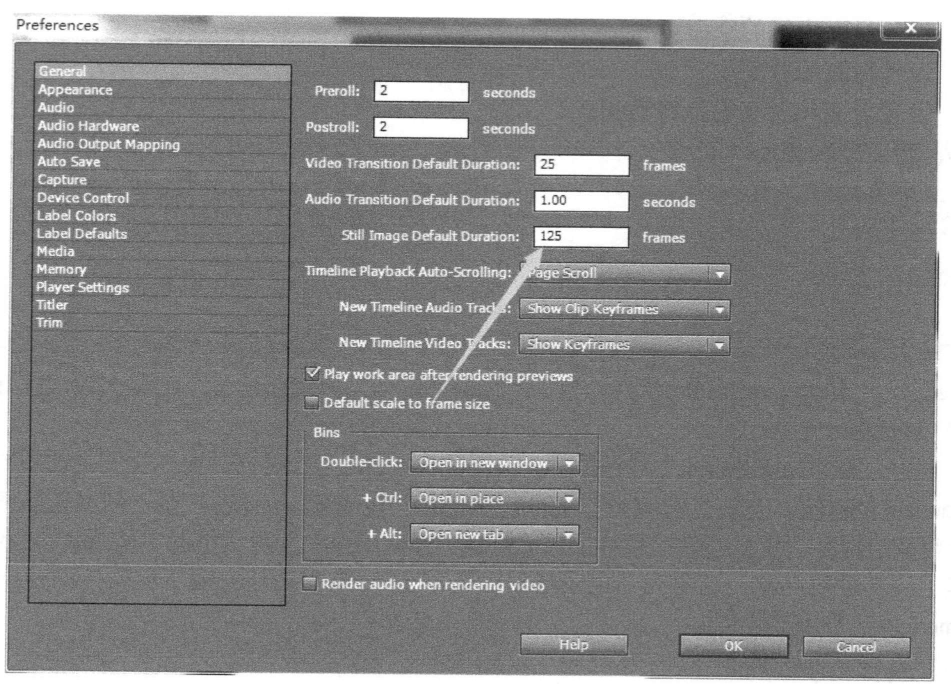

图8-58 设置素材默认长度2

步骤02 选择“File”→“Import”命令（或按<Ctrl+I>组合键）导入素材，在打开的“Import”对话框中，选择“宠物狗”文件夹，单击“Import Folder”按钮将其导入素材窗口中，如图8-59所示。在素材窗口中可以看出文件夹下这些宠物图片素材的长度都为5s，如图8-60所示。

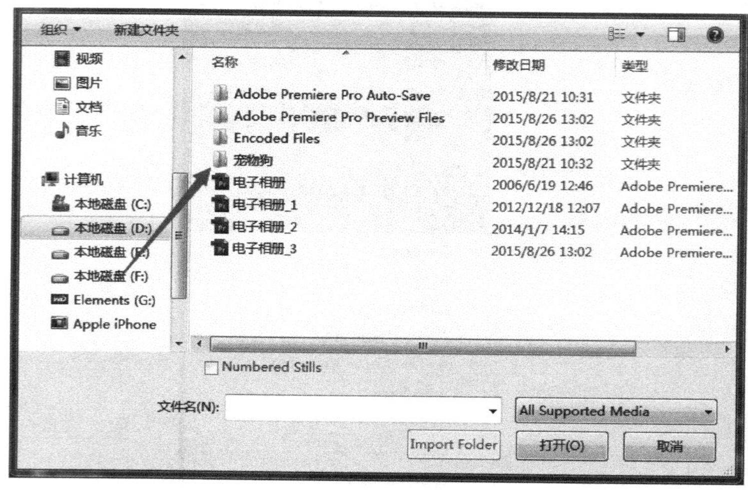

图8-59 导入素材

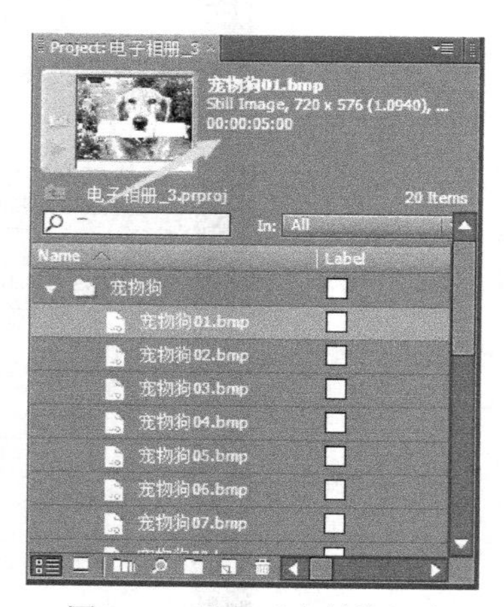

图8-60 导入后素材的长度

建立“装饰图片”时间线

步骤01 在素材窗口中将Sequence01重新命名为“装饰图片”。

步骤02 选择“File”→“New”→“Color Matte”命令新建一个颜色遮罩，在打开的“Color Picker”对话框中选择颜色为RGB（222，222，222），单击OK按钮，如图8-61所示，然后将其命名为“Color Matte白色”，并从素材窗口中将其拖至时间线窗口的Video1轨道中，如图8-62所示。

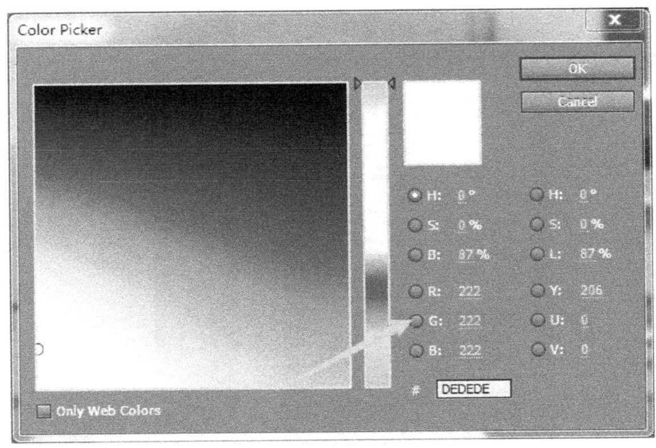

图8-61　新建一个“Color Matte”

图8-62　将“Color Matte”拖到轨道上

步骤03　选择“File”→“New”→“Title”命令（或按<F9>键）新建一个名称为“封面”的字幕文件，打开字幕窗口，选择“Title”→“Templates”命令（或按<Ctrl+J>组合键）打开“Templates”对话框，从中展开“Title Designer Presets”下“Education”下的“Balloons2”，选择“Ballons2 frame”，单击“Apply”（应用）按钮，如图8-63所示。

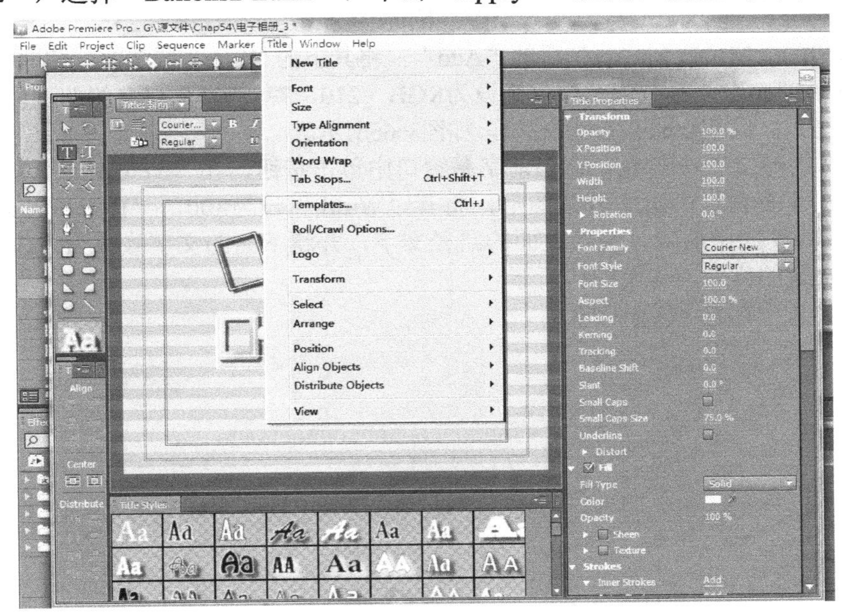

图8-63　根据模板新建“封面”字幕

步骤04　在字幕窗口中选择背景图形，将其“Width”设为1 000，“Height”设为750，然后单击Center按钮将其居中放置，如图8-64所示。

步骤05　删除字幕窗口中当前预设的两个字幕，选择“路径文字工具”重新建立一个路径文字，输入“宠物狗”，“Font”设为少儿体，“Front Size”设为120，为其“Fill Type”设置一个“4Color Gradient”，将其左上角的色标设为RGB（245，255，150），右上角的色标设为RGB（180，255，0），左下角的色标设为RGB（255，170，0），右下角的色标设为RGB（240，255，0），将其放置画面的中上部，如图8-65所示。

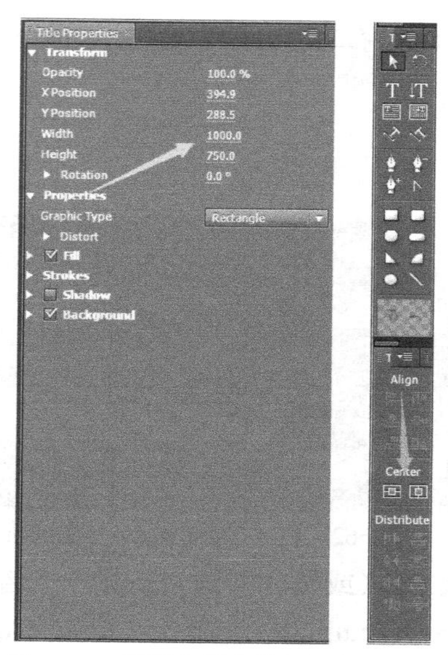

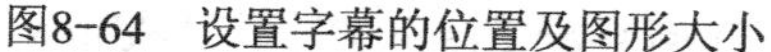

图8-64　设置字幕的位置及图形大小

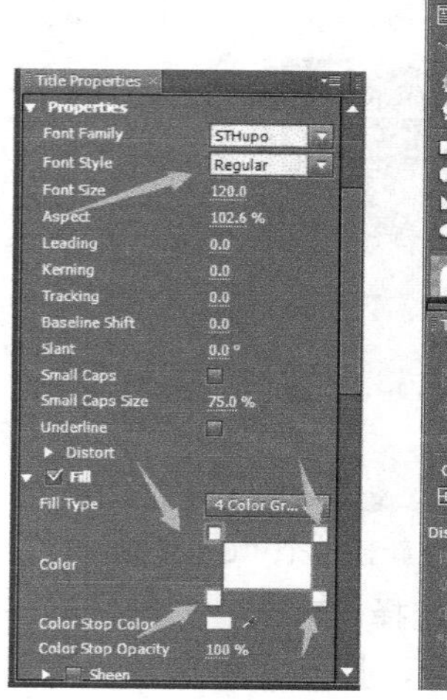

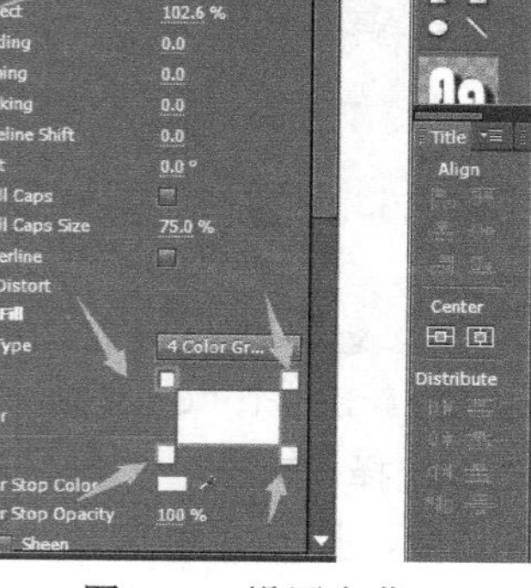

图8-65　设置字幕

步骤06　再在字幕窗口中选择工具建立一行文字，输入“电子相册”。“Font”设为琥珀体，“Front Size”设为100，为其“Fill”下的“Color”为RGB（255，238，0）。展开“Strokes”，单击“Outer Strokes”后的“Add”，将其下的“Size”设为46，将“Fill Type”设为“Linear Gradient”，将右侧的颜色钮设为RGB（210，77，0），将右侧的颜色钮设为RGB（210，175，0），将“Angle”设为213°，如图8-66所示。

步骤07　再建立一个封底，在当前字幕窗口中单击按钮，在“New Title”窗口中命名为“封底”。在字幕窗口中选中背景图形，将其“Width”设为800，“Height”设为600，然后单击Center将其居中放置。删除上面的路径文字，并将下面的文字修改为“END”，将其放置在中部合适的位置，如图8-67所示。

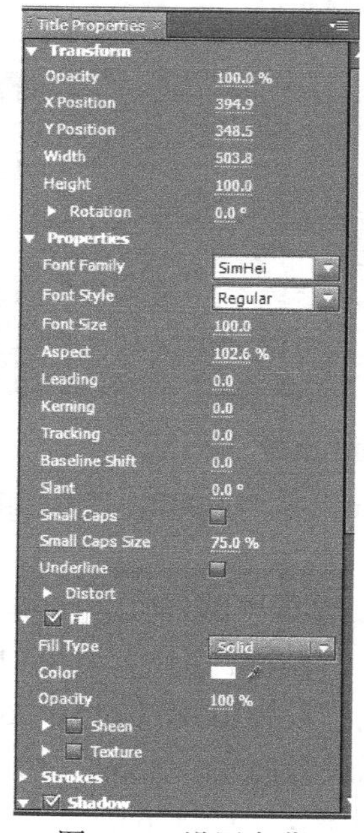

图8-66　设置字幕

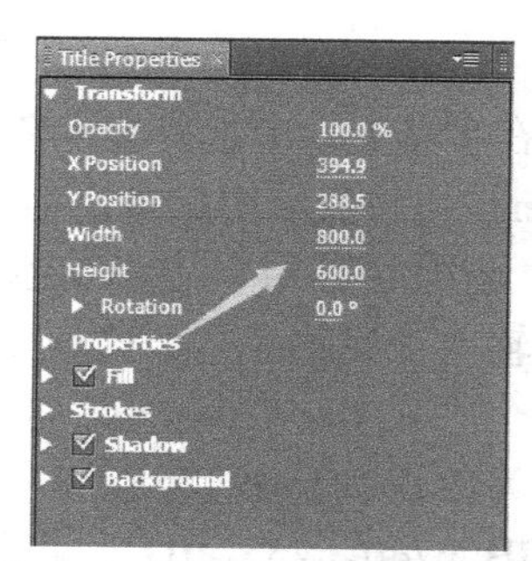

图8-67　创建并设置“封底”字幕

步骤08　在素材窗口中选择“封面”“宠物狗01.bmp”至“宠物狗10.bmp”及“封底”，将其拖至时间线“装饰图片”的Video2轨道中，并将Video1轨道中遮罩的长度与Video2轨道中的素材对齐。可以在各个图片之间的时间处，按数字小键盘的<*>键，在时间标尺上添加标记点，将“宠物狗01.bmp”至“宠物狗10.bmp”的画面尺寸即“Scale”缩小为85%，如图8-68所示。

图8-68　将素材拖至轨道上

为图片进行装饰

步骤01　为宠物图片添加相应的装饰。这里是利用软件自带的字幕模板中的图形来进行装饰。将时间移至“宠物狗01.bmp”的画面上，选择“File”→“New”→“Title”命令（或按<F9>键）新建字幕，将其命名为“装饰01”，打开字幕窗口。

步骤02　选择“Title”→“Templates”命令（或按<Ctrl+J>组合键），打开“Templates”窗口，从中展开“Title Designer Presets”下“Travle”下的“Summer”，选择“Summer-Wide-letrbx”，单击“Apply”（应用）按钮，如图8-69所示。

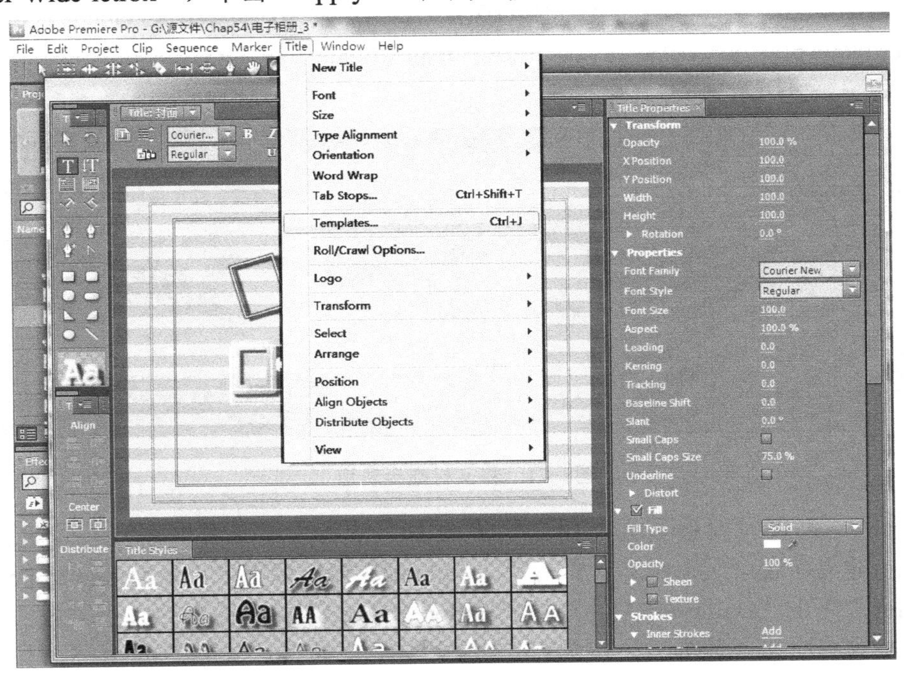

图8-69　应用“Summer-Wide-letrbx”字幕模板

步骤03　在字幕窗口中对图形的大小及文字作适当的调整，这里没有使用文字，实际制作中也可以添加自己需要的文字标注，如图8-70所示。

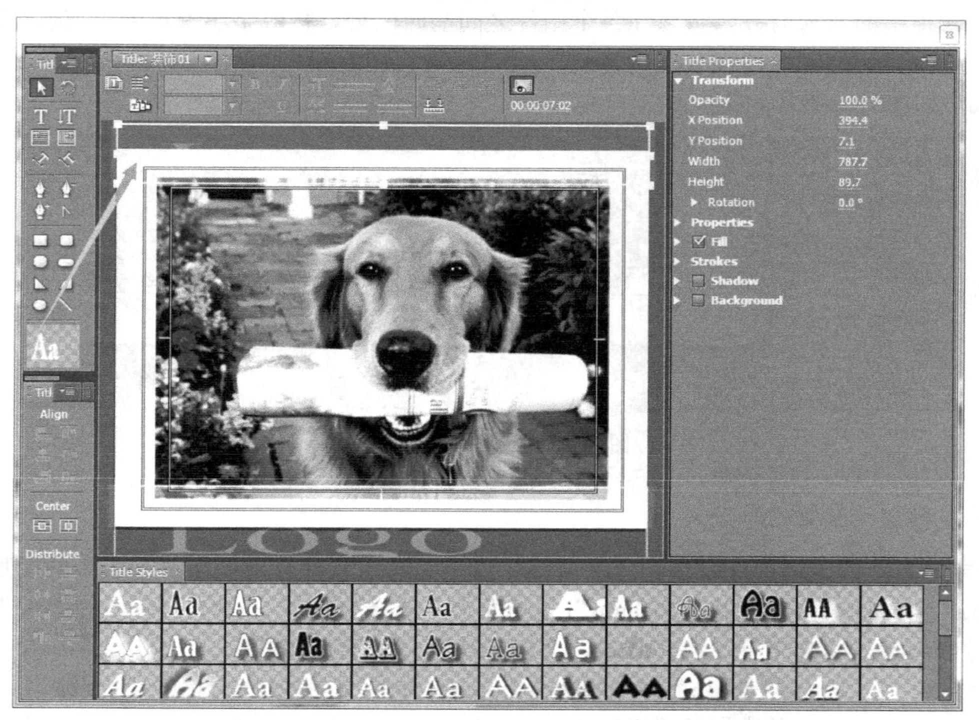

图8-70　调整设置模板

步骤04　从素材窗口中将“装饰01”拖至“装饰图片”时间线中的Video3轨道中，并在其“Effect Controls”窗口中将其“Motion”下的“Scale”设为85，与其他的宠物图片的大小一致，如图8-71所示。

图8-71　将素材拖至轨道上

步骤05　再将时间移至其他的宠物的画面上，新建字幕装饰图片。这里在“宠物04.bmp”上建立字幕“装饰02”，打开“Templates”窗口调用“Title Designer Presets”下“Education”下的“Balloons2”，选择“Ballons2-low3”，对图形的大小作适当的调整。然后从素材窗口中将“装饰02”拖至Video3轨道中，并将其“Scale”设为85，与其他的宠物图片的大小一致，如图8-72所示。

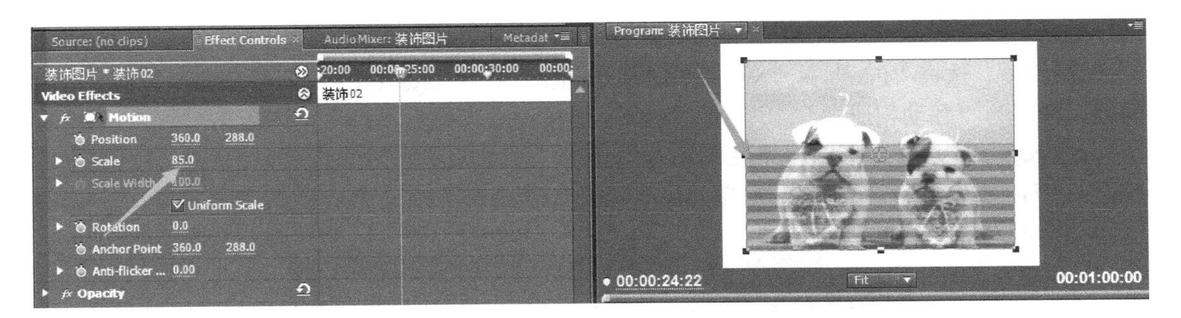

图8-72 应用"Ballons2-low3"字幕模板

步骤06 同样，继续新建字幕装饰图片。这里在"宠物07.bmp"上建立字幕"装饰03"，打开"Templates"窗口调用"Title Designer Presets"下"General"下的"Retro"，选择"Retro-low3"，对图形的大小作适当的调整。然后从素材窗口中将"装饰03"拖至Video3轨道中，并将其"Scale"设为85，与其他的宠物图片的大小一致，如图8-73所示。

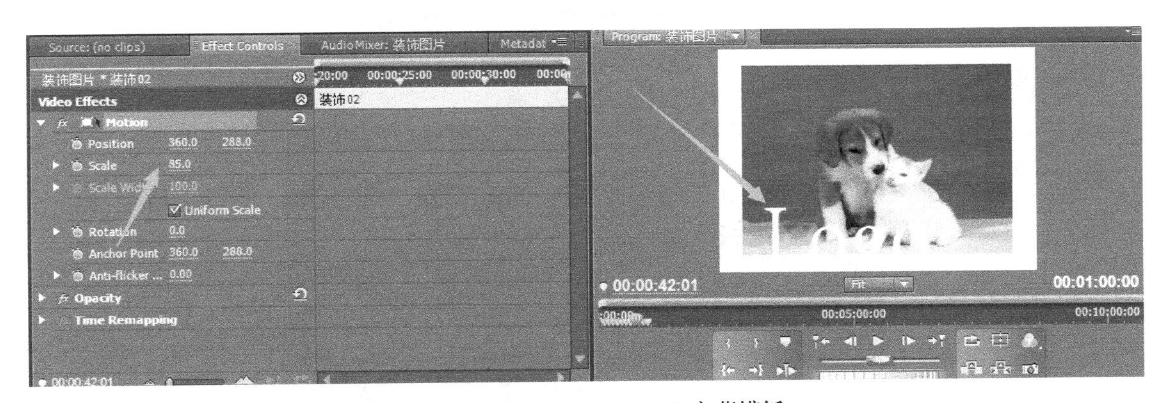

图8-73 应用"Retro-low3"字幕模板

步骤07 在时间线中，在"宠物01.bmp"至"宠物03.bmp"上添加"装饰01"，在"宠物04.bmp"至"宠物05.bmp"上添加"装饰02"，在"宠物07.bmp"至"宠物10.bmp"上添加"装饰03"，如图8-74所示。

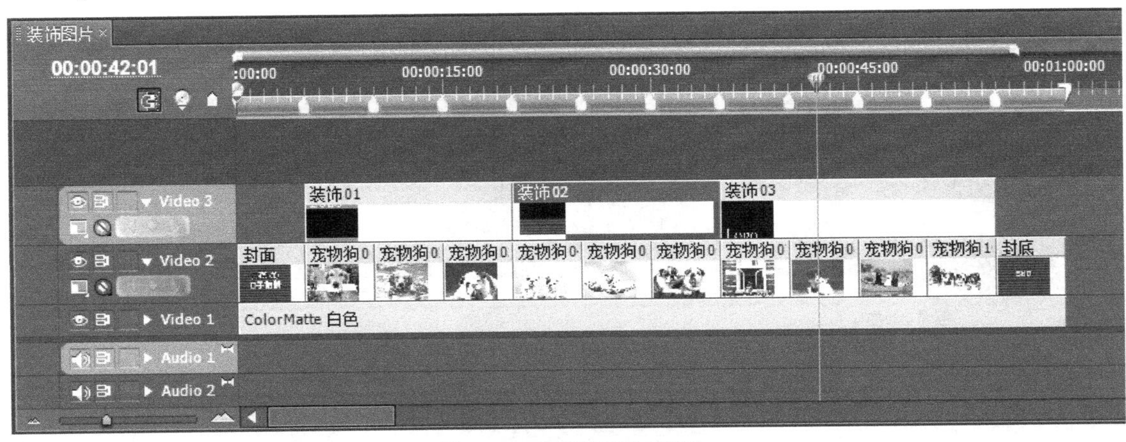

图8-74 为素材添加装饰

建立“翻动相册”时间线

步骤01　选择“File”→“New”→“Sequence”命令（或按<Ctrl+N>组合键）新建一个时间线，命名为“翻动相册”。

步骤02　从素材窗口中将“装饰图片”移至“翻动相册”时间线窗口的Video1轨道中，将其选中，然后选择“Clip”→“Unlink”命令将其视音频分离，再删除音频部分，如图8-75和图8-76所示。

图8-75　分离音视频

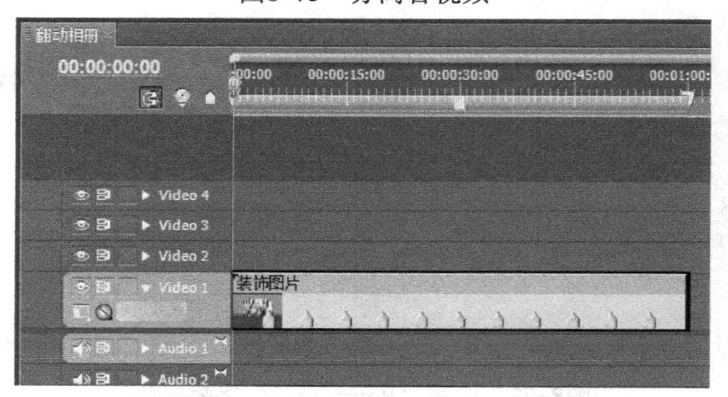

图8-76　删除音频

步骤03　选中Video1轨道中的视频，按<Ctrl+C>组合键复制，然后单击Video2轨道，按<Ctrl+V>组合键粘贴，再单击Video3轨道，按<Ctrl+V>组合键粘贴。这样在三个视频轨道中都放置“装饰图片”视频。

步骤04　单击启用Video2轨道的锁定图片，在每隔5s所在标记点处依次按<Ctrl+K>组合键分割开，如图8-77所示。

图8-77　每隔5s分割图片

步骤05 取消Video2轨道的锁定状态，将Video2轨道中的“装饰图片”的入点移至第7s处。用“移动剪辑工具”（或按<M>键）将Video3轨道中的素材整体移动，使其入点为第5s处。然后再恢复为“轨道选取工具”（或按<V>键），如图8-78所示。

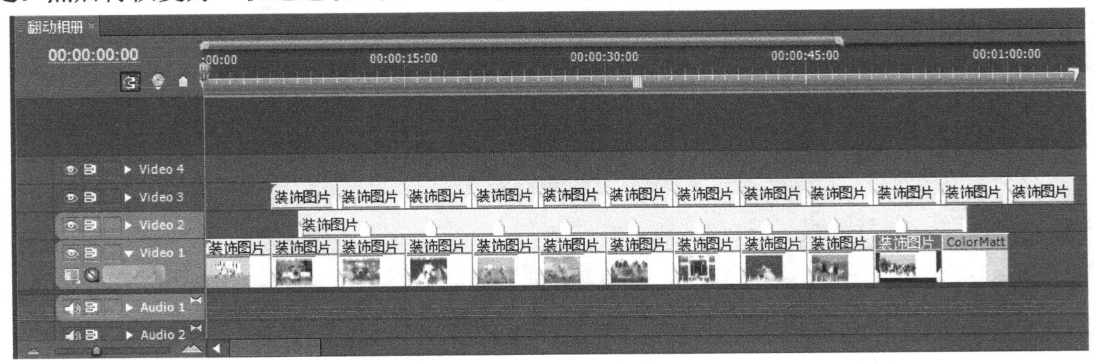

图8-78 调整入点

设置相册翻动的动画

步骤01 打开“Effects”窗口，展开“Video Effects”下的“Distort”，从中将“Transform”拖至时间线中Video1轨道中的第一段素材，如图8-79所示。

图8-79 第一段素材上应用“Distort”特效

步骤02 在时间线中选中Video1轨道中的第一段素材，在其“Effect Controls”窗口中对“Transform”进行适当的设置。将“Anchor Point”设为（0，288），将“Scale Height”设为50，将“Scale Width”设为50，如图8-80所示。

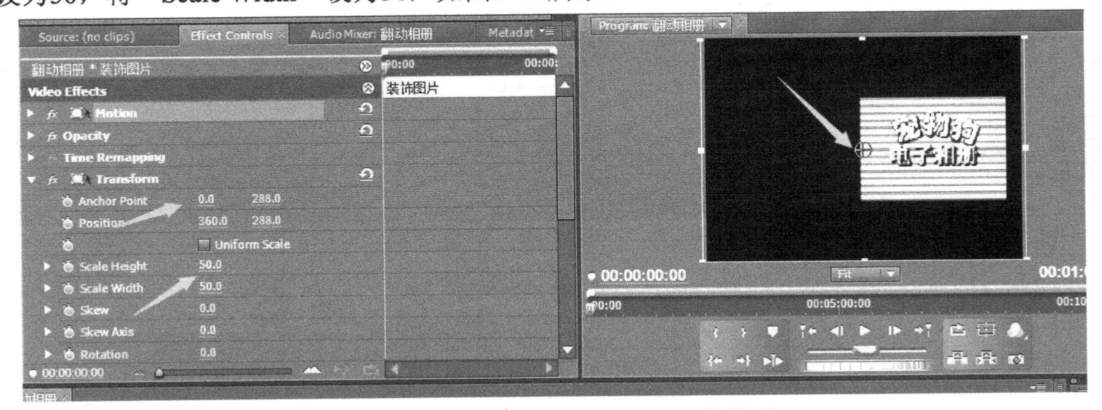

图8-80 对“Transform”进行适当的设置

步骤03　在Effects窗口中，展开“Video Effects”下的“Transform”，从中再将“Camera View”拖曳至时间线中Video1轨道中的第一段素材，如图8-81所示。

图8-81　应用“Camera View”特效至第一段素材

步骤04　在时间线中选中Video1轨道中的第一段素材，在其“Effect Controls”窗口中对“Camera View”进行适当的设置。将“Latitude”设为330，将“Roll”设为10，将“Distance”设为50，如图8-82所示。

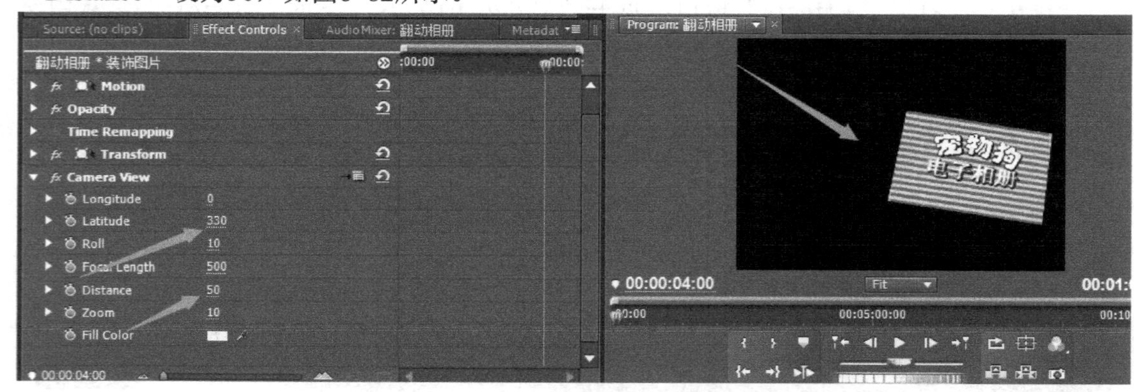

图8-82　对“Camera View”进行适当的设置

步骤05　在“Effect Controls”窗口选中第一段素材的“Transform”和“Camera View”这两个效果，按<Ctrl+C>组合键复制，再选中Video1轨道中剩余的其他素材段，按<Ctrl+V>组合键粘贴，如图8-83所示。这样使这些素材均具有相同的效果。可以暂时关闭Video2和Video3视频轨道的显示，查看粘贴后的效果，如图8-84所示。

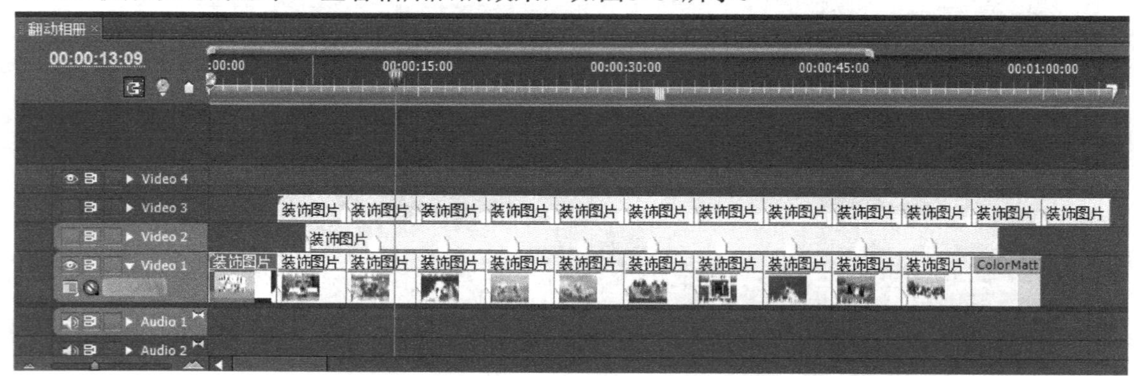

图8-83　复制“Transform”和“Camera View”这两个效果

图8-84　效果图

步骤06　同样，再将这两个效果粘贴到Video2轨道中的素材和Video3轨道中的第一段素材上，使这些素材均具有相同的效果。

步骤07　打开Video2和Video3轨道的显示，选中Video3轨道中的第一段素材，在其“Effect Controls”窗口对其进行动画设置。将时间移至这段素材的入点即第5s处，单击打开“Camera View”下“Longitude”前面的码表，记录动画关键帧，当前“Longitude”为0，如图8-85所示。

图8-85　制作第5s处的Camera View动画

步骤08　将时间移至第7s处，将“Longitude”设为180，这样图片被翻转到左侧，如图8-86所示。

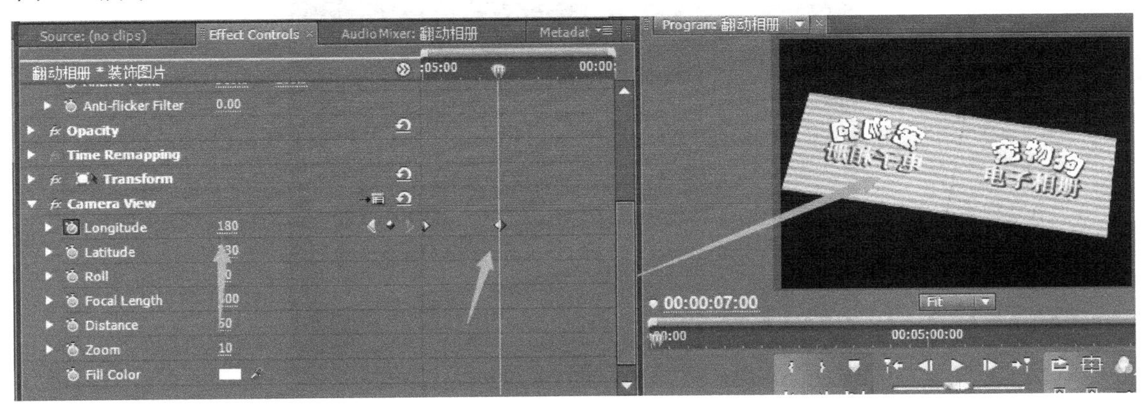

图8-86　制作第7s处的“Camera View”动画

步骤09　预览效果会发现右侧的画面仍与翻转走的画面相同，可以在时间线中选中Video2轨道中的素材，在其“Effect Controls”窗口中将其“CameraView”下的“Longitude”设为180，如图8-87所示。

图8-87　设置CameraView

步骤10　播放预览动画效果，已经制作好了第一个翻页效果，如图8-88～图8-90图所示。

图8-88　效果图1

图8-89　效果图2

图8-90　效果图3

步骤11　选中Video3轨道中第一段素材的“Transform”和“Camera View”这两个效果，按<Ctrl+C>组合键复制，再选中Video3轨道中剩余的其他素材段，按<Ctrl+V>组合键粘贴。这样使这些素材均具有相同的动画效果，如图8-91和图8-92所示。

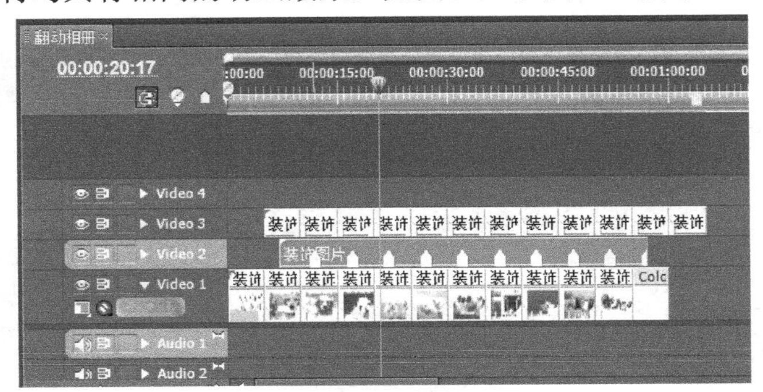

图8-91　复制“Transform”和“Camera View”这两个效果

图8-92　效果图

设置封面内侧的空白页

步骤01　为封面的内侧设置一个空白页。在素材窗口中将“Color Matte白色”拖至时间线窗口中Video3轨道上方的空白处，会自动将其放置在添加的Video4视频轨道中。将“Color Matte白色”与Video3轨道中的第一段素材对齐，如图8-93所示。

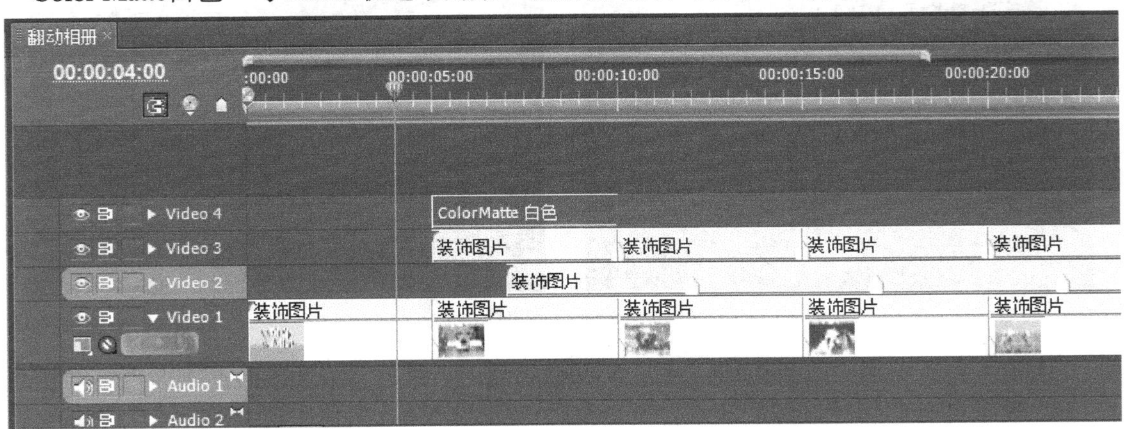

图8-93　将“Color Matte 白色”拖至Video4视频轨道中

单元8　视频特效

步骤02　选中Video3轨道中的第一段素材的“Transform”和“Camera View”这两个效果，按<Ctrl+C>组合键复制，再选中Video4轨道中的“Color Matte 白色”，按<Ctrl+V>组合键粘贴。这样使这两段素材具有相同的动画效果，如图8-94所示。

图8-94　复制“Transform”和“Camera View”这两个效果

步骤03　移动时间的同时预览效果，在Video3轨道中第一段素材即相册封面翻转到显示出内侧时，这里为第6s处，将“Color Matte白色”剪切开。这样在第5s至第10s之间的翻页过程中，封面翻转后显示出白色的内侧页，如图8-95和图8-96所示。

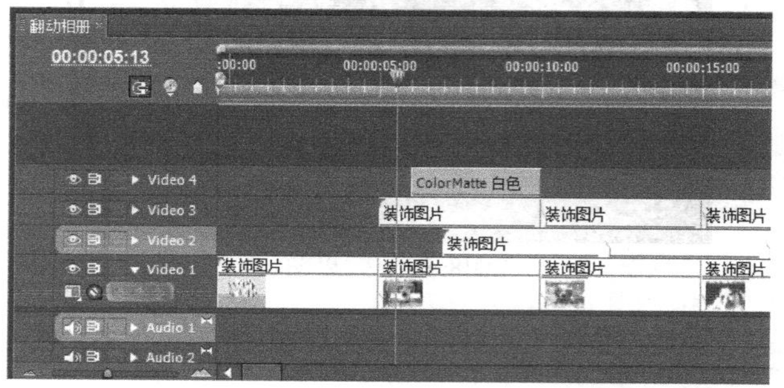

图8-95　设置封面内侧的空白页

图8-96　效果图

步骤04　预览动画效果在10s之后，Video2轨道中的素材又显示出封面画面，可以将其在12s之前的部分剪切掉，然后从素材窗口中将“Color Matte白色”拖至Video2轨道中放置在被剪切掉的10s～12s之间。

步骤05　选择Video2轨道中“装饰图片”素材的“Transform”和“Camera View”这两个效果，按<Ctrl+C>组合键复制，再选中Video2轨道中的“Color Matte白色”，按<Ctrl+V>组合键粘贴。这样使这两段素材具有相同的效果。这样制作完有白色内侧页的封面翻页动画，如图8-97和图8-98所示。

图8-97　复制“Transform”和“Camera View”这两个效果

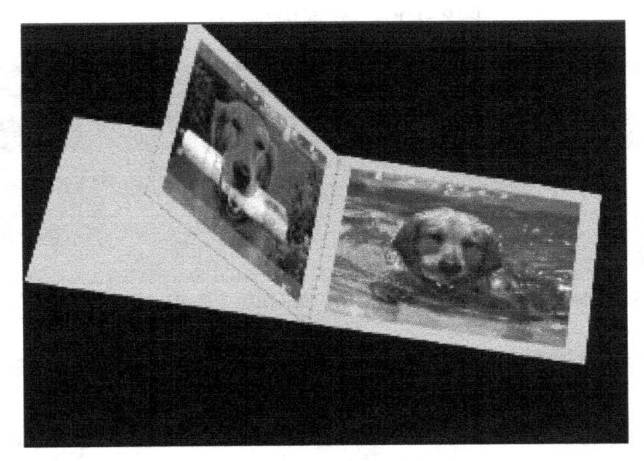

图8-98　效果图

设置封底的背面

步骤01　在翻页到最后的封底时，可以看到封底页的内侧有文字和图像，封底页的外侧文字左右颠倒，如图8-99所示。

图8-99　封底效果图

步骤02　对封底进行设置，使其内侧为空白页，并修正外侧文字的方向。先设置内侧空白页。在时间线中删除Video1轨道中最后一段素材，从素材窗口中将“Color Matte白色”拖至时间线窗口中Video1轨道中被删除的最后一段素材处，长度与最后一段素材相同，如图8-100和图8-101所示。

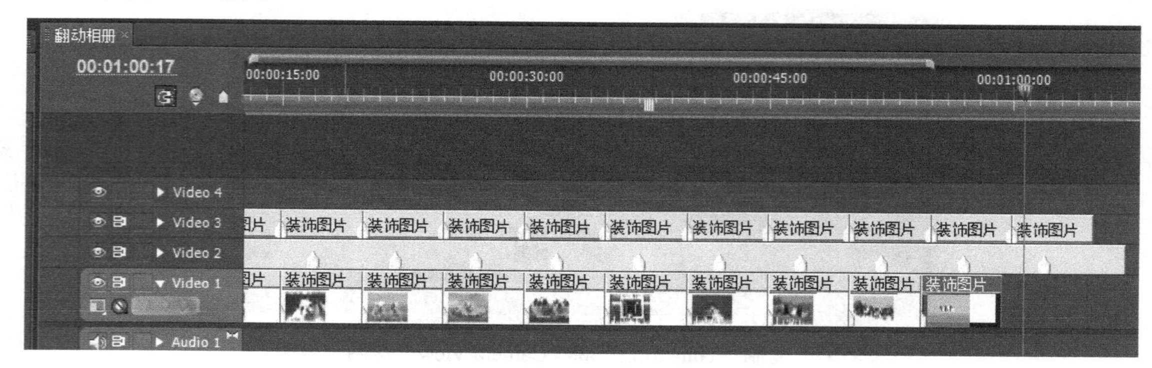

图8-100　设置内侧空白页

图8-101　修正外侧文字的方向

步骤03　选择Video1轨道中其他素材的“Transform”和“Camera View”这两个效果，按<Ctrl+C>组合键复制，再选中Video1轨道中最后的“Color Matte 白色”，按<Ctrl+V>组合键粘贴。这样使其具有相同的动画效果，如图8-102所示。

图8-102　复制“Transform”和“Camera View”这两个效果

步骤04 再从素材窗口中将“Color Matte 白色”拖至时间线Video3轨道中的最后一段素材之上，并与其对齐，如图8-103所示。

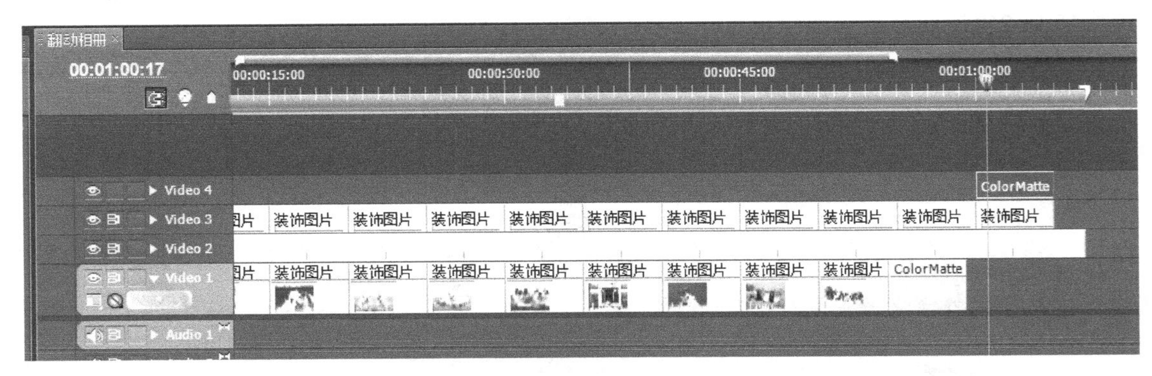

图8-103 将“Color Matte 白色”拖至Video3轨道中

步骤05 选择Video3轨道中其他素材的“Transform”和“Camera View”这两个效果，按<Ctrl+C>组合键复制，再选中Video3轨道中最后的“Color Matte白色”，按<Ctrl+V>组合键粘贴。这样使其具有相同的动画效果，如图8-104所示。

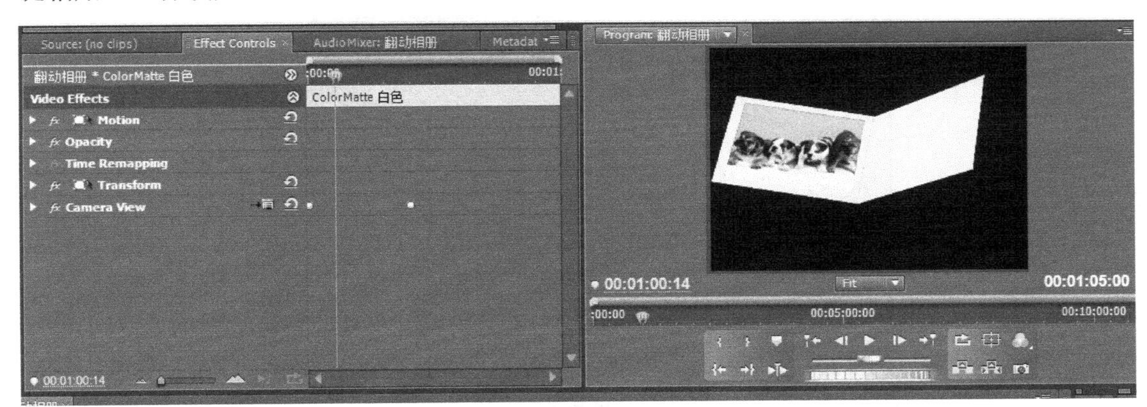

图8-104 复制“Transform”和“Camera View”这两个效果

步骤06 播放并查看动画效果，在封底翻转至左侧时，需要显示文字和图像，可以在时间线中将Video3轨道中的“Color Matte白色”在1m1s之后的部分删除掉即可，如图8-105所示。

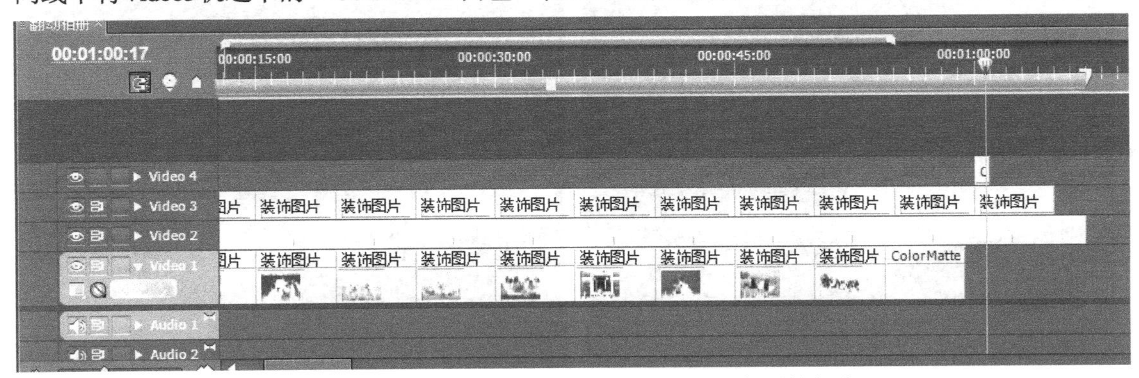

图8-105 删除“Color Matte 白色”在1m1s之后的部分

步骤07　最后对封底外侧图像中左右颠倒的文字进行处理。打开“装饰图片”时间线，从“Effect”窗口中展开“Video Effects”下的“Perspective”，将“Basic3D”拖至时间线中Video2轨道的最后一段素材上，如图8-106所示。

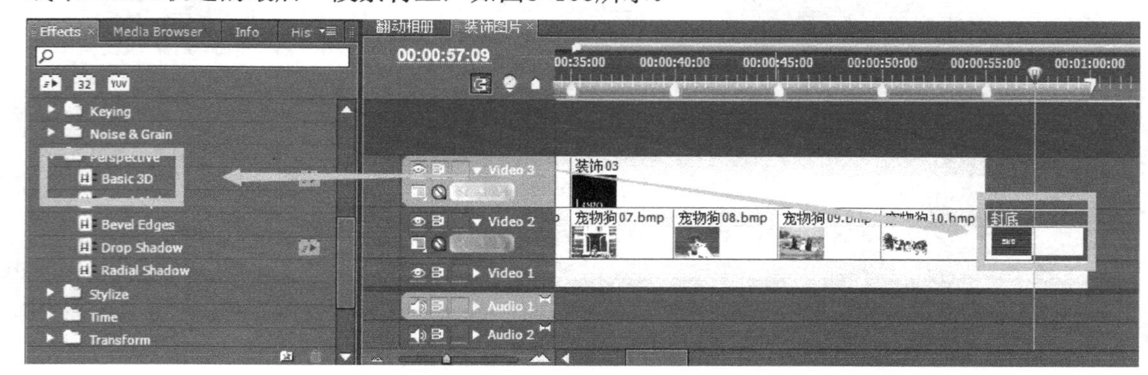

图8-106　在Video2轨道的最后一段素材上应用“Basic3D”特效

步骤08　然后在其“Effect Controls”窗口中将“Basic3D”下的“Swivel”设为180.0°，如图8-107所示。

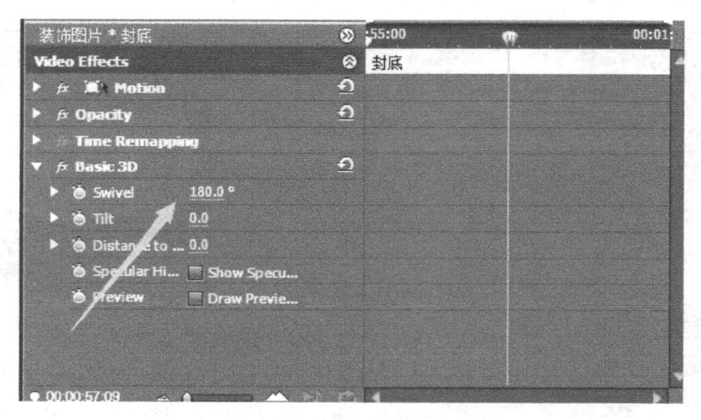

图8-107　设置Basic3D特效

步骤09　再回到“翻动相册”时间线窗口，播放预览最后的动画效果，文字的方向已经修改，这样制作完有白色内侧页的封底翻页动画，如图8-108和图8-109所示。

图8-108　效果图1

图8-109　效果图2

设置封面和封底的位移动画

步骤01　在“翻动相册”时间线窗口中选择Video1轨道中的第一段素材，展开其“Effect Controls”窗口中的“Transform”和“Camera View”，将时间移至第4s处，单击打开“Transform”下“Anchor Point”和“Camera View”下“Latitude”及“Roll”前面的码表，记录动画关键帧，当前数值不变，如图8-110所示。

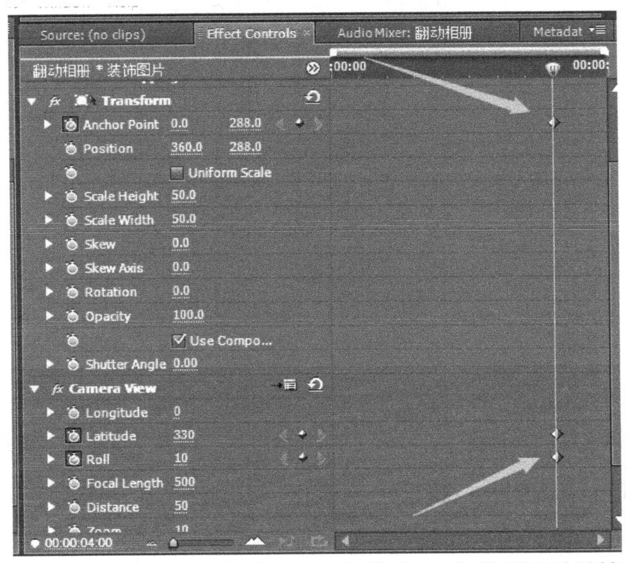

图8-110　第4s处记录“Latitude”及“Roll”的动画关键帧

步骤02　将时间移至第3s处，将“Transform”下“Anchor Point”设为（360，288），将“Camera View”下“Latitude”设为360，“Roll”设为0，如图8-111所示。

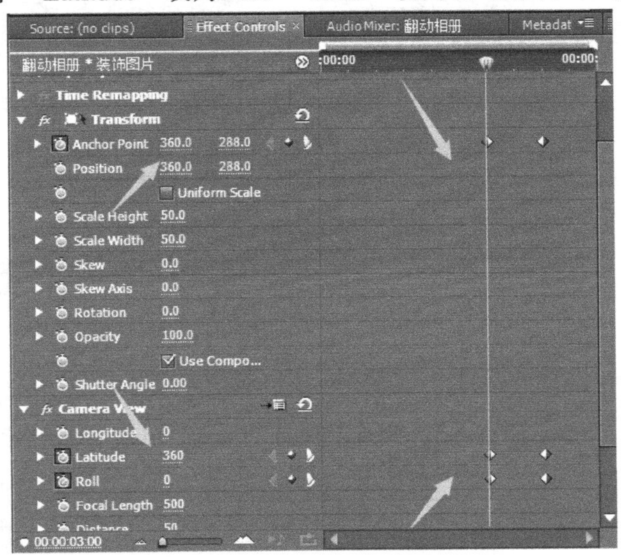

图8-111　调整锚点，设置第3s“Latitude”及“Roll”的参数

步骤03　播放预览动画，居中的相册向右侧移动，并旋转一个倾斜的角度。

步骤04　在“翻动相册”时间线窗口中选择Video3轨道中的最后一段材料，展开其“Effect

Controls”窗口中的“Transform”和“Camera View”，将时间移至第1m02s处，单击打开“Transform”下“Anchor Point”和“Camera View”下“Latitude”及“Roll”前面的码表，记录动画关键帧，当前数值不变，如图8-112所示。

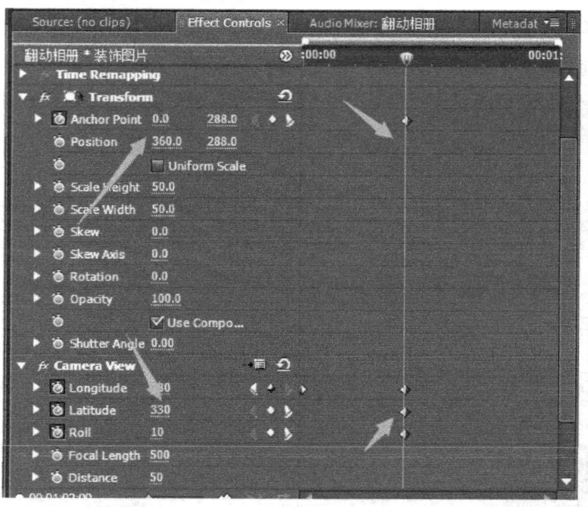

图8-112　第1m02s处记录“Latitude”及“Roll”的动画关键帧

步骤05　在时间线中将Video2轨道中的素材在1m02s之后的部分删除掉，如图8-113和图8-114所示。

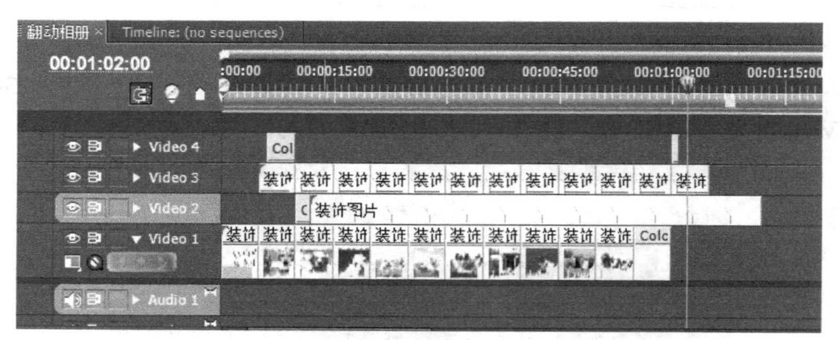

图8-113　删除素材在1m02s之后的部分之前

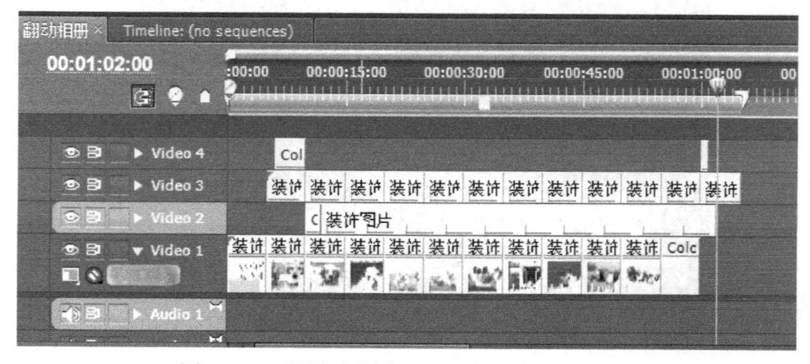

图8-114　删除素材在1m02s之后的部分之后

步骤06　将时间移至第1m03s处，将“Transform”下“Anchor Point”设为（360，

288），将“Camera View”下“Latitude”设为360，“Roll”设为0，如图8-115所示。

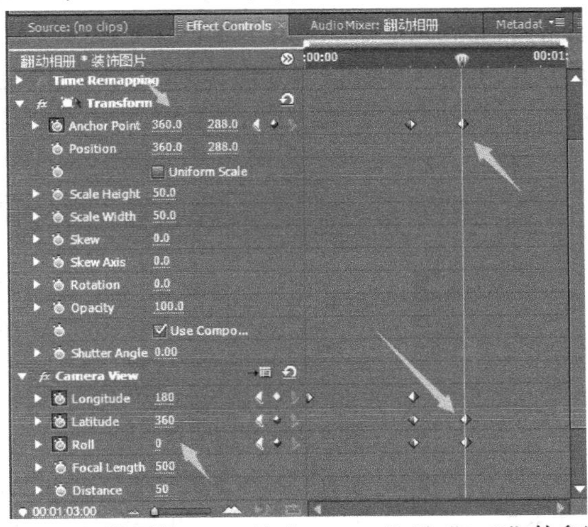

图8-115　设置第1m03s处“Latitude”及“Roll”的参数

步骤07　播放预览动画，在右侧的相册向中部移动，并将倾斜的角度转正。

建立“宠物电子相册”时间线

步骤01　选择“File”→“New”→“Sequence”命令（或按<Ctrl+N>组合键）新建一个时间线，命名为“宠物电子相册”。

步骤02　先制作一个背景图。这里是利用软件自带的字幕模板中的图形来制作。选择“File”→“New”→“Title”命令（或按<F9>键）新建字幕，将其命名为“背景图”，打开字幕窗口。

步骤03　选择“Title”→“Templates”命令（或按<Ctrl+J>组合键），打开“Templates”窗口，从中展开“Title Designer Presets”下“Education”下的“Stars”，选择“Stars-Wide-full”，单击“Apply”按钮。然后在字幕窗口中将图形中的文字删除，如图8-116所示。

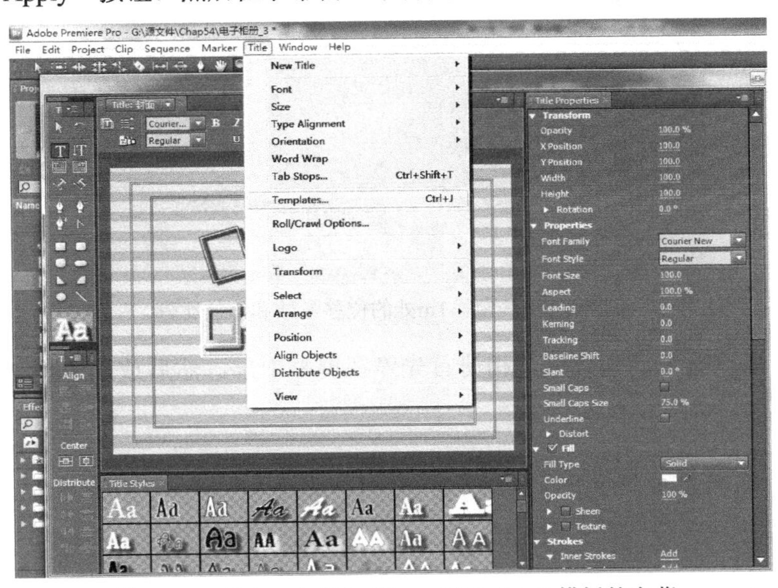

图8-116　新建一个基于“Stars-Wide-full”模板的字幕

步骤04　从素材窗口中将“背景图”拖至“宠物电子相册”时间线的Video1轨道中，将“翻动相册”拖至时间线的Video2轨道中。选中“翻动相册”，选择“Clip”→“Unlink”命令将其视音频分离，然后单独选中其音频部分将其删除，如图8-117所示。

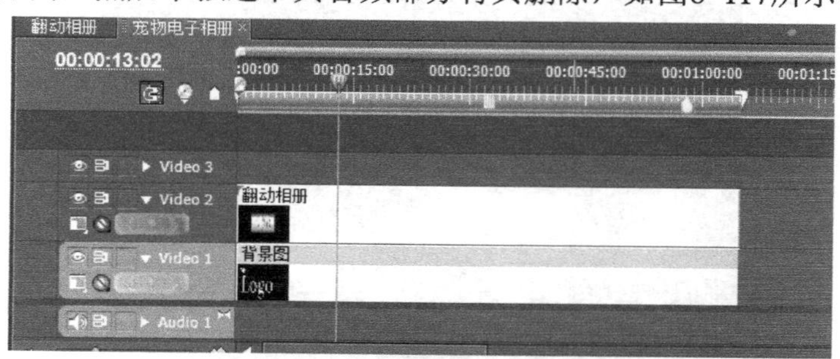

图8-117　分离音视频并删除音频部分

步骤05　在时间线中选中“翻动相册”，在其“Effect Controls”窗口中展开其“Motion”，将时间移至第3s处，单击打开“Position”和“Scale”前面的码表，记录动画关键帧。当前为默认值不变。

步骤06　将时间移至第4s处，将“Position”设为（120，260），将Scale设为160。

步骤07　将时间移至第55s处，将“Position”和Scale右侧分别单击“Add”→“Remove Keyframe”按钮添加关键帧，当前数值与第4s出相同。

步骤08　将时间移至第1m处，将“Position”恢复为（360，288），将“Scale”恢复为100，如图8-118所示。

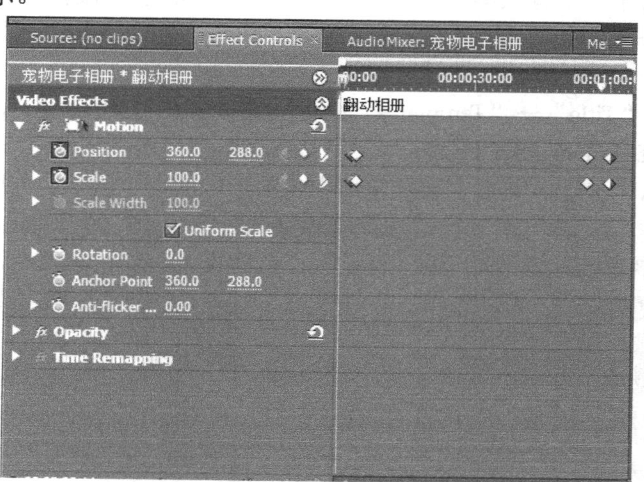

图8-118　恢复第1m处的位移参数和缩放比例

步骤09　播放预览动画效果，相册首先停在屏幕中部，然后放大并翻动相册，最后恢复缩小至屏幕中部。

本单元主要学习了以下内容。

- 应用视频特效。
- 使用关键帧控制效果。
- 视频特效与特效操作。